水利工程建设与管理研究

孙　伟　范　燕　刘双进◎著

吉林科学技术出版社

图书在版编目（CIP）数据

水利工程建设与管理研究 / 孙伟, 范燕, 刘双进著
. -- 长春 : 吉林科学技术出版社, 2024.3
ISBN 978-7-5744-1210-1

Ⅰ. ①水… Ⅱ. ①孙… ②范… ③刘… Ⅲ. ①水利建设②水利工程管理 Ⅳ. ①TV

中国国家版本馆CIP数据核字(2024)第066148号

水利工程建设与管理研究

著 孙 伟 范 燕 刘双进
出版人 宛 霞
责任编辑 高千卉
封面设计 古 利
制 版 长春美印图文设计有限公司
幅面尺寸 185mm × 260mm
开 本 16
字 数 300 千字
印 张 19.125
印 数 1~1500 册
版 次 2024 年 3 月第 1 版
印 次 2024 年12月第 1 次印刷

出 版 吉林科学技术出版社
发 行 吉林科学技术出版社
地 址 长春市福祉大路5788 号出版大厦A 座
邮 编 130118
发行部电话/传真 0431-81629529 81629530 81629531
81629532 81629533 81629534
储运部电话 0431-86059116
编辑部电话 0431-81629510
印 刷 廊坊市印艺阁数字科技有限公司

书 号 ISBN 978-7-5744-1210-1
定 价 90.00元

前 言

水利工程是国民经济的基础设施，是水资源合理开发、有效利用和水旱灾害防治的主要工程措施。在解决我国水资源短缺、洪涝灾害、环境保护、水土流失等问题的过程中，水利工程的建设起到了无可替代的作用。水利工程施工是按照设计提出的工程结构、数量质量、进度及造价等要求修建水利工程的工作。水利工程的运用、操作、维修和保护工作是水利工程管理的重要组成部分，水利工程建成后，必须通过有效的管理，才能实现预期的效果，验证原来规划、设计的正确性；工程管理的基本任务是保持工程建筑物和设备的完整、安全，使其处于良好的技术状况；正确运用水利工程设备，以控制、调节、分配、使用水资源，充分发挥其防洪、灌溉、供水、排水、发电、航运、环境保护等效益。做好水利工程的建设与管理是发挥水利工程功能的鸟之两翼、车之双轮。水利工程是改造大自然并充分利用大自然资源为人类造福的工程。在当前的市场竞争环境下，大幅提升企业项目管理水平，降低施工成本，提高施工技术水平，是水利施工企业立足国内市场、开拓国际市场的关键所在。施工企业的管理水平直接决定着企业的发展潜力，影响着水利水电工程建设的质量，因此水利水电施工企业的管理工作就必然成为建设管理的重要环节。

本书由孙伟（莒南县水利综合保障中心）；范燕（盐山县水务局）；刘双进（盐山县水务局）；达玫（山西小浪底引黄水务集团有限公司）；佘洪勇（邵东市河道管理站）；宗原（河海大学设计研究院有限公司）共同撰写。

本书紧密结合工程实际，系统论述水利工程建设与水利工程管理方面的基本理论和方法，以现代水利工程管理的基本理论知识为核心，以工程管理的理论为主线，重点突出了不同类型的水利工程管理，系统地介绍了水利工程管理方面的原理、方法、工程实践等内容。内容包括水利工程建设基础、水利枢纽与水工建筑物、水利工程施工组织、水利工程设计施工以及水利工程施工合同管理、档案管理、资源管理、质量管理、安全管理，本书突出了水利工程管理与实务方面的专业特点，可供水利工程建设及相关人员参考阅读。

目 录

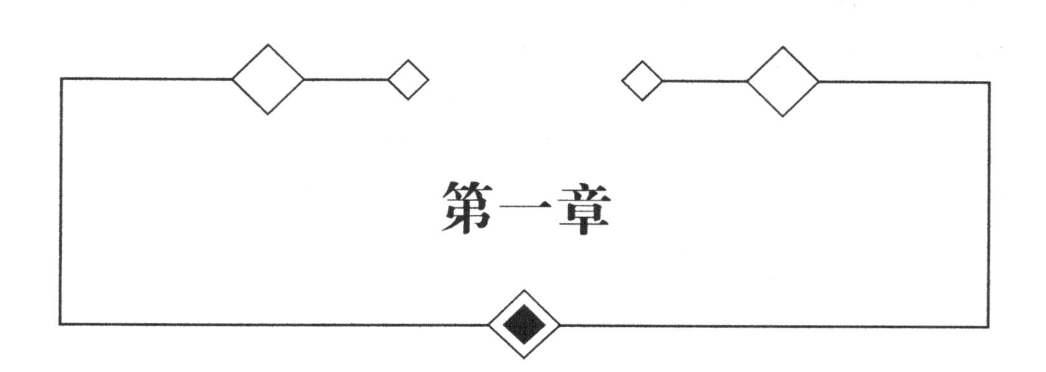

第一章

水利工程建设基础

第一节　水利工程建设概述

一、基层水利工程建设意义

水利工程不仅要满足日益增长的人民生活和工农业生产发展需要，而且要为保护和改善环境服务。基层水利工程由于其层次的特殊性，对当地发展具有更重要的现实意义。

保障水资源可持续发展。水具有不可替代性、有限性、可循环使用性以及易污染性，如果利用得当，可以极大地促进人类的生存与发展，保障人类的生命及财产安全。为了保障经济社会可持续发展，必须做好水资源的合理开发和利用。水资源的可持续发展能最大限度地保护生态环境，是维持人口、资源、环境相协调的基本要素，是社会可持续发展的重要组成部分。

保持社会稳定发展。我国历来重视水利工程的发展，水利工程的建设情况关乎我国的经济结构能否顺利调整以及国民经济能否顺利发展。加强水利工程建设，是确保农业增收、顺利推进工业化和城镇化、使国民经济持续有力增长的基础和前提，对当地社会的长治久安大有裨益，水利工程建设情况在一定程度上是当地社会发展状况的晴雨表。

提高农业经济效益和社会生态效益。水利工程建设一定程度上解决了生活和生产用水难的问题，也提高了农业效益和经济效益，为农业发展和农民增收作出了突出的贡献。在水利工程建设项目的实施过程中，各级政府和水利部门越来越注重水利工程本身以及周边的环境状况，并将水利工程建设作为农业发展的重中之重，极大地提升了当地的生态效益和社会效益。

二、水利工程的分类

（一）按照功能和作用分类

水利工程建设项目按照其功能和作用分为甲类（公益性项目）、乙类（准公益性和经营性项目）。

公益性项目是指防洪、排涝、抗旱和水资源管理等社会公益性管理和服务功能，自身无法得到相应经济回报的水利项目。有堤防工程、河道整治工程、蓄洪区安全建设、除涝、水土保持、生态建设、水资源保护、贫困地区人畜饮水、防汛通信、水文设施等。

准公益性项目是指既有社会效益，又有经济效益，并以社会效益为主的水利项目。有综合利用的水利枢纽工程、大型灌区节水改造工程等。

经营性项目是指以经济效益为主的水利项目。

（二）按照受益范围分类

水利工程建设项目按其受益范围分为中央水利基本建设项目（简称中央项目）和地方水利基本建设项目（简称地方项目）。

中央项目是指对国民经济全局、社会稳定和生态环境有重大影响的防洪、水资源配置、水土保持、生态建设、水资源保护等项目，或中央认为负有直接建设责任的项目。中央项目在审批项目建议书或可行性研究报告时明确，由水利部负责组织建设并承担相应责任。

地方项目是指局部受益的防洪除涝、城市防洪、灌溉排水、河道整治、供水、水土保持、水资源保护、中小型水电建设等项目。地方项目在审批项目建议书或可行性研究报告中明确指出，由地方人民政府负责组织建设并承担相应责任。

（三）按水利部的管理规定分类

水利基本建设项目根据其规模和投资额分为大中型项目和小型项目。

大中型项目是指满足下列条件之一的项目：

①堤防工程：一级和二级堤防。

②水库工程：总库容100000000立方米以上。

③水电工程：电站总装机容量50000万千瓦以上。

④灌溉工程：灌溉面积30万亩以上。

⑤供水工程：日供水10万吨以上。

⑥总投资在国家规定限额以上的项目。

小型项目是指上述规模标准以下的项目。

（四）水利工程建设项目的资金筹集及资金用途

水利工程建设项目属于国民经济基础设施，根据项目类型，其建设投资应由中央、地方、受益地区和部门分别或共同承担。

1.中央和地方项目的资金渠道

中央项目的投资以中央为主，受益地区按受益程度、受益范围、经济实力分担部分投资；地方项目的投资按照“谁受益、谁负担”的原则，主要由地方、受益区域和部门按照受益程度共同投资建设，中央视情况参与投资或给予适当补助。

2.中央和地方水利资金用途

中央水利投资主要用于公益性和准公益性水利建设项目，对于经营性的水利建设项目中央适度安排政策性引导资金，鼓励水利产业发展。

地方水利投资主要用于地方水利建设和作为中央项目的地方配套资金，地方使用中央投资可以在项目立项阶段申请，由中央审批立项。

三、水利工程建设营销

水利工程建设是我国的重点建设工程，不仅关系国家的利益，而且关系人民群众的生产和生活。工程建设行业营销贯穿工程全过程，无论是工程的筹备阶段，还是建设、运行阶段，都需要相应的市场营销手段，以提高工程的整体形象与公众的认可度。可以通过文献整理的方法，从水利工程建设营销的角度，探讨水利工程建设管理。

（一）水利工程行业概况

水利工程是为了达到消除水灾害和利用水造福人类，通过人为调配自然界中的水资源的工程。水是生命之源，是人类生活和社会发展的基础，但自然界中的水存在的很多状态不完全适应生产生活的需要，有时甚至会严重影响居民生活和生命安全。因此为了防止洪水洪灾，合理调配水资源，满足社会发展的需要，兴建水利工程就成了重中之重。水利工程种类繁多，在日常生活中随处可见。人们经常见到的大坝、河堤、水闸等都是典型的水利工程。

水利工程行业有很强的系统性和综合性特点。在同一区域内，各水利工程的组成部分既相互联系，又彼此不同，被称为单项水利。由于是各个不同水利工程的组成部分，因此单项水利工程本身就具有综合性。单项水利工程的服务对象各有不同，但普遍存在一定的联系。

由于水利工程种类繁多，涉及领域较广，因此，它与国民经济其他部门的联系也十分紧密。这就要求在进行水利工程规划设计的时候必须考虑各方利益和各种影响因素，系统综合地分析研究，用充分的大局观进行规划设计，才能发挥出水利工程的最大功能和经济效益。

由于水利工程主要是对自然界水资源的重新调配，因此除了达到规划设计目的，对当地社会经济产生影响外，水利工程也会在一定程度上改变当地的河流面貌、自然环境、生态系统和局部气候。由于涉及对象多，因素复杂，因此这种影响的利弊大小往往很难判断。这就要求在水利工程的设计阶段必须充分考虑环境因素，估计可能产生的环境影响并做出正确评估，提出相应的解决方案，最大化水利工程的积极功效。

工作条件复杂。在水利工程的实际施工中，施工环境条件十分多变。气候、水质、地貌等因素往往难以准确把握，这给水工建筑物修建带来了一定难度。同时，由于在水下存在着各种复杂的物理作用，因此，水利工程的工作条件十分复杂。

水利工程一般规模大、技术复杂、工期较长、投资多。由于具备以上几个特点，兴建水利工程时必须遵守相关的规定和标准进行建设。

由于水利工程巨大的利民性和社会发展战略地位，近年来政府通过出台一系列政策加大对水利工程的支持，并且扩大水利工程投资资金来源。其主要资金来源：预算内财政资金，包括政府拨款和由政府财政部门安排的贷款；水利建设基金，通过法律定额，提取营业收益相应比例，专项用于水利工程建设。

从产业链来看，水利工程项目包括水利工程设计、水利工程施工和水利工程养护。其中水利工程设计是指具有水利设计资格的公司、企业通过制订施工方案、建筑物设计、修建方法等，在固定的投资预算条件下，达到特定的水利目标。根据设计能力资质，可以将水利设计资质分为甲、乙、丙、丁四个等级；水利工程施工是具有水利工程施工资格的公司企业根据水利工程设计所确定的工程结构、项目质量、施工进度及工程造价等要求，进行水利工程修建工作。根据施工能力大小，可以将水利工程总承包资质分为特级、一级、二级和三级；水利工程养护是为了达到维护水利工程面貌，确保水利工程正常运营所实施的养护、岁修、维持、设计工程。

从上下游来看，水利工程上游主要是建筑材料供应商、水电材料和水电设备供应商、输水管道供应商，上游行业的发展、景气状况直接影响水利建设项目的原材料供应，原材料价格波动将影响水利工程成本和毛利率波动。水利工程下游行业主要是政府部门、城投公司和其他投资商，下游行业产业政策和投资规模的变化，将影响水利工程市场规模，这几年水利建设高速增长，水利工程需求旺盛。

（二）水利工程营销界定

营销目标：使社会公众正确认识、理解水利之于水的趋利避害的作用，进而促进相关利益者基于水之利而兴建水利设施，同时制约相关利益者为逐经济之利而诱发水害；争取政府政策支持、协调，获得资源供应倾斜；提倡节约用水。

营销主体：工程水利营销的主体包括行业协会、学术团体、施工企业等。

营销客体：工程水利营销的客体包括社会公众、业主。

营销对象：工程水利营销的对象主要是施工新技术以及向客体介绍水利工程建设对国民经济发展、社会发展、自然环境的作用。

营销方法：对公众的项目营销的主要手段是宣传和公共关系，最有效的方法是开放这些工程项目，允许公众参观、游览及工程旅游。对施工新技术营销主要通过行业展览会、学术研讨等形式开展。

水利工程是国民经济的基础设施，是水资源合理开发、有效利用和水旱灾害防治的主要工程措施。在解决我国水资源短缺、洪涝灾害、环境保护、水土流失等问题中，水利工程的建设与实施起到了无可替代的重要作用。为了对水利工程建设进行有效管理，国家制定了严格的水利工程建设程序。水利工程建设程序一般分为项目建议书、可行性研究报告、初步设计、施工准备、建设实施、生产准备、竣工验收后评价等阶段。

四、水利工程建设项目前期设计工作

做好水利工程施工中的前期准备工作十分重要，因为它是保证施工有序开展的基本条件，贯穿水利工程始终，随着施工建设的逐渐开展，需要科学地划分阶段施工作业，做好有关准备工作。为了确保水利工程顺利进行，一定要做好施工前期准备工作。实际上，施工准备工作是水利施工管理的重要组成部分，是对拟建工程目标、资源供应和施工方案的选择以及空间布置、时间排列等诸方面进行的施工决策。基于此，相关主体需给予水利工程施工中前期准备工作高度重视，通过多元化手段，将其存在的实效性全面发挥出来，为我国水利事业健康发展奠定基础。

（一）做好水利工程施工中前期准备工作的重要性

对于水利工程来讲，加强施工前期准备工作十分重要，其不但是保证水利工程施工进度的基本条件，而且是保证施工质量的根本要素。在水利工程施工过程中，前期准备环节的主要任务便是工程施工思想的拟建，准备好水利工程施工所需的施工材料与施工技术，从工程整体方面科学地安排施工场地。前期准备阶段也是施工企业对施工项目进行有效管理，促进技术经济承包的有利条件。另外，前期准备工作还是确保水利工程设备安装与施工的主要依据。因此，加强施工前期准备工作可以有效发挥施工单位的优势、加快施工进程、合理应用材料、增强施工工程整体质量、减少施工费用、提高工程整体效益等，有助于施工企业提升市场竞争力。水利工程施工自身所具备的特点，充分地体现出工程前期准备工作的优劣同水利工程整体有莫大联系，且会影响工程整体质量。只有做好水利施工中的前期准备工作，水利工程施工才能顺利进行，才会确保工程施工进度与施工质量。若是没有做好水利施工中的前期准备工作，实际施工中可能会发生众多突发事件，影响水利工程施工进度，导致整体质量受影响。基于此，相关主体一定要做好水利工程施工中的前期准备工作。

（二）做好水利工程施工中前期准备工作的关键点

充分掌握质量控制的技术依据，事先布设质量控制点。在施工环节的质量依据主要有三种：一是工程合同，该文件内规定水利工程设计的参与方需在质量控制中承担对应的义务与责任，明确了施工单位的质量标准。二是设计文件，此文件规定施工单位需要履负的责任，一般来讲施工部门都是依据施工图进行施工的，因此说施工图设计十分重要。三是相关部门发布与工程质量相关的法律法规，其对水利工程施工作出相应规定，施工部门要严格按照规定施工。在具体施工中还需注重质量控制点布设，质量控制点是对水利工程建设中质量控制对象展开的质量控制。因此，在质控点布设时要选择工程重点监控的位置、施工较薄弱的环节以及工程最关键的位置。在布设前需对施工质量问题的成因进行全面分析，之后结合分析的结果对施工质量进行监管与控制，需在施工前结合工程需求，列表统计施工监控点，在表内将控制点的名称明确列出，指出需要控制的工作内容。

1.施工计划编制或是施工组织设计

在水利工程施工中需开展施工组织设计工作，在施工组织设计中通常包含施工设备、施工布置、施工条件、施工进度等。正常情况下设计施工时需满足以下几项要求：一是需满足国家技术标准及国家制定的相关规定；二是全面掌握施工中的重难点，让施工单位在施工中有较强的目的性与针对性；三是确保施工计划的可行性，可以实现预期目标，满足相关标准；四是确保设计方案的先进性，顺应时代发展，满足当下需求。

2.施工场地的准备工作

施工单位在正式施工前一定要同监理部门协作，对施工单位给定的标高与基准点等测量控制要求开展复测工作，构建工程测量控制系统，记录好复测结果。若是业主所提供的现场检测结果不满足相关标准，则需把其中不达标的地方记录下来，便于之后索赔。

3.材料与构件购入与制作

施工单位负责购入或是制作施工原材料、构件等，需在购入前向监理单位提出申报，相关人员结合施工图纸对所需原材料进行审批，通过之后才能进行购入。为了确保原材料的质量满足相关标准，一定要在正规厂家购买，且需要厂家提供相关文件，要求厂家确保施工中原材料的供给进度。

施工设备的配置。施工部门在选取施工设备时不仅要考虑施工设备的工作效率、经济效益以及技术功能等，还需对施工设备配置数量是否同施工主体所需的数量一致进行分析，且一定要有安全施工许可，如此才能确保水利工程施工质量与进度。

4.施工图纸校核与设计交底

施工部门在施工前一定要做好技术交底工作，如此才能全面掌握设计施工原则与质量要求。另外，需做好施工图纸校核工作。在参与设计交底工作时需了解以下几点：一是掌握施工现场与周边的地质和自然气候，给后期施工做准备；二是掌握建设部门设计中所应用的规范及设计过程中所提的材料市场供应现状；三是需全面掌握建设部门的设计计划、设计理念以及设计意图比选状况，熟悉基础开挖和基础处理、工期安排以及施工进度；四是施工中需要注意的问题包含施工材料要求、施工技术要求、施工设备要求等。

在校核施工图纸时需注意以下几点内容：一是校核施工图纸是否通过建设部门同意，是否由设计部门签署；二是校核施工图纸相关文件是否齐全，确保施工过程有据可循；三是校核施工图设计中考虑地下的障碍物，确保施工图纸的可操作性；四是校核施工图纸是否有遗漏或是错误的地方，采用的表示方法是否满足相关标准等。

水利工程建设前需做好相关准备工作，其不但可以保证工程有序开展，而且能提高水利工程质量与进度。由此可见做好水利施工中前期准备工作的重要性，相关主体需加大水利施工中前期准备工作力度，保证水利工程保质保量地竣工。

五、水利工程建设的实施工作

我国水利建设事业的快速发展，为水利工程的有效建设创造了有利的条件。为了增强水利工程加固实施效果，满足其实施中资源优化配置方面的实际需求，需要落实好相应的管理工作，积极探索这项工作的核心思路，确保水利工程加固良好的实施状况。

在水利工程加固作业计划实施时，通过对其管理工作核心思路的有效分析，可提高水利工程的加固质量，减少工程加固实施过程中问题的发生，提升现代水利工程管理水平。因此，在对水利工程进行加固处理时，为了实现其所涉及资源的高效利用，最大限度地降低水利工程加固实施中的风险，需要考虑有效的管理工作开展，并对相应的核心思路进行深入思考，从而丰富水利工程加固实施方面的实践经验。

（一）管理工作在水利工程加固实施中的应用价值

基于水利工程加固作业计划的实施，为了实现对管理工作的科学应用，发挥出这项工作的实际作用，需要对管理工作在水利工程加固实施中的应用价值有所了解。若能将管理工作应用于水利工程加固实施中，可使相应的作业计划在实施过程中处于可控状态，为水利工程加固效果提供保障；通过对管理工作在水利工程加固实施中应用方面的考虑，可增强其所涉及资源的优化配置效果，降低水利工程在实际运行中产生的问题；水利工程加固实施中若能重视管理工作的应用，可使加固施工作业开展更具科学性，延长水利工程使用寿命，为我国水利建设事业的可持续发展提供支持。

（二）影响水利工程加固实施效果的相关因素

为了使水利工程加固作业计划能够实施到位，减少其实施过程中问题的发生，需要考虑相关的影响因素。主要包括以下几个方面：

1.项目单价的影响

近几年水利设施的加固实施都是以地方财政投入为主，大部分水利设施是在乡村，县级政府财政资金普遍短缺，为在节约成本的同时又能保证水利工程各方面的问题处理到位，只能压缩企业利润空间，降低各项目单价。企业为了获得利润，千方百计地降低项目成本，无法建成高质量工程，导致管理难、监管更难，容易产生劣质工程。

2.施工材料的影响

施工材料的质量是工程质量的基础，所需的材料性能是否可靠、质量方面能否得到有效保障，与水利工程的加固效果密切相关。

施工方法和工艺的影响。水利工程因主要分布在乡村田间和偏远位置，具有复杂多变的特点，部分施工企业在制定施工方案和施工工艺时，由于对其适用性、成本经济性等考虑不充分，难以为水利工程施工质量与效率提供技术保障，导致施工进度推迟、质量达不到要求和追加投资等情况。因此，在制定施工方案和施工工艺时，必须结合各方面原因进行综合分析，以确定施工方案在技术上可行、经济上合理，有利于提高工程质量。

3.其他因素的影响

制约工程质量的因素有很多，除了上述主要概况的因素外，也需要对以下因素予以考虑：①环境因素。若水利工程所在区域的地质环境条件复杂、差异较大，则会加大工程加固实施难度，致使水利工程在这方面的作业计划难以推进，会对其加固效果产生不利影响；②制度因素。若水利工程加固实施中的管理制度不够完善、缺乏有效的管理体系，会降低相应的管理工作水平，导致水利工程加固实施过程缺乏控制，也会影响其加固效果；③人员因素。在实施水利工程加固施工计划的过程中，若管理人员的责任意识淡薄、专业能力不足，会使这方面的管理工作开展不及时，加大水利工程加固方面的施工风险。

（三）水利工程加固实施中的管理工作核心思路分析

结合我国水利建设事业的长远发展要求，为了确保水利工程加固实施中管理工作落实有效，需要加强其核心思路分析，严格把控管理方面的工作过程，避免给水利工程实施埋下安全隐患。

1.健全管理体系，更新管理理念

在开展水利工程加固实施管理工作时，为了给予其科学指导，保持工作良好的开展状况，需要健全相应的管理体系、更新好管理理念，建立高效的水利工程加固实施方面的管理制度。结合工程现场情况，有针对性地开展管理工作，健全该工程加固实施中所需的管理体系，促使管理工作在水利工程加固施工中的作用效果更加显著，为其实施的高效性提供保障，最终达到科学管理的目的。

2.优化管理方式，严格把控加固施工过程

水利工程加固实施中的管理工作开展效果是否良好、相应的管理方式能否得到优化、加固施工过程是否处于可控状态，都与管理工作方法、水平及落实程度密切相关。因此，为了提升水利工程加固实施中的管理水平，细化其管理内容，则需要重视管理方式的不断优化，对该工程加固施工过程进行严格把控，加强信息技术使用，并通过对精细化管理理论的科学使用，丰富水利工程加固实施中所需的管理方式，促使其在实践中得以优化，避免对水利工程加固实施中的管理效果造成不利影响。为了实现对水利工程加固实施中细节问题的及时处理，需要管理人员对工程加固施工过程进行严格把控，并将相应的管理工作落实到位，促使水利工程保持良好的加固效果，丰富其管理工作内涵，实现对水利工程加固实施过程的高效管理。

3.其他方面的核心思路要点

为了实现水利工程加固实施中的科学管理目标，确保其管理工作核心思路状况良好，也需要明确以下要点：①充分考虑工程所在区域的环境状况，获取完整的勘察成果，制订出切实有效的施工管理方案并实施到位，确保水利工程加固有效性；②在选用加固施工所需的材料时，应建立好相应的质量管理机制，并通过查、看、检、验来保证材料的质量；③管理人员在水利工程加固实施中应保持高度的责任感，高质量的人员及其高质量的工作就能带来高质量的产品。同时，监理人员也需要在水利工程加固实施中充分发挥自身的职能作用，做好与施工单位的沟通、交流工作，进而减少该工程加固施工中管理问题的发生。

在有效的管理工作核心思路的指导下，可实现对水利工程加固实施中的科学管理，实现对加固作业计划实施过程的严格把控，及时消除其中的安全隐患，进而提高水利工程的加固效率及质量。因此，未来在改善水利工程加固状况、提升其作业计划实施水平的过程中，应明确相应的管理工作核心思路，并通过对有效管理措施的科学使用，促使水利工程加固实施中管理工作的实际作用得以充分发挥。在此基础上，可使水利工程加固实施更加高效。

第二节 水利工程建设施工技术概述

一、水利工程中土方工程的施工技术要点

土方工程是水利工程中的重要环节，必须引起高度的重视，这里从以下几个方面进行分析：

第一，做好土方开挖工作。水利工程施工建设中土方施工是不可避免的，在进行土方开挖的时候，一定要保护好相邻的建筑物，避免在开挖过程中对周围建筑物的地基带来不利影响。需要注意的是，在土方挖掘中一定要保持较快的速度，尤其是在冬季作业时，避免出现地基受冻的情况。

第二，基坑施工要点分析。土方挖掘完成之后，施工人员需要对基坑的底部做好保温工作，并且要做好基坑的排水工作，防止出现积水现象而造成基坑土壁存在潜在的塌方危险。

第三，土方回填施工要点。在进行土方回填的时候，一定要保证施工现场道路通畅，提升回填的安全性；同时，在进行回填施工之前需要清除基坑底部存在的杂物和保温材料，不能有任何残留。回填时要根据施工要求保证好土层的厚度，并要做好夯实工作。

除上述几点施工中要掌握的技术要点外，还需要注意环境因素对施工质量的影响。一般情况下，要尽量避免冬季施工，施工之前要进行现场勘察，制订科学合理的施工方案。

二、水利工程施工中桩基工程技术要点

在水利工程项目施工中，桩基础施工技术中需要注意的要点有以下几个方面：

第一，做好测量定位工作。相关人员需要做好现场勘察工作，对桩位进行测量和放线，在完成之后，现场监理人员要对施工情况进行确认和审核，符合施工要求才能够进行后续的施工操作。同时，必须对基准标高和孔位进行严格控制，保证其符合设计要求和施工规范要求。

第二，做好开孔和清孔工作。施工人员需要以现场勘察报告作为基础，比较孔深和等高线，以更好地巡视并记录岩土层，并进行科学取样。实际施工中需要对桩基的具体情况进行检验，保证桩基的稳定性，严格把控好钻孔过程，对其中可能潜在的问题要记录，做好监督管理。钻孔时一定要检测并控制平整度及垂直度，对于出现的偏差要及时调整，以保证开孔的质量。

在钻孔结束之后则要进行清孔工作，具体来讲，施工人员需要将钻头从钻孔中抽离出去，确保孔壁安全的前提下初步稀释泥浆，并在这个过程中不断地注入新的泥浆，这样能够更好地将孔底部的泥块打碎，并在泥浆的作用下更快地从孔内排出。

第三，钢筋笼施工要点。在制作钢筋笼的过程中涉及不同的阶段，这样能够确保钢筋接头在连接的同时能够焊接。监理人员一定要对焊接过程进行监督管理，确保焊接质量。在完成钢筋笼制作之后要进行放置，一定要垂直孔洞放置，且注意下放的时候一定要轻，避免钢筋笼出现变形的情况，也要防止孔壁出现塌方的现象。

在混凝土浇筑之前一定要对混凝土的坍落度进行检查，保证其在180～220mm。对孔内导管距离孔底的长度进行检查，符合施工要求。要根据压力平衡法计算出混凝土的灌注量，且需要保证导管在首次灌注混凝土之后埋入混凝土的部分必须超过1m，且需要将铁丝剪断之后将隔水栓埋入底部的混凝土当中。后续灌注的混凝土必须及时补充，以保证施工的连续性。一般情况下，导管在浇捣的过程中埋入混凝土的深度控制在2～6m，具体的深度需要结合施工要求确定，以免出现拔空的现象。

三、水利工程冬季施工技术要点

在冬季施工中，一定要制订科学且详尽的施工计划，并选择恰当的施工技术。施工中要做好运输道路的防滑工作，并且做好基坑内部的排水工作，避免冬季基坑存在积水而出现冻融循环现象，破坏基坑下部的结构，影响基坑的稳定性，严重时将会出现坍塌现象。

冬季施工中，最需要注意的是混凝土施工。冬季进行混凝土施工时，一定要选择适合冬季施工且满足工程质量要求的水泥，确保混凝土的性能等级。在混凝土冷却到5℃以后才能够进行模板和保温板的拆除工作，如果混凝土的表面温度和外界温度差在20℃以上时，拆模之后必须将混凝土覆盖，待其慢慢冷却之后才能够将覆盖物拿掉。在拌制混凝土时不能够使用含有冰雪和冻块的骨料，如果施工环境温度在1℃左右，为了确保混凝土的强度，可以在水泥当中掺入适量早强剂。

混凝土施工中，要避免砂浆在运输和拌制的过程中出现热量损失的现象。因此砂浆的拌制要在保温棚中进行。需要多少拌制多少，一次的储存时间最好不要超过一小时，拌制的地点要靠近施工地。

砌体每天的砌筑高度不要超过两米，且每天的砌筑工作完成之后需要填满顶面的垂直灰缝，并要覆盖保温板。现场要增加留设试块，并且需要在同等的条件下进行保养，通过试块对现场砌体的结构强度进行检测，及时发现问题并加以修正。

四、其他具体施工技术要点分析

在水利工程施工中涉及的施工环节较多，每个环节都要采取恰当的施工技术，并确保技术应用的科学性。

水利工程施工中隧洞施工衬砌及支护技术分析。在水工隧洞施工中主要包括开挖、出渣、衬砌或支护、灌浆等主要施工环节，每个环节都要确保施工质量。现浇钢筋混凝土和喷锚支护是当前施工中较为常用的衬砌及支护形式。现浇衬砌施工中，主要进行分缝分块、立模、扎筋、混凝土振捣密实等操作。如果施工中选择采用砂浆锚杆模式，则要保证锚杆插入之前在钻孔内注入砂浆，待砂浆凝结硬化之后就能够形成钢筋砂浆锚杆。

水库土坝防渗加固技术也是水利工程施工中应用到的重点技术。很多水库的土坝都会出现渗水、跌窝等现象，严重时还将会造成土坝变形渗漏，影响水库的正常运行。在这种情况下就需要采取防渗加固处理技术，对坝体进行劈裂灌浆，并对坝肩、坝底基岩进行帷幕灌浆，通过这种方式在坝体的内部形成连续的防渗体，以便能够降低坝体浸润线，有效地解决坝后坡的渗漏现象，保证了坝体的稳定。

五、水利工程施工技术的几点思考

在社会飞速发展的现在，人们的生活水平越来越高。为了满足大众日益增多的需求，推动社会稳定发展，我们应该做好水利工程施工技术的研究工作，从技术上不断地革新、不断地优化，只有这样水利工程才能够满足时代发展的需求。除此之外，工作人员应该把握工程开展的具体状态，在工程开展过程中解决其中的问题，提升技术水平。

（一）水利工程施工的基本特点

在水利工程施工过程中有一些基本的特点：

第一，工程建设地的水流要合理地控制。大多数情况下，水利工程的施工地点都是在江河湖泊附近，所以水流带来的影响是巨大的。为了减少水流给施工带来的影响，施工单位也应该合理地控制水流，尽可能地减少水流的冲刷，这样才能够顺利地进行水利工程的建设。

第二，有较高的工程质量要求。水利工程开展过程中投资比较大、整体的工期较长，所以工程的施工质量直接影响了建设投资是否能得到回报。如果施工质量无法达到要求，甚至对下游地区的群众产生影响，严重的会造成生命财产问题，所以国家针对水利工程的具体施工提出了较为详细的质量要求。

第三，复杂性较强。由于整个水利工程的开展施工涉及多个环节，会受到多种因素的影响，所以施工时间很长，也会受到气候的影响。绝大多数工程是露天开展的，所以严寒、酷暑、暴雪、雪雨这些较为恶劣的天气，都会对工程进度产生一定的影响。与此同时，由于工程量巨大，所以会涉及地质学气象学等多个学科。这就需要施工人员拥有较为专业的知识，还要涉及多个领域的专业知识。由于水利工程开展过程中涉及的方面比较广，也需要各部门的支持，有时还会对居民的生活用水，以及交通运输产生一定的影响，所以整个工程开展过程中涉及的方面内容十分复杂。

第四，准备时间较长。很多水利工程建设的地点都处于交通不便，或者是高山峡谷的地区。因为施工的时间比较长，所以前期要做好准备工作。有时候需要进行道路的铺设，或建设临时的生活办公地点。

（二）水利工程施工技术要点

1.预应力锚固施工技术

所谓预应力锚固施工技术，即通过一定的施工手段对需要施工目标进行加固的施工处理技术。预应力锚固施工技术有着较为广泛的用途，在水利水电工程中更是使用频繁。此技术加工后，加固目标使其更加牢固，使整体的水利水电施工工程有更强的稳定性。

2.导流、围堰施工技术

大多数情况下，水利工程的建设和洪涝灾害有一定的关联。在洪涝灾害多发的地点会进行水利工程的建设。在治理洪涝灾害的过程中，不能仅仅通过修建堤坝来解决问题，因为自然灾害的力量巨大，可能对人们的生命健康造成巨大的威胁。所以我们还可以建设水利工程进行导流围堰施工，既能够疏通水流，又能够把水流引走。

3.坝体防渗与填筑技术

水利工程的建设有着工程量巨大和工程周期长的特点。

在整个工程开展过程中，往往会面临包括坝体渗漏等多种多样的问题。如果不及时修补，可能会带来巨大的工程问题。针对这个问题，采取较多的应对方法就是坝体防渗与填筑技术，应用这项技术就能够解决渗漏的问题。

（三）水利工程施工中的主要施工技术

1.水利工程中土方工程施工

在一个工程开展过程中，首先要做好基础的施工工作，基础的工程可能决定整体工程的质量。为了避免天气寒冷出现冻土导致基础施工质量下降，在施工前要尽量避开冬季。如果无法避开冬季，在施工前就要做好相关预防工作。针对实际情况，采取应对冬季的施工措施。对于施工过程中可能出现的质量问题，要提前做好应对。确保能够在把握计划进度的过程中完成基础工作，施工过程中要确保材料运输通道的通畅，并且在雨雪天气要做好防滑工作。雨季基坑槽容易产生大量积水，为避免因土壁下方冻融产生的塌方情况，应及时将基坑槽内的废水排净，同时施工前还要在基坑槽内垫一些枯草等，做好基坑槽的保温工作。土方回填之前也应该把下部的保温材料清理干净，底部的雨雪也要及时进行清理。

2.防渗施工技术

水利工程和水文有着紧密的联系。在具体开展过程中，工程要关注防渗漏的问题。可以建设建筑防渗墙，在这个过程中需要射水成墙技术、薄型抓斗成墙技术等多项技术的共同支持。我们将对这些技术进行具体的介绍分析，射水成墙技术就是在形成槽孔之后，选择塑性材料或者水下混凝土进行泥浆护壁，在坝体墙壁进行整体的浇筑。射水成墙技术适用于黏土、砂土或粒径在100mm以内的砂砾石地层，主要的施工设备有造孔机、混凝土搅拌机、浇注机等。多头深层搅拌技术需要确保墙体水泥土的渗透系数在10cm/s以下、深度达到22m、抗压强度在0.3MPa以上。多头深层搅拌法则一般在淤泥、黏土、砂土以及粒径小于5cm的砂砾层中适用，它的优势就是整体的造价比较低，而且质量较好，能够产生较好的防渗漏效果。整个施工过程环节比较简便，不会产生泥浆污染。

薄型抓斗成墙就是在施工过程中选择薄型抓斗进行土槽的开挖，之后选择塑性混凝土来浇筑护壁，这样挂壁外部就会形成一道防渗漏墙。

3.混凝土工程施工所采取的技术措施

在冬季若想进行混凝土工程的开展，就要遵循最基本的要求。冬季所选的混凝土类型有硅酸盐以及普通的硅酸盐水泥。水泥要选择大于32.5标号的，混凝土中的水泥用量不宜少于300kg/m^3，水灰比≤0.6，并加入早强剂，有必要时应加入防冻剂。为减少冻害，应将配合比中的用水量降至最低限度。办法是控制坍落度、加入减水剂、优先选用高效减水剂。模板和保温层，应在混凝土冷却到5℃后方可拆除。当混凝土与外界温差大于20℃时，拆模之后要在混凝土的表面进行临时覆盖，这样能够减缓冷却的速度。另外，在拌制混凝土的过程中要选择清洁的骨料，中间不能掺杂冰雪或者冻块，容易产生冻裂的物质也不能够放置，在添加外加剂的过程中不能选择活性骨料。有条件的情况下，要在0℃以上进行砂石的筛洗，筛洗干净的砂石用塑料纸油布铺盖。在混凝土内添加外加剂的过程中，如果外加剂是粉状的，可以根据一定的用量，直接放置在水泥的表面和水泥共同投入使用。如果工程施工过程中，气候温度在0℃左右，要在混凝土里放置一些早强剂，要确保使用的用量符合相关的规范。在有条件的情况下，应该提前进行模拟实验，确保选择的用量符合要求。

水利工程施工过程中要合理地进行工程质量的控制，因为整个工程开展过程中耗时比较长，涉及的方面比较广泛，十分复杂，所以要选择合理的技术来应对。为了确保质量符合要求，相关的技术人员也应该掌握先进的土方开挖、模板施工技术等，只有这样基础设施的建设水平才能够得到保证，才能够得到进一步的提高。

六、水利工程施工技术的改进措施

科技进步为水利工程发展提供了坚实的技术支持，其广泛应用于水利工程中。水利工程具有多种功能，其数量呈上升趋势。当前，国家高度重视水利工程建设。水利工程可以促进农业灌溉，能够防洪抗旱，因此，水利工程施工期间要严格把控每一个施工环节，切实提高施工质量。

（一）水利工程施工技术分析

1.土方工程技术

土方工程技术是水利工程施工的重要技术，主要分为三种，即水力填充式技术、定向爆破式技术和干填碾压式技术。其中，干填碾压式技术的应用范围最为广泛。土方工程技术在水利工程施工过程中是非常重要的，要严格按照国家的相关规定和标准实施。其间要特别注意水利工程施工中强度与密度的关系，这关乎堤坝的稳定性与防渗性。为了保障水利工程的土方工程施工质量，施工要做到按需申报、责任到人，严格把控各道施工工序。

2.混凝土工程技术

混凝土工程技术包括混凝土浇筑、碾压和装配等。它是水利工程施工的核心部分，主要涉及两大内容：地基开挖处理和混凝土大坝修筑。应用混凝土工程技术时，人们要做好水利工程施工的前期准备，在实际水利工程施工中要注意对水流进行控制，妥善处理地基，科学修筑混凝土大坝，仔细安装零部件，做好细节工作，各个工序严格按照标准进行。

水利工程对混凝土质量要求较高，要求防止水流侵蚀，特别强调加固作用。施工单位要对不同的混凝土进行检测，寻找最适合水利工程建设的混凝土。

混凝土工程完工后，有些水利工程的大坝会出现裂缝，其主要原因有沉降不均、分缝不合理、结构设计不科学等，因此水利工程施工期间要合理选择混凝土检测方法。不同的混凝土检测方法具有不同的特征，水利工程施工单位要具体问题具体分析，综合各方因素，制订检测方案。

3.灌浆工程技术

灌浆工程技术重点在于提高灌浆的密实度，在灌浆施工过程中，要采取分序加密方法，坚持先固结后帷幕的灌浆次序。灌浆工程技术主要有两种类型：一是纯压式。纯压式灌浆是先将浆液全部压入钻孔内，不断施加压力，将浆液充实进岩石的缝隙中。二是循环式。循环式灌浆是将部分浆液压入孔中，通过重力作用使浆液充满岩石缝隙，多余的浆液进行回收再利用。

4.软土地基处理技术

软土地基处理技术主要有排水固结法、复合地基法和无排水砂垫层真空预压法。如果设计方案内容与实际地质不符，人们可以采用该技术，并结合水利工程实际施工状况，选择具体的处理技术。

（二）当前水利工程施工技术的改进措施

1.加强对水利工程施工过程的监督管理

影响水利工程施工质量的因素非常多，每个施工环节都可能造成工程质量问题。因此，要做好水利工程施工过程的监督、管理工作，并监管水利工程施工的每一个具体环节。

一是水利工程施工单位在设计和实施具体的施工方案时，要结合水利工程施工的实际情况，从水利工程施工技术、施工管理、资金支持等方面进行综合分析，确保水利工程施工方案的技术可行、资金分配合理；二是水利工程施工单位要加快施工进度，降低水利工程建设成本；三是要加强对水利工程施工过程的监督和管理，运用水利工程相关法律约束施工方的行为，让水利工程施工质量管理有法可依；四是要强化政府的监督作用，进一步保证水利工程的施工质量。

2.保障水利工程施工的原材料质量

水利工程施工期间，原材料质量对水利工程质量起到决定性作用。因此，若想提高水利工程质量，人们就要对水利工程施工材料质量把好关。

一是水利工程施工之前要做好准备工作，水利工程施工单位要选择负责任、细心、工作经验丰富的人员去采购原材料；二是工作人员在采购原材料之前要做好详细的市场调查，掌握各种水利工程施工原材料的信息，选择最合适的、最可靠的原料供货商；三是即便工作人员选择了合适的供货商，水利工程施工材料检验员也要对材料进行严格检验，只有原材料的各种质量指标都达到水利工程施工的使用要求才可以投入使用；四是建材市场鱼龙混杂，水利工程施工单位要坚决把好原材料的质量关，不符合水利工程施工要求的原材料坚决不允许进入施工场地。

3.做好水利工程施工的质量验收工作

在水利工程施工过程中，事后控制施工质量是水利工程质量鉴定的一个重要环节。水利工程施工事后控制得合理到位，能够有效地提高水利工程施工质量问题的分析处理水平。一旦发现水利工程施工存在质量问题，就要对其进行全面的登记与分析，明确提出处理这些问题的方案。提高水利工程施工质量并及时查找原因，不断改进施工措施，保证水利工程的后续施工质量。水利工程施工环节的质量控制会直接影响水利工程的建设进度、质量水平与投资力度等，应进一步加强水利工程施工的质量控制，协调各部门之间的工作关系，提升水利工程施工质量，恰当处理水利工程施工进度、质量控制和投资的关系，提高水利工程的综合效益。

4.提高水利工程施工人员的专业技术水平

提高施工人员的技术水平对提高水利工程的施工质量有着重要影响。每个水利工程施工环节都需要专业的技术人员，但是施工人员的专业技术水平参差不齐。因此，水利工程施工单位要合理筛选施工人员，选择有一定水利工程施工技术基础的人员，同时要定期对技术人员进行培训，提升施工技术水平。

水利工程是极为重要的基础工程设施，对经济发展和环境保护都有重要价值，因此提高水利工程施工技术应用水平就显得十分重要。科学、有效的施工技术是水利工程施工质量的基础保障。水利工程是一项国家大力支持发展的基础建设项目，不仅关系地方经济发展，还可以造福人民，改善区域生态环境。施工期间，施工单位应积极研究水利工程施工的新技术，严格把控水利工程施工的每一个环节。特别是防渗施工、桩基础施工等几个极为关键的环节。同时，要严格按照相关规范和施工工艺进行操作，加强对水利工程施工过程的管理，以便未来充分发挥水利工程的作用。

七、水利工程施工技术管理重要性

（一）水利工程施工技术管理的内容和特点分析

1.水利工程的施工管理内容分析

水利工程管理包括施工过程管理和工程竣收后的验收管理，水利工程建设主要由业主、承包方和三方联合管理监理单位所组成，并且将其作为主要管理内容。水利工程项目管理的最终目标就是更好地加强对水利工程项目的管理，保证水利工程的施工质量和经济效益，用最少的经济投资来实现经济效益的最大化。在水利工程施工技术的管理过程当中，主要包括施工质量管理、施工过程管理和施工技术安全管理，以及施工进度和施工造价管理等，有着严格的要求。建设单位和监理单位必须根据工程的实际情况制订合理的施工组织计划，选择合理的建筑材料和施工机械设备，水利工程的承包单位还要严格按照组织计划进行工程施工，并对工程施工现场的施工进度进行详细管理。监理单位还必须在施工现场当中实施严格的监督管理，更好地确保水利工程的施工进度和施工质量，满足业主的设计要求。

2.水利工程施工管理的特点分析

水利工程是工程施工项目之一，具有时间长、施工范围比较广的特点，总体建设规模非常庞大，这也造成了我国水利工程在施工时具有较强的复杂性，尤其是在水利工程管理当中，内容更是十分多样。因此，相关管理人员必须不断加强重视，并且要积极分析水利工程的管理特点。从实际发展来看，水利工程很容易就会受到自然因素和人为因素的制约，比如地震、洪水等各项自然灾害，都会严重影响水利工程的施工质量管理，这也造成我国水利工程施工管理的不确定性。在这种情况下，采取科学有效的施工管理措施就显得非常有必要，还是提高水利工程施工管理的有效途径。

（二）水利工程施工技术管理的重要作用分析

水利工程具有自身独有的特点，这些特点决定了水利工程在施工过程中周期非常长、需要用到的自然资源种类比较多、施工量比较大、流动性比较强。同时又由于水利工程施工经常是在河流上进行，容易受到自然条件的影响，很容易受到外界环境因素的影响而造成水利工程的施工质量不符合规定要求。但是对于一些偏远地区的水利工程建设来说，工程材料的运输非常困难，必须有专门工作人员修建道路，修建道路和机械设备的进出场费都非常高，以便提高整个工程的生产成本，降低经济效益。水利工程项目的唯一性也造就了施工过程中的独特性，需要工作人员不断地加强对施工安全的重视程度，由于各个行业工程管理的内容都不一样，水利工程的工作人员就需要不断反复筛选施工方案，更好地保证水利工程项目的施工质量。当前随着我国建筑行业管理体制改革的不断深化，以工程施工技术管理为核心的水利施工企业的经营管理体制也发生了很大变化。对于施工企业来说，既要为业主提供一个合格优良的建筑产品，又要确保产品能够取得一定的经济效益和社会效益，这就必须要求管理人员能够对施工项目加强规范性管理，特别是要加强对工程质量、进度、成本的管理控制要求。施工人员还必须从项目的立项、规划、设计、施工以及竣工验收、资料归档、档案整理环节入手，整个过程都不能有任何的闪失和差错，否则引起的经济损失是不可估量的。在这当中，施工属于最为重要的一个环节内容，而且可以更好地将设计图纸转换为实际过程，任何一道施工工序都会对水利工程的质量产生致命性的损失。因此，对于项目的现场施工管理，必须不断地加强重视。

（三）完善我国水利工程项目施工技术管理的具体解决措施分析

1.加强水利工程的运行管理，积极完善各项规章制度

根据国家一系列法律法规和规章制度的要求，再结合实际情况，制定了一系列管理方法和规章制度。在水利工程的具体施工当中，我们必须积极改变各种不良习惯操作，严格

遵循各项规章制度，认真做好各项设备的运行记录。同时，我们还要建立起运行分析管理制度，对仪表指示、运行记录、设备检查等各项问题和现象进行详细分析，及时找出问题产生的原因和规律，并对其采取相应的解决措施和应对对策。

2.积极提高工作人员的施工技术水平，确保工程的安全性

在水利工程的施工过程当中，相应的技术管理必须始终把安全放在首要位置，建立起健全的安全生产组织制度，采取一系列有效的管理措施，更好地提高工作人员的施工技术能力水平，以相应的规章制度约束工作人员的行为。在制定好规章制度之后，我们还必须确保制度的落实，各种各样的经验和事例都说明安全生产和每个职工切身利益存在非常紧密的联系，可以更好地提高工作人员按照规章制度执行工作的自觉性。

对于各种各样的安全事故来说，工作人员要积极开展各项调查分析管理工作，及时填写各种调查报告和事故通报，而且工作人员在发生事故之后，还要不断总结，只有从思想上认识到问题产生的原因以后，才能避免后续相似问题的产生，减少相应的经济损失。同时我们还要制定出相应的奖惩措施，制定出奖励和惩罚的制度规定，对于表现比较好的工作人员进行适当奖励。既可以从思想上又可以从物质上进行奖励，更好地提高工作人员的积极性和主动性。同时对于一些表现不够良好的工作人员来说，还可以进行相应处罚，使其能够明白自身的缺点，积极改善自己的思想，充分提高整个工作队伍的积极性。在工作人员队伍当中，还要形成一种工作氛围，加强安全生产的重要认识。在水利工程的建筑施工当中，水利工程属于一项技术性非常紧密的工程企业，所以对于施工人员的要求就比较高，我们必须不断加强对施工人员的技术要求，更好地提高整个工程水平。

3.不断加强技术监督管理能力

在“质量第一，安全第一”的前提下，必须根据水利工程的实际情况进行技术更新和技术改造工作，逐步将恢复设备性能转变到改良设备性能上，延长水利工程设备的检修新型工艺，熟悉新材料的物理化学性能和使用方法。对于工作人员来说，还要积极改变传统的工作方法和工作步骤，充分运用现代化网络技术和操作步骤，制定检修网络图，提高水利工程的检修质量，缩短工程周期，这也可以极大地降低水利工程的能源消耗，提高水利工程的经济效益水平。如果想更好地提高水利工程的技术管理水平，还必须进行一定的技术监督管理工作，对各种设备进行定期或者不定期的检测，了解各种设备的技术状况和变化规律，保证设备具有良好的运行状况。

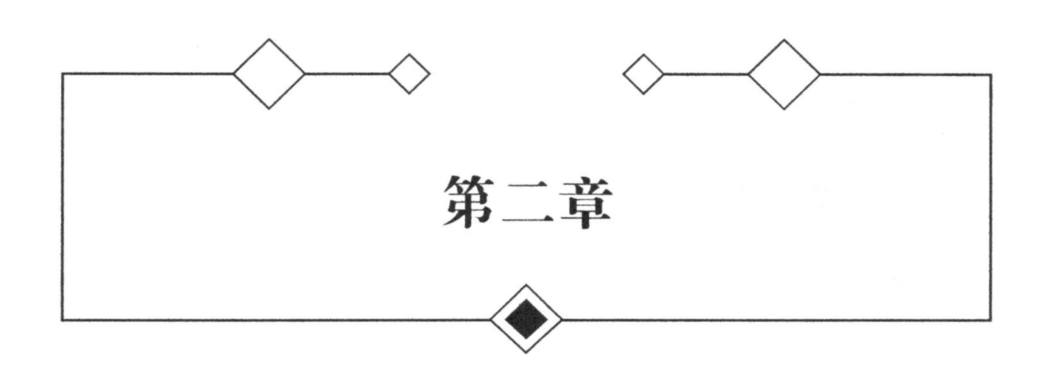

第二章

水利枢纽与水工建筑物

第一节 水利枢纽及其等别

一、水利枢纽分类

为了充分利用水资源，最大限度地满足水利事业防洪、灌溉、发电、航运及给水等部门的需要，需修建不同类型和功能的水工建筑物，用以壅水、蓄水、泄水、取水、输水等。把某几个不同类型与功能的水工建筑物集中兴建在一起，组成一个既各自发挥作用又彼此协调的有机综合体，称这个综合体为水利枢纽。综合利用的水利枢纽通常以某一单项目标为主，在该枢纽名称前冠以主要目标之名，如防洪枢纽、水力发电枢纽、航运枢纽等。在很多情况下，水利枢纽大都是多目标的综合利用枢纽，有防洪—发电枢纽、防洪—发电—灌溉枢纽、发电—灌溉—航运枢纽等。

二、水利枢纽布置

影响水利枢纽设计与布置的因素多且复杂，包括地形、地质、水文、施工、环境、运行等。因而枢纽布置无固定的模式，必须在充分掌握基本资料的基础上，认真分析各种具体条件下多种因素的变化和相互影响，研究坝址和主要建筑物的适宜形式，从设计、施工、运行、经济等方面进行论证，综合比较，才能选出最优的方案。

坝址和坝型选择与枢纽布置密切相关，不同坝轴线适宜选用不同的坝型和枢纽布置，同一坝址也可能有不同的坝型和枢纽布置方案，河谷狭窄，地质条件良好，可考虑采用拱坝；若将大坝布置成溢流坝或者在坝身布置泄洪孔，水电站厂房则可能布置为坝后式、厂房顶溢流式或地下式等；河床覆盖层较深，地质条件较差，且有适宜筑坝的土石料，则可以考虑选用土石坝。这时以何种泄洪方式及何种水电站厂房形式相配合，也要根据具体条件做出相应的考虑。可见，坝址和坝型选择是一项非常复杂的工作，影响因素很多。必须根据综合利用要求，结合地形、地质条件，选择不同的坝址和相应的坝轴线，做出不同坝型的各种枢纽布置方案，进行技术经济比较，然后才能择优选出坝轴线位置及相应的合理坝型和枢纽布置。在选择坝址和坝型时应考虑以下条件。

（一）地质条件

坝址地质条件是水利枢纽设计的重要依据之一，对坝型选择和枢纽布置往往起着决定性作用。因此，应该对坝址附近的地质情况勘察清楚，并做出正确的评价，以便决定取舍或制定出妥善的处理措施。

坝型、坝高不同，对坝基地质条件要求也有所不同。拱坝对地质要求最高，支墩坝和重力坝次之，而土石坝则要求较低；坝的高度越高对地基要求也越高。坝址最好的地质条件是强度高、透水性小、不易风化，没有构造缺陷的岩基，但理想的天然地基是很少的。一般来说，坝址在地质上总是存在这样或那样的缺陷。因此，在选择坝址时应从实际出发，针对不同情况采用不同的地基处理方案，以满足工程要求。还可以在枢纽布置和坝型选择上设法适应坝址地质条件，比如沿坝轴线分段选用不同坝型或将坝轴线转折，以适应地质条件。

选择坝址时，不仅要慎重考虑坝基地质条件，还要对库区及坝址两岸的地质情况予以足够的重视。既要使库区及坝址两岸尽量减少渗漏水量，又要使库区及坝址两岸的边坡有足够的稳定性，防止因蓄水而引起滑坡的现象。

（二）地形条件

坝址地形条件与坝型选择和枢纽布置有着密切的关系，不同坝型对地形的要求也不一样。

1.拱坝

拱坝是固结于基岩上的空间壳体结构，在平面上呈凸向上游的拱形，拱冠剖面呈竖直的或向上游凸出的曲线形，坝体结构既有拱作用又有梁作用，其所承受的水平荷载一部分通过拱的作用压向两岸，另一部分通过竖直梁的作用传到坝底基岩。坝体的稳定主要靠两岸拱端的反力作用，并不全靠坝体自重来维持。由于拱是一种主要承受轴向压力的推力结构，拱内弯矩较小，应力分布较均匀，有利于发挥材料的强度。拱坝的体积比同一高度的重力坝可节省1/3～2/3。拱坝属于高次超静定结构，当外荷载增大或坝的某一部位发生局部开裂时，坝体的拱和梁作用会自行调整，使坝体应力重新分配。拱坝的超载能力为设计荷载的5～11倍。抗震能力强。拱坝坝身不设永久伸缩缝，温度变化和基岩变形对坝体应力的影响显著，不仅可以安全溢流，而且可以在坝身设置泄水孔。由于拱坝剖面较薄，坝体几何形状复杂，因此对施工质量、筑坝材料强度和防渗要求都较复杂。

拱坝理想的地形地质条件：左右岸对称，岸坡平顺无突变，在平面上向下游收缩的峡谷段。坝端下游侧要有足够的岩体支撑，以保证坝体的稳定。拱坝最好修建于对称河谷中，在不对称河谷中修建的缺点是坝体受力条件较差，设计、施工复杂。当河谷不对称时，可采用人工措施使坝体尽可能接近对称，有时也可采用不对称的双心圆拱布置。基岩比较均匀，坚固完整，有足够的强度，透水性小，能抵抗水的侵蚀，耐风化，岸坡稳定，没有大断裂，等等。

拱坝的形式：单曲拱坝、双曲拱坝。

单曲拱坝上游面铅直，整个坝体仅在水平面上呈曲线形。

双曲拱坝坝体在水平面和铅直面都呈曲线形。在接近矩形或较宽的梯形河谷，坝体上游面铅直，整个坝体仅在水平面呈曲线形，称为单曲拱坝。施工比较简便，直立的上游面也有利于布置进水口或泄水孔的控制设备。

在底部狭窄的“V”形河谷，坝体在水平面和铅直面均呈曲线形，称为双曲拱坝。其优点：一方面，由于梁系呈弯曲的形状，兼有竖向拱作用，承受水平荷载后，在产生水平位移的同时，还有向上位移的倾向，使梁的弯矩有所减小而轴向力加大，对降低坝的拉应力有利；另一方面，在水压力作用下，坝体中部的竖向梁应力是上游面受压而下游面受拉，这同坝体自重产生的梁应力正好相反。

2.土石坝

（1）土石坝的工作特点

土石坝是土坝与堆石坝的总称。土石坝历史悠久，在国内外广泛采用。其优点是就地取材；结构简单，便于维修和加高、扩建；对地质条件要求较低，能适应地基变形；施工技术较简单，工序少，便于组织机械化快速施工；有较丰富的修建经验。

（2）土石坝设计、施工和运行

土石坝坝体主要由散粒材料构成。为使其安全有效地发挥作用，在设计、施工和运行中必须满足：不允许水流漫顶由于规划设计时对洪水估计偏低，致使溢洪道行洪断面偏小；因坝顶高程不足，或水库控制运用不当等原因，都可导致坝顶漫水直至溃坝的严重事故。不发生危害性渗透变形水库蓄水后不仅在坝身和坝基内产生渗流，而且库水会绕过坝端经两岸渗向下游，形成绕坝渗流。渗透水流不但损失水量，更重要的是在渗流逸出处可能将土料中的细颗粒带走或局部主体被冲动，导致坝身、坝基产生危害性的渗透变形，甚至引起溃坝。坝身和坝基应稳定可靠，由于设计不当或施工质量不良，在外力作用下，可能造成坝坡或连同坝基的坍滑破坏。避免产生有害的裂缝由于受坝址地形、筑坝材料性质、坝基不均匀沉陷、施工质量以及地震荷载等因素的影响，坝身可能产生不均匀沉陷，一旦形成大的裂缝，就会危及坝身安全。能抵抗其他自然现象的破坏作用库区风浪在水位变化范围内可能淘刷上游坝被；雨水沿坡面流动可能冲毁坝坡；冰冻可能破坏坝坡；坝身黏性土料，冬季由于冻胀可能产生裂缝，夏季由于日晒又会龟裂，等等。

一般来说，坝址选在河谷狭窄地段，坝轴线较短，可以减少坝体工程量，但对一个具体枢纽来说，还要考虑坝址是否便于布置泄洪、发电、通航等建筑物以及是否便于施工导流，要由枢纽总造价来衡量经济与否。因此，需要全面分析、综合考虑，选择最有利的地形。对于多泥沙及有漂木要求的河道，要考虑坝址位置是否对取水防沙及漂木有利；对有通航要求的枢纽，还要注意布置通航建筑物对河流水流流态的要求，坝址位置要便于上下游引航道与通航过坝建筑物衔接；对于引水灌溉枢纽，坝址位置要尽量接近用水区，以缩短引水渠的长度，节省引水工程量。

（三）建筑材料

在坝址上下游附近地区，是否储藏着足够数量和良好质量的建筑材料，直接关系对坝址和坝型的选择。对于混凝土坝，要求坝址附近有足够做混凝土用的良好骨料；对于土石坝，附近除需要有足够的砂石料外，还应有适于做防渗体的黏性土料或其他代用材料。因此，对建筑材料的料场位置、材料的数量和质量、交通运输以及施工期淹没等情况均应调查清楚，认真考虑。

（四）施工条件

不同坝址和坝型的施工条件包括是否便于布置施工场地和内外交通运输，是否易于进行施工导流等。坝址附近特别是坝轴线下游附近最好有开阔的场地，以便布置场内交通、附属企业、生活设施及管理机构。在对外交通方面，要尽量接近交通干线。施工导流直接影响枢纽工程的施工程序、进度、工期及投资，在其他条件相似的情况下，应选择施工导流方便的坝址。

（五）综合效益

对不同坝址与相应的坝型选择，不仅要综合考虑防洪、发电、灌溉、航运等各部门的经济效益，还要考虑库区的淹没损失和枢纽上下游的生态影响等，要做到综合效益最大、有害影响最小。

三、水利枢纽分等

一项水利工程的成败对国计民生有着直接的影响，但不同规模的工程影响程度也不同。为使工程的安全可靠性与其造价的经济合理性统一起来，水利枢纽及其组成建筑物要分等、分级，即先按工程的规模、效益及其在国民经济中的重要性将水利枢纽分等，然后对各组成建筑物按其所属枢纽等别、建筑物作用及重要性进行分级。枢纽及建筑物的等级不同，对其规划、设计、施工、运行管理的要求也不同，即等级越高，要求也越高。这种分等分级、区别对待的方法，也是国家经济政策和技术政策的一种重要体现。

第二节　水工建筑物及其级别

一、水工建筑物分类

受到水的静力和动力作用，并与水发生相互影响的建筑物称为水工建筑物，它是水利工程中各类建筑物的总称。通常情况下，水利工程是以集中兴建于一处的若干建筑物来体现的，但有时仅指一个单项水工建筑物，有时又指包括沿一条河流很长范围内，甚至很大面积区域内的许多水工建筑物。水工建筑物按功用可分为以下几类。

（一）输（引）水建筑物

为灌溉、发电、城市或工业给水等需要，将水自水源或某处送至另一处或用户的建筑物。其中直接自水源输水的建筑物也称引水建筑物。还有引水隧洞、引水涵管、渠道及其上面的渡槽、倒虹吸管、输水涵洞等泄水建筑物。

（二）取水建筑物

取水建筑物是位于引水建筑物首部的建筑物。有取水口、进水闸、扬水站等。

取水建筑物是从水源把水引出的工程设施，像水利工程中从水库取水、从大型蓄水池取水、从河渠引取灌溉用水等，都会建设各类取水设施。另外，在城市供水工程中，往往也必须从江河湖泊取水，作为供水水源当然也要建设各类取水建筑物，所以取水建筑物使用广泛，但功能只有一个，即通过工程措施，获取足量的水质合格的用水。取水建筑物结构型式可简可繁，简单的可只有一个取水口，复杂的则要有拦污栅控制阀、进出水设施及必要的引水设施等，这要根据工程本身的重要性，对水量和水质的要求，还要看供水水源和用水设施所处的环境（如地形地貌等）条件来确定。取水建筑物要有足够的过流能力，并使水头损失控制在允许范围内，合理设计建筑物的各部结构是达到目的的关键。

（三）整治建筑物

整治建筑物是改善河道水流条件、调整河势、稳定河槽、维护航道和保护河岸的各种建筑物，有顺坝、潜坝、导流堤、防波堤、护岸等。

1.整治建筑物类型

按材料和期限分为轻型建筑物和重型建筑物；按照与水流的关系可分为淹没建筑物、非淹没建筑物、透水建筑物、实体建筑物以及环流建筑物。

实体建筑物、透水建筑物在结构方面差异很大。实体建筑物不允许水流透过坝体，导流能力强，建筑物前冲刷坑深，多用于重型的永久性工程。透水建筑物允许水流穿越坝体，导流能力较实体建筑物小，建筑物前冲刷坑浅，有缓流落淤作用。环流建筑物是设置在水中的导流透水建筑物，又称导流装置。它是利用工程设施使水流按需要方向激起人工环流，控制一定范围内泥沙运动方向，常用于引水口的引水和防沙整治。

2.整治建筑物布置与作用

河道整治建筑物就岸布设，可组成防护性工程，防止堤岸崩塌，控制河流横向变形；建筑物沿规划治导线布设，可组成控导性工程，导引水流，改善水流流态，治理河道。

3.整治建筑物结构

结构大体分为实体建筑物和透水建筑物两大类。

实体建筑物分为两类。一类是用抗冲材料堆筑成坝，称为抗冲材料堆筑坝，在沙质河床上建坝时，可先铺沉排护底。另一类是以土为坝体，用抗冲材料护坡、护基，称为土心实体坝。实体建筑物一般多为土心实体坝。

土心实体坝常用护坡、护基的材料和结构：①块石结构。为世界各河流普遍采用。具有适应河床变形、施工简易灵活、能分期实施、逐步加固等优点。块石护岸一般由抛石护脚及其上部护坡两部分组成。护坡有抛石、浆砌石、干砌石等几种结构，各河流采用的形式不尽相同。②柳石结构。分为柳石枕和柳石搂厢两种形式。柳石枕捆枕方法一种为散柳包石捆扎，另一种为先捆成小柳把，再包石捆扎。当石料缺乏时，可以用淤土块代石；柳缺乏时，可用钢材、芦苇、竹子代替。柳石结构主要优点是体积大、有柔韧性、防护效果好、可就地取材，节约石料和投资。③混凝土块护面结构。混凝土块形状可呈方形或六角形。其优点是可预制、施工快，形状整齐美观，坚固耐用，主要用于基础较稳定的堤岸防护风浪。④石笼。用铅丝、竹篾、荆条做成各种笼状物体，内填块石、砾石或卵石，网格的大小以不漏石为度。施工时，可将这些物体依次从河底往上紧密排放，护住堤岸或丁坝的坡、脚。常用于堤岸、丁坝枯水位以下护脚。优点是体积大、抗冲力强，小块石也能利用。⑤沉排。常用于实体建筑物护脚或护底。其特点是面积大、维修工作量小、整体性强、柔韧性好，易适应河床变形，随着水流冲刷排体外河床，排体随之下沉，可保护建筑物根基。但沉排结构比较复杂，施工技术性强。柴排是一种常用结构，由塘柴、柳枝或小竹子扎结成排体，上压块石做成。

（四）专门性水工建筑物

为水利工程中某些特定的单项任务而设置的建筑物，有专用于水电站的前池、调压室、压力管道、厂房；专用于通航过坝的船闸、升船机、鱼道、筏道；专用于给水防沙的沉沙池等。

相对于专门性水工建筑物而言，前面五类建筑物也可统称为一般性水工建筑物。实际上，不少水工建筑物的功用并非单一的，如溢流坝、泄水闸等兼具挡水与泄水功能；又如作为专门性水工建筑物的河床式水电站厂房也是挡水建筑物。

水工建筑物按使用期限还可分为永久性建筑物和临时性建筑物。永久性建筑物是指工程运行期间长期使用的建筑物，根据其重要性又分为主要建筑物和次要建筑物。前者指失事后将造成下游灾害或严重影响工程效益的建筑物，如拦河坝、溢洪道、引水建筑物、水电站厂房等；后者指失事后不致造成下游灾害，对工程效益影响不大并易于修复的建筑物，如挡土墙、导流墙、工作桥及护岸等。临时性建筑物是指工程施工期间使用的建筑物，如施工围堰等。

二、水工建筑物的特点

水工建筑物的特点是河川水利枢纽的主要水工建筑物，往往是效益大、工程量和造价大、对国民经济的影响也大。与一般土木工程建筑物相比，水工建筑物具有下列特点。

（一）工作条件的复杂性

水工建筑物工作条件的复杂性主要是由于水的作用。水对挡水建筑物有静水压力，其值随建筑物挡水高度的加大而剧增，为此建筑物必须有足够的水平抵抗力和稳定性。此外，水面有波浪，将给建筑物附加波浪压力；水面结冰时，将附加冰压力；发生地震时，将附加水的地震激荡力；水流经建筑物时，也会产生各种动水压力，都必须计入建筑物上下游水头差，会导致建筑物及其地基内的渗流。渗流会引起对建筑物稳定不利的渗透压力；渗流也可能引起建筑物及地基的渗透变形破坏；过大的渗流量会造成水库的水量损失。为此建造水工建筑物要妥善解决防渗和控制渗流问题。

高速水流通过泄水建筑物时可能出现自掺气、负压、空化、空蚀和冲击波等现象；强烈的紊流脉动会引起轻型结构的振动；挟沙水流对建筑物边壁有磨蚀作用；挑射水流在空中会导致对周围建筑物有严重影响的雾化；通过建筑物的水流剩余动能对下游河床有冲刷作用，甚至影响建筑物本身的安全。为此，兴建泄水建筑物特别是高水头泄水建筑物时，要注意解决高速水流可能带来的一系列问题，并做好消能防冲设计。

（二）设计选型的独特性

水工建筑物的型式、构造和尺寸，与建筑物所在地的地形、地质、水文等条件密切相关。规模和效益大致相仿的两座坝，由于地质条件优劣的不同，两者的型式、尺寸和造价都会截然不同。由于自然条件千差万别，因而水工建筑物设计选型总是只能按各自的具体条件进行，除非规模特别小，一般不能采用定型设计，当然这不排除水工建筑物中某些结构部件的标准化。

（三）施工建造的艰巨性

在水中建造水工建筑物，比陆地上的土木工程施工困难、复杂得多。主要困难是解决施工导流问题，即必须迫使河川水流按特定通道下泄，以利截断河流，在施工时不受水流的干扰，创造最好的施工空间；要进行很深的地基开挖和复杂的地基处理，有时还需水下施工；施工进度往往要和洪水“赛跑”，在特定的时间内完成巨大的工程量，将建筑物修筑到拦洪高程。

（四）失事后果的严重性

水工建筑物如失事会产生严重后果，特别是拦河坝，如失事溃决，则会给下游带来灾难性甚至毁灭性的后果，这在国内外都不乏惨痛实例。应当指出，有些水工建筑物的失事与某些自然因素或当时人们的认识能力与技术水平限制有关，也有些是不重视勘测、试验研究或施工质量欠佳所致，后者尤应杜绝。

三、水工建筑物分级

水利工程中的永久性建筑物根据所属工程的等别及其在工程中的作用和重要性进行分级，临时性建筑物根据被保护建筑物的级别、本身规模、使用年限和重要性进行分级。

对水工建筑物分级，主要是为了对不同级别的水工建筑物采用不同的设计标准以达到既安全又经济的目的，主要体现在以下几个方面：

①抗御洪水能力，如洪水标准、坝顶安全超高等。

②强度和稳定性，如建筑物的强度、稳定可靠度、抗裂要求及限制变形要求等。

③建筑材料，如选用材料的品种、质量、标号及耐久性等。

④运行可靠性，如建筑物部分尺寸的裕度及是否设置专门设备等。

第三节　挡水建筑物

挡水建筑物包括各种坝、闸、堤、海塘和施工围堰等，其中坝又包括重力坝、拱坝、支墩坝和土石坝等，这里主要介绍混凝土重力坝、混凝土拱坝、支墩坝、碾压式土石坝等挡水建筑物的工作原理和形式。闸既是挡水建筑物，又是泄水建筑物，具体放在泄水建筑物中介绍；堤、海塘及施工围堰等挡水建筑物的工作原理、结构与土石坝基本相近。

一、重力坝

重力坝是一种古老而迄今仍应用很广的坝型，因主要依靠自重维持稳定而得名。重力坝依靠坝体自重在坝基面上产生摩阻力来抵抗水平水压力以达到稳定的要求，并利用坝体自重在水平截面上产生的压应力来抵消由于水压力所引起的拉应力以满足强度的要求。因此，坝的剖面较大，一般做成上游坝面近于垂直的三角形剖面。重力坝与其他坝型相比较具有以下主要特点：

①重力坝筑坝材料的抗冲能力强，坝体断面形态适宜在坝顶布置。溢洪道和坝身设置泄水孔，一般不需要另设河岸溢洪道或泄洪隧洞。在坝址河谷狭窄而洪水流量大的情况下，重力坝可以较好地适应这种自然条件。

②重力坝结构简单、断面尺寸大、材料强度高、耐久性能好，抵抗水的渗透、特大洪水的漫顶、地震和战争破坏的能力都比较强，安全性较高。长江三峡工程就选择了混凝土重力坝。

③对地形地质条件适应性较好，几乎任何形状的河谷都可以修建重力坝。

④坝体与地基的接触面积大，受扬压力的影响也大。扬压力的作用会抵消部分坝体重量的有效压力，对坝的稳定和应力情况不利，故需采取各种有效的防渗排水措施，以削减扬压力，节省工程量。

⑤重力坝的剖面尺寸较大，便于机械化施工。

⑥重力坝分坝段浇筑，便于施工导流。

⑦坝体尺寸大，内部应力一般不大，因此材料的强度不能充分发挥。

⑧坝体体积大，水泥用量多，混凝土凝固时水化热高，散热条件差。所以混凝土重力坝施工期需有严格的温度控制和散热措施。

为克服实体重力坝的缺点，研究出了宽缝重力坝、空腹重力坝等多种结构。

实体重力坝是最简单的形式。其优点是设计和施工均方便，应力分布也较明确；但缺点是扬压力大和材料的强度不能充分发挥，工程量较大。宽缝重力坝与实体坝相比，具有降低扬压力、较好利用材料强度、节省工程量和便于坝内检查及维护等优点；缺点是施工较为复杂、模板用量较多。空腹重力坝不但可以进一步降低扬压力，而且可以利用坝内空腔布置水电站厂房，坝顶溢流宣泄洪水，以解决在狭窄河谷中布置发电厂房和泄水建筑物空间不足的困难；缺点是空腹附近可能存在一定的拉应力，局部需要配置较多的钢筋，应力分析及施工工艺也比较复杂。

二、拱坝

拱结构与梁结构相比，其主要优点是拱结构的内力主要为压力，特别适宜发挥混凝土等抗压强度较高材料的作用。建成拱形结构的挡水建筑物，就是拱坝。

拱坝是平面上凸向上游呈拱形，拱端支承于两岸岩体上的空间整体结构。它不像重力坝那样全靠自重维持稳定，而是利用筑项材料的强度来承担以轴向压力为主的拱内力，并由两岸拱端岩体来支承拱端推力，以维持坝体稳定。当地形、地质条件较好时，它是一种经济性和安全性较优越的坝型。与其他坝型比较，拱坝具有如下一些特点：

①利用拱结构特点，充分发挥材料强度。拱坝是一种推力结构，在外荷载作用下，只要设计得当，拱圈截面上主要承受轴向压应力，有利于充分发挥坝体混凝土或浆砌石材料的抗压强度。对适宜修建拱坝和重力坝的同一坝址，相同坝高的拱坝与重力坝相比，体积可节省1/3～2/3。

②利用两岸岩体维持稳定。拱坝将外荷载的大部分通过拱作用传至两岸岩体，主要依靠两岸坝肩岩体维持稳定，坝体自重对拱坝的稳定性影响不占主导作用。因此，拱坝对坝址地形地质条件要求较高，对地基处理的要求也较为严格。

③超载能力强，安全度高。可视为拱梁系统组成的拱坝结构，当外荷载增大或某一部位因拉应力过大而发生局部开裂时，能自行调整拱梁系统的荷载分配，改变应力分布状态，不致使坝丧失全部承载能力。所以按结构特点，拱坝坝面允许局部开裂。在两岸有坚固岩体支承的条件下，拱坝的破坏主要取决于压应力是否超过筑坝材料的强度极限。在合适的地形地质条件下，拱坝具有很强的超载能力。

④抗震性能好。由于拱坝是整体性空间结构、厚度薄、富有弹性，因而其抗震能力较强。

⑤荷载特点。拱坝坝体不设永久性伸缩缝，其周边通常固接于基岩上，因而温度变化、地基变形等对坝体应力有显著影响。此外，坝体自重和扬压力对拱坝应力的影响较小。坝体越薄，上述特点越明显。

⑥坝身泄流布置复杂。拱坝坝体单薄，坝身开孔或坝顶溢流会削弱水平拱和顶拱作用，并使孔口应力复杂；坝身下泄水流的向心收聚易造成河床及岸坡冲刷。随着拱坝修建技术的不断提高，不仅坝顶能安全泄流，而且能开设大孔口泄洪。

由于拱坝的上述特点，拱坝的地形条件往往是决定坝体结构型式、工程布置和经济性的主要因素。河谷的断面形状是影响拱坝体形及其经济性更为重要的因素。不同河谷即使具有同一宽高比，断面形状也可能相差很大。拱坝对地质条件的要求比其他混凝土坝更严格。较理想的地质条件是岩石均匀单一，有足够的强度，透水性小，耐久性好，两岸拱座基岩坚固完整，边坡稳定，无大的断裂构造和软弱夹层，能承受由拱端传来的巨大推力而不致产生过大的变形，尤其要避免两岸边坡存在向河床倾斜的节理裂隙或构造。

三、支墩坝

支墩坝是由一系列支墩和支承其上的挡水盖板所组成的。水压力、泥沙压力等由盖板传给支墩，再由支墩传至地基。

按挡水盖板形式的不同，支墩坝可分为平板坝、连拱坝和大头坝。

平板坝是型式最简单的支墩坝，其盖板为一块钢筋混凝土板，并常以简支的方式与支墩连接。

连拱坝有拱形的挡水面板，即拱筒承受水压力，受力条件较优，能较充分地利用建筑材料的强度。但温度变化、地基变形对支墩和拱筒的应力均有影响，因而连拱坝对地基的要求也更高。

大头坝是通过扩大支墩头部而起挡水作用的。其体积较平板坝、连拱坝大，也称为大体积支墩坝。大头坝的适用范围广泛，我国已建有单支墩和双支墩的高大头坝多座。

支墩坝的支墩形式也有多种，如单支墩、双支墩、框格式支墩和空腹支墩等。

四、土石坝

土石坝是土坝、堆石坝和土石混合坝的总称，是人类最早建造的坝型，具有悠久的发展历史，在各国使用都极为普遍。由于土石坝是利用坝址附近土料、石料及砂砾料填筑而成，筑坝材料基本源于当地，故又称为“当地材料坝”。在全球所建造的众多拦水坝中，大多为土石坝。

（一）土石坝的特点

土石坝在实践中被广泛采用并得到不断发展，其优点主要体现在以下几个方面：①筑坝材料能就地取材，材料运输成本低，还能节省大量“三材”（钢材、水泥、木材）。②适应地基变形的能力强。土石坝的散粒体材料能较好地适应地基的变形，对地基的要求在各种坝型中是最低的。③构造简单，施工技术容易掌握，便于机械化施工。④运用管理方便，工作可靠，寿命长，维修加固和扩建均较容易。

同其他坝型相比，土石坝也有其不足的一面：①施工导流不如混凝土坝方便，因而相应地增加了工程造价。②坝顶不能溢流。受散粒体强度的限制，土石坝坝身通常不允许过流，因此需在坝外单独设置泄水建筑物。③坝体填筑工程量大，土料填筑质量受气候条件的影响较大。

（二）土石坝设计和建造的原则要求

与重力坝不同，土石坝是由散粒土石料填筑而成，散粒体的孔隙率大、黏聚力小、整体抗剪强度小。正是由于筑坝材料的这一特殊性，决定了土石坝在设计、施工和运用中有其自身的特点。土石坝的设计需满足如下要求：

①坝体和坝基在施工期及各种运行条件下都应当是稳定的。设计时需要拟定合理的坝体基本剖面尺寸和施工填筑质量要求，采取有效的地基处理措施等。

②通常设计时不允许坝顶过流。若设计时对洪水估计不足，导致坝顶高程偏低，或泄洪建筑物泄洪能力不足，或水库控制运用不当，都会造成土石坝洪水漫顶事故，严重时可能发生溃坝灾难。因此在设计时，首先应保证泄水建筑物具有足够的泄洪能力，能满足规定的运用条件和要求。

③土石坝挡水后，在坝体、坝基、岸坡内部及其接合面处会产生渗流。渗流对大坝的运行会造成水库水量损失、坝体稳定性降低、发生渗透变形及溃坝事故等不利影响。为此，设计时应根据“上堵下排”的原则，确定合理的防渗体形式，加强坝体与坝基、岸坡及其他建筑物连接处的防渗效果，布置有效的排水及反滤设施，确保工程施工质量，避免大坝发生渗流破坏。

④对坝顶和边坡采取适当的防护措施，防止波浪、冰冻、暴雨及气温变化等不利自然因素对坝体的破坏作用。

（三）土石坝的类型

土石坝的型式很多，按施工方法的不同，土石坝可分为碾压式土石坝、抛填式堆石坝、水力冲填坝、水中倒土坝和定向爆破坝，其中应用最广的是碾压式土石坝。

1.碾压式土石坝

碾压式土石坝按坝体横断面的防渗材料及其结构，可划分为以下几种主要类型：

（1）均质坝

坝体绝大部分由一种抗渗性能较好的土料筑成。坝体整个断面起防渗和稳定作用，不再设专门的防渗体。均质坝结构简单、施工方便，当坝址附近有合适的土料且坝高不大时可优先采用。对于抗渗性能好的土料如黏土，因其抗剪强度低，且施工碾压困难，在多雨地区受含水量影响则更难压实，因而高坝中一般不采用此种形式。

（2）分区坝

分区坝与均质坝不同，在坝体中设置专门起防渗作用的防渗体，采用透水性较大的砂石料作坝壳，防渗体多采用防渗性能好的黏性土，其位置可设在坝体中间或稍向上游倾斜。

心墙坝由于心墙设在坝体中部，施工时就要求心墙与坝体大体同步上升，因而相互干扰大，影响施工进度。又由于心墙料与坝壳料的固结速度不同，心墙内易产生“拱效应”而形成裂缝；斜墙坝的斜墙支承在坝体上游面，可滞后坝体施工，两者相互干扰小，但斜墙的抗震性能和适应不均匀沉陷的能力不如心墙。斜心墙坝可不同程度克服心墙坝和斜墙坝的缺点，故我国154m高的小浪底水利枢纽即采用斜心墙形式的土石坝。

（3）人工防渗材料坝

防渗体采用混凝土、沥青混凝土、钢筋混凝土、土工膜或其他人工材料建成，其余部分用土石料填筑而成。

现代混凝土面板堆石坝的施工采用薄层填筑、重型振动碾压施工设备碾压，解决了坝体堆石压实难和沉降量大的问题，使该坝型具有良好的抗滑稳定性与抗渗稳定性以及面板与堆石施工互不干扰、工程量省、施工速度快、造价低等优点，大大增强了在高坝坝型比较中的竞争力。采用复合土工膜防渗的土石坝，坝坡可以设计得较陡，使土石工程量减少，从而降低工程造价；施工方便、工期短、受气候因素影响小，是一种很有发展前景的新坝型。

2.抛填式堆石坝

抛填式堆石坝施工时一般先建栈桥，将石块从栈桥上距填筑面10～30m高处抛掷下来，靠石块的自重将石料压实，同时用高压水枪冲射，把细颗粒碎石冲填到石块间孔隙中去。采用抛填式填筑成的堆石体孔隙率较大，所以在承受水压力后变形量大，石块尖角容易被压裂或剪裂，抗剪强度较低，在发生地震时沉降量更大。随着重型碾压机械的出现，目前此种坝型已很少采用。

3.水力冲填坝

借助水力完成土料的开采、运输和填筑全部工序而建成的坝。典型的冲填坝是用高压水枪在料场冲击土料使之成为泥浆，然后用泥浆泵将泥浆经输泥管输送上坝，分层淤填，经排水固结成为密实的坝体。这种筑坝方法不需运输机械和碾压机械，工效高，成本低；缺点是土料的干容重较小，抗剪强度较低，需要平缓的坝坡，坝体土方量较大。

4.水中倒土坝

这种坝施工时一般在填土面内修筑围埂分成畦格，在畦格内灌水并分层填土，依靠土的自重和运输工具压实及排水固结而成的坝。这种筑坝方法不需要有专门的重型碾压设备，只要有充足的水源和易于崩解的土料都可采用；但由于坝体填土的干容重较低，孔隙水压力较高，抗剪强度较小，故要求坝坡平缓，使得坝体工程量增大。

5.定向爆破坝

在河谷陡峻、山体厚实、岩性简单、交通运输条件极为不便的地区修筑堆石坝时，可在河谷两岸或一岸对岩体进行定向爆破，将石块抛掷到河谷坝址，堆筑起大部分坝体，然后修整坝坡，并在抛填堆石体上加高碾压堆石体，直至坝顶，最后在上游坝坡填筑反滤层、斜墙防渗体、保护层和护坡等，故得名定向爆破坝。

第四节　泄水建筑物

一、坝身泄水建筑物

坝身泄水建筑物包括溢流坝和坝身泄水孔。它们既是挡水建筑物，又是泄水建筑物，所以其剖面形状既要满足稳定和强度要求，又要满足泄水水力条件的要求。

（一）溢流坝

溢流坝按孔口形式的不同可分为坝顶溢流式和设有胸墙的大孔口溢流式两种。坝顶溢流式的泄流量大，当遭遇意外洪水时，超泄能力较大；有利于排除冰凌和其他漂浮物；闸门启闭操作方便，易于检修，安全可靠，所以在重力坝枢纽中得到广泛采用。

大孔口溢流式是将堰顶高程降低，利用胸墙遮挡部分孔口以减小闸门的高度，可以利用洪水预报提前放水腾出较大的防洪库容，从而提高水库调洪能力。当库水位低于胸墙时，泄流状态与坝顶溢流相同；大孔口溢流式的超泄能力不如坝顶溢流式大，也不利于排泄漂浮物。

大中型工程的溢流坝，为满足运用要求，在溢流坝顶常设有闸门、闸墩、启闭机、工作桥等结构和设备，在溢流段与非溢流段的连接处还设有边墩、导墙等。

经由溢流坝下泄的水流具有很大的动能，需进行消能设计。消能设计的原则是尽量使下泄水流的动能消耗于水流内部紊动以及与空气的摩擦，不致冲刷河床危及坝体安全。岩基上溢流重力坝常用的消能方式有底流消能、挑流消能、面流消能和库流消能四种，设计时应根据水流条件和河床地质情况进行技术经济比较后选定。

1.底流消能

底流消能是在泄水重力坝的坝趾下游设置一定长度的护坦，使过坝水流在护坦上发生水跃，通过水流的旋滚、摩擦、撞击和掺气等作用消能，以减轻对下游河床和两岸的冲刷。

2.挑流消能

挑流消能适用于水头较高，下游有一定水垫深度，基岩条件良好的情况。鼻坎挑流消能包括两个过程：一是空中消能；二是水垫消能。前者通过水舌在空中扩散、掺气、与空气摩擦消能，扩散越充分，掺气越多，消能效果越好；后者系水流跌入下游水中以后，形成强烈的旋滚区，并冲刷河床，但冲刷到一定深度，水流的余能便消耗于水滚的摩擦中，冲刷就不再继续加深。因此，下游水深越大，对减轻河床冲刷越是有利；水头越大，射程越远，对坝的安全越有保证。

3.面流消能

面流消能是利用溢流末端的鼻坎将主流挑至下游水面，在主流下面形成旋滚的水体，其流速低于表面，且旋滚水体的底部流动方向指向坝趾，并使主流沿下游水面逐步扩散，不直接冲刷河床，达到消能防冲的目的。

面流消能适用于下游水深较大，水位变幅较小，有漂木、排冰等要求的情况。面流消能主要靠表层主流波浪和底部旋滚的作用，消能效率不高，下游水面波动强烈，可延绵数百米，甚至数公里，影响电站稳定运行和下游通航条件，甚至冲刷两岸。

4.戽流消能

戽流消能是在溢流坝趾设置一个半径较大的反弧戽斗，促使下泄水流在戽内形成旋滚，主流挑向下游水面，形成一种“三滚一浪”的典型流态，即房内的旋滚、戽后的底部旋滚、主流涌浪及其后的表面旋滚，利用旋滚的摩擦、混掺作用达到消能防冲的目的。

这种消能方式适用于下游尾水较深、水位变幅较小，无排冰、漂木要求，且下游河床和两岸有一定抗冲能力的情况。戽流消能的主要优点是工程量比底流消能小，冲刷坑比挑流消能浅，且不存在雾化问题；主要缺点是下游水面波动较大，易冲刷河岸，也不利于下游通航；底部旋滚可能将河床沙石带入身内造成磨损，这些问题均须在选择方案时加以考虑或采取改善的措施。

（二）坝身泄水孔

坝身泄水孔可设在溢流坝段或非溢流坝段内，可布置成有压或无压。它的主要组成部分包括进口段、闸门段、孔身段、出口段和下游消能设施等。

1.进口段

泄水孔的进口高程一般应根据其用途和水库的运用条件确定。有压和无压泄水孔，其进口段都是有压段。为了使水流平顺，减小水头损失、避免孔壁空蚀，进口形状应尽可能符合水流的流动轨迹。工程中常采用椭圆曲线或圆弧曲线的三向收缩矩形进水口。

2.闸门段

为控制水流和检修之用，深式泄水孔需要设置工作闸门和检修闸门。有压泄水孔的工作闸门设置在出口段，无压泄水孔的工作闸门和检修闸门一般都设在进口段。最常用的门型有平面闸门和弧形闸门两种。前者布置紧凑，启闭机可设在坝顶，但启闭力较大，闸门不能局部开启，门槽水流不平顺，易产生空蚀和振动。后者无须设置门槽，水流条件较好，可以局部开启，且启门力较小，但结构较复杂，闸门操作室所占空间较大。

3.孔身段

有压泄水孔的孔身断面一般为圆形，因为圆形断面过水能力较大，受力条件较好。无压泄水孔的断面通常采用矩形或城门洞形，为了保证孔内形成稳定的无压明流，孔顶在水面以上应有一定的余幅，以满足掺气和通气的要求。坝内泄水孔削弱了坝体结构，孔边也容易引起应力集中。设计时除在孔道周边布设钢筋加强外，还要根据受力条件、流速及泥沙等情况综合考虑是否需要衬砌。当采用钢板或其他材料衬砌时，应与混凝土锚接牢固。

4.出口段

有压泄水孔临近出口断面时，水流从有压突然转为无压，造成出口附近孔身压力突然降低，甚至在断面顶部产生负压。所以常将出口段顶部适当下压，形成压坡段，以增加孔内压力。泄水孔的出口段还要与所选用的消能形式结合起来考虑，常根据具体条件采用挑流消能形式或底流消能形式与下游相衔接。

（三）拱坝的坝身泄水

拱坝的坝身泄水方式主要有自由跌落式、鼻坎挑流式、滑雪道式、坝身泄水孔式等。这些泄水方式都应满足下列要求：下泄的水流尽可能跳出并远离坝体，下游宜保持足够的水深作为水垫；在布置上应尽可能控制水流在跳入下游河床后，不致危及下游两岸山体的稳定性及其他建筑物安全；为防止下泄水流向下收聚对河床的冲刷，可采取对撞消能布置方式。

1.自由跌落式

这种泄水方式系把溢流段布置在中间的河床部分，水流从坝顶自由跌落。该方式适用于基岩良好、泄量不大、坝体较薄的双曲拱坝或小型拱坝。

2.鼻坎挑流式

为使通过堰顶的水股远离坝脚，在溢流堰曲线末端用反弧段连接，使之成为鼻坎挑流。

3.滑雪道式

鉴于拱坝断面较薄，当单宽流量大时须将挑流鼻坎降低，使起始的挑流速度加大，这样可把水流送到下游较远处，由此形成滑雪道泄水方式。滑雪道泄水方式由溢流坝坝顶、泄槽及挑流鼻坎组成，各部分的形状及尺寸必须适应水流条件。泄槽底板可设置在水电站厂房的顶部或专门的支承结构上，使拱坝溢流段和水电站厂房等主要建筑物联合发挥作用，对于溢流量大而河谷狭窄的枢纽是比较有利的。滑雪道一般多采用两岸对称布置，可使两股射流对冲碰撞消能，也可布置在河床中间，适用于泄洪量大、坝体较薄的拱坝枢纽中。

4.坝身泄水孔式

坝身泄水孔系深式泄洪孔口，位于水面以下一定深度，设在坝体上半部的称为中孔，设在下半部的称为底孔。深孔一般是压力流，用于泄洪的深孔可辅助排沙及施工期导流之用。泄水中孔一般设在河床中间部分，以便消能和防洪。

河岸溢洪道是河川水利枢纽常用的泄水建筑物之一。建于坝外河岸，用以排泄水库不能容纳的多余来水量，保证枢纽挡水建筑物及其他有关建筑物的安全运行。

因为土石坝一般不能从坝顶过水，故河岸溢洪道广泛应用于拦河坝为土石坝的大、中、小型水利枢纽以及坝型采用薄拱坝或轻型支墩坝的水利枢纽。当泄洪水头较高或流量较大时，一般要考虑布置坝外河岸溢洪道，或兼有坝身及坝外溢洪道，以策安全。

有些坝型虽适宜布置坝身溢洪道，但由于其他条件的限制，仍不得不用河岸溢洪道，坝身适宜布置溢流段的长度难以满足泄洪要求，为布置水电站厂房于坝后，不适宜同时布置坝身溢洪；当坝外布置溢洪道技术经济条件更为有利时，这种情况的典型条件是河岸在地形上有高程恰当的适宜修建溢洪道的天然垭口，地质上又为抗冲性能好的岩基。

河岸溢洪道在布置和运用上分为正常溢洪道和非常溢洪道两大类。正常溢洪道用来宣泄设计洪水，非常溢洪道的作用是宣泄超过设计标准的洪水。

正常溢洪道的常用形式有正槽溢洪道和侧槽溢洪道。

正槽溢洪道的特点是开敞式正面进流。泄槽与溢流堰轴线正交，过堰水流与泄槽方向一致，此形式应用最广。其结构组成有进水段、控制段、泄槽、消能段、尾水渠。进水渠和尾水渠在实际工程中是否需要设置应视具体情况而定。正槽溢洪道优点在于结构简单，进流量大，泄流能力强，工作可靠，施工、管理、维修方便，因而被广泛采用。不足之处是当两岸地势较高且岸坡较陡时，开挖方量大。

侧槽溢洪道的特点是水流过堰后急转弯近90°，再经过泄槽或斜井或隧洞下泄。其结构组成为溢流堰、侧槽、调整段、泄槽、出口消能段、尾水渠。

溢洪道的控制段是控制溢洪道泄流能力的关键部位，其横断面多为矩形。泄槽是设在溢流堰下游的一段陡槽，它将过堰水流引向消能建筑物，是长距离的输水建筑物。为使槽内水流呈急流状态，其纵坡常为大于临界坡度的陡坡，因此又称其为陡槽。

由于泄槽内水流流速较高，设计时必须考虑高速水流产生的冲击波、脉动和空蚀现象，在布置和构造上予以重视。

出口消能段位于泄槽出口，作用是消除下泄水流具有破坏作用的动能，从而防止建筑物被水流冲刷，保证安全。常用的消能方式为挑流消能和底流消能。

流经泄槽的急流经过消能后，不能直接进入原河道，需布置一段尾水渠。尾水渠的设计要求是尽可能短、直、平顺，底坡尽量接近原河道的坡度，以使水流能平稳顺畅地归入原河道，且不影响其他建筑物的安全。

二、水工隧洞

用于泄水的水工隧洞可分为有压隧洞和无压隧洞两大类。前者正常运行时洞内满流，洞顶内水压力大于零；后者正常运行时洞身横断面不完全充水，存在与大气接触的自由水面，故亦称明流隧洞。

水工隧洞是地下建筑物，其设计、建造和运行条件与承担类似任务的建于地面的水工建筑物相比，有不少特点。

从结构、荷载方面看，岩层中开挖隧洞以后，破坏了原来的地应力平衡，引起围岩新的变形，甚至会导致岩石崩塌，故一般要对围岩进行衬砌支护。衬砌还会受其周围地下水活动所引起的外水压力作用。

从水力特性方面看，尽管有压隧洞一般视同管流，无压隧洞一般视同明渠流，有与地面建造的管道、明渠相同之处；但承受内水压力的有压隧洞如衬砌漏水，压力水渗入围岩裂隙，将形成附加的渗透压力，构成岩体失稳因素；无压隧洞内较高流速的水流引起的自掺气现象要求设置有足够供气能力的通气设备，否则封闭断面下的洞身将难以维持稳定的无压流态。

从施工建造方面看，隧洞开挖，衬砌的工作面小、洞线长、工序多、干扰大。所以，虽按方量计的工程量不一定很大，工期却往往较长，尤其是兼作导流用的隧洞，其施工进度往往控制整个工程的工期。因此，改善施工条件，加快开挖、衬砌支护进度，提高施工质量，是建造水工隧洞的重要课题。

（一）隧洞的总体布置

1.线路选择

水工隧洞线路的选定是设计中非常重要的一环，关系到隧洞的造价和运用的可靠性。应在地质勘测基础上，拟订不同方案进行技术经济比较优选，争取得到地质条件良好、路线短、水流顺畅以及对枢纽建筑物无相互不良影响的洞线方案。

2.隧洞布置的类型

按隧洞的进口高程的不同，隧洞有两种布置方式。

①以泄洪为主要用途的隧洞，一般应尽量做成以表孔堰流方式进水。较典型的表孔泄洪隧洞是正堰斜井溢洪道，它由正向溢流堰、陡坡斜井、隧洞及其出口消能设备等组成，

闸门安装于堰顶，泄水时斜井及隧洞内常处于无压流态。从水流来看，类似于河岸正槽溢洪道，不过是泄水陡槽以封闭式代替开敞式而已。

②将隧洞布置成深孔型式。它由位于水下的进水口、洞身及出口消能段等组成。这类隧洞虽然进口段是有压流的，但洞身水流既可为有压流，也可通过工作闸门后断面扩大而为无压流。就进口位置而言，还可有两种布置方式，一种是低位进水口，即进水口底部与洞身底部为同一平面；另一种是较高位的进水口，即所谓龙抬头式，进口段与洞身之间以竖曲线及斜井相连。

有时由于对枢纽布置的考虑，洞身不得不在平面上转弯。为保持较好流态，可将工作闸门设在弯段以下，从而使弯段位于有压流段，免除明槽急流冲击波危害；而工作闸门下游为明流段，可保证出口山体的稳定性，并提高对闸门推力的支承能力。这就是前段有压流与后段无压流相结合的泄水隧洞。这种布置方式一般须加设一个竖井即工作闸门井，亦称中间闸室，供闸门启闭操作之用。

（二）隧洞的断面形式

隧洞的断面形式与水流条件、工程地质条件和施工条件等因素有关，一般有如下两种。

1.有压隧洞

有压隧洞由于内水压力较大，一般采用水流条件及受力条件都较好的圆形断面。

2.无压隧洞

当围岩条件较好，洞径和内水压力不大时，为了施工方便，也可采用无压隧洞。无压隧洞多采用圆拱直墙形断面。由于顶部为圆拱形，适宜于承受垂直围岩压力，且便于开挖和衬砌。侧向围岩压力较大时，为减小或消除边墙上的侧向围岩压力，可把边墙做成向外倾斜状。如围岩条件较差，可做成马蹄形断面。岩石条件差并有较大外水压时，也可采用圆形断面。采用掘进机开挖施工时则必须采用圆形断面。

沿隧洞开挖洞壁的四周或一部分做成的人工护壁称为隧洞的衬砌。其作用有：阻止围岩变形发展，保证其稳定；加固围岩承受围岩压力、内水压力和其他荷载；防止渗漏；保护岩石免受水流、空气、温度、干湿变化等侵蚀破坏；平整围岩，减小表面糙率。

（三）隧洞的出口消能

对有压泄水隧洞，常在出口设闸门控制流量，闸前为由圆变方的渐变段，闸后出口接扩散段与消能设施。无压洞出口仅设门框，防止洞脸及其以上岩坡崩塌，并与扩散消能设施边墙相接。

泄水隧洞出口消能方式多采用挑流消能和底流消能。当隧洞出口高程高于或接近下游水位，且当地形、地质条件允许时，应优先采用比较经济合理的扩散式挑流消能。当隧洞轴线与河道水流交角较小时，采用斜向挑流鼻坎，靠河床一侧鼻坎较低，使挑射主流偏向河床，以减轻对河岸的冲刷。

三、水闸

水闸是一种调节水位、控制流量、既挡水又泄水的低水头水工建筑物，主要依靠闸门控制水流，具有挡水和泄水的双重功能，在防洪、治涝、灌溉、供水、航运、发电等方面应用十分广泛。因水闸多数修建在软土地基上，所以它在抗滑稳定、防渗、消能防冲及沉陷等方面都有其自身的工作特点。由于土基的抗剪强度低，则水闸的抗滑稳定性差；渗流易使闸下产生管涌或流土等渗透变形；过闸水流具有较大动能，容易冲刷破坏下游河床及两岸；软土地基上建闸，由于地基的压缩性比较大，在水闸的重力和外荷载作用下，可能产生较大沉陷，尤其是不均匀沉陷会导致水闸倾斜，甚至断裂，影响水闸正常使用。

（一）水闸的类型及组成

水闸的类型较多，分法各异。按承担的任务不同，水闸可分为进水闸、拦河闸、泄水闸、排水闸、挡潮闸、分洪闸和冲沙闸等。按闸室的结构形式分，可分为开敞式水闸、胸墙式水闸和封闭式或涵洞式水闸等。

开敞式水闸的闸室上部没有阻挡水流的胸墙或顶板，过闸水流能够自由地通过闸室。开敞式水闸的泄流能力大，一般用于有排冰、过木等要求的泄洪闸，如拦河闸、排冰闸等。当上游水位变幅大，而下泄流量又有限制时，为了避免闸门过高，可设置胸墙。胸墙式水闸多用于进水闸、排水闸和挡潮闸等。

由于封闭式水闸的闸身上面填土封闭，故又称涵洞式水闸。

水闸由上游连接段、闸室和下游连接段三部分组成。①上游连接段的作用主要是引导水流平顺、均匀地进入闸室，避免对闸前河床及两岸产生有害冲刷，减少闸基或两岸渗流对水闸的不利影响。一般由铺盖、上游翼墙、上游护底、防冲槽或防冲齿墙及两岸护坡等部分组成。②闸室段是水闸的主体部分，起挡水和调节水流作用，包括底板、闸墩、闸门、胸墙、工作桥和交通桥等。底板是水闸闸室基础，承受闸室全部荷载并较均匀地传给地基，兼起防渗和防冲作用，同时闸室的稳定主要由底板与地基间的摩擦力来维持；闸墩的主要作用是分隔闸孔，支撑闸门，承受和传递上部结构荷载；闸门则用于控制水位和调节流量；工作桥和交通桥用于安装启闭设备、操作闸门和联系两岸交通。③下游连接段的作用是消能、防冲及安全排出流经闸基和两岸的渗流。一般包括消力池、海漫、下游防冲槽、下游翼墙及两岸护坡等。消力池主要用来消能，兼有防冲作用；海漫的作用是继续消除水流余能、扩散水流、调整流速分布、防止河床产生冲刷破坏；下游防冲槽是用来防止下游河床冲坑继续向上游发展的防冲加固措施；下游翼墙则是用来引导过闸水流均匀扩散，保护两岸免受冲刷；两岸护坡用来保护岸坡，防止水流冲刷。

（二）水闸的闸基渗流

水闸建成挡水后，在上下游水位差的作用下，在闸基及岸坡内均产生渗流。其中闸基为有压渗流，岸坡绕渗为无压渗流。水闸闸基渗流在闸底板上形成的扬压力，不利于闸室稳定；岸坡绕渗对连接建筑物的侧向稳定不利；闸基渗流和岸坡绕渗还可能造成渗流出溢处的渗透变形破坏，甚至导致水闸失事；渗流还可能引起水量损失等。

为了保证闸室稳定，需对水闸的地下轮廓线进行布置，即根据设计要求和地基特性，确定闸基防渗体的轮廓形状及其尺寸，布置的原则是防渗与导渗相结合。地下轮廓布置与地基土质的关系较大，对于不同地基具有不同的布置特点。

（三）水闸的消能

防冲水闸的消能方式一般都采用底流式水跃消能。底流式的主要消能结构是消力池，在池中利用水跃消耗能量。消力池后面紧接海漫。在海漫上继续消除水流的剩余动能，使水流扩散并调整流速分布，以减少底部流速，从而保护河床免受冲刷。海漫末端需设置防冲槽或防冲齿墙。

（四）闸室稳定及闸基处理

闸室在自重、水压力等各种荷载的作用下，不论在运行、检修还是施工期都应该是稳定的。闸室稳定性的要求主要包括以下三个要求：①闸室基底平均压应力不大于地基容许承载力；②闸室基底压应力的最大值与最小值之比值不大于容许的比值；③闸室抗滑稳定安全系数不小于容许的安全系数。

当水闸的天然地基不满足稳定、应力和渗流的要求，或不满足沉陷控制要求时，除了考虑改变闸室结构型式外，还要对地基进行加固处理。常采用的方法有预压加固、换土垫层、桩基础、振动沙桩和强夯法等。此外，还有沉井基础、深层搅拌桩、高压喷射灌浆等地基处理方法。

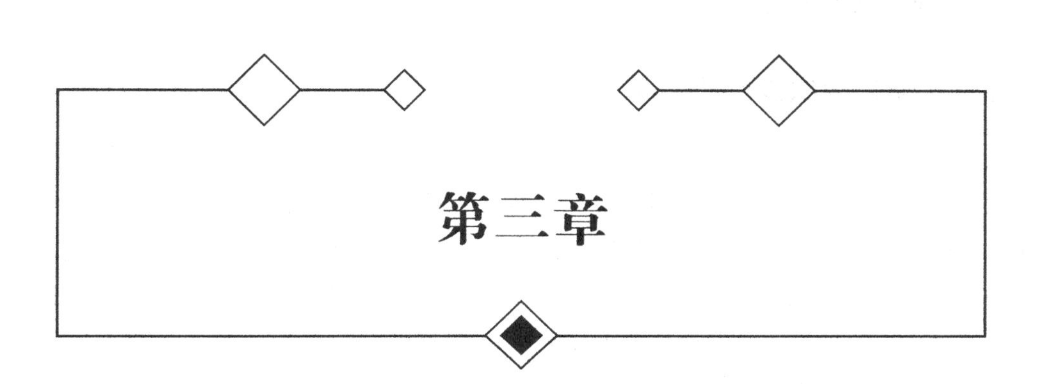

第三章 水利工程施工组织

第一节　水利工程施工组织概述

一、施工组织设计

（一）施工组织设计的作用

施工组织设计实际是水利水电工程设计文件的重要组成部分，是优化工程设计、编制工程总概算、编制投标文件、编制施工成本及国家控制工程投资的重要依据，是组织工程建设、选择施工队伍、进行施工管理的指导性文件。做好施工组织设计，对正确选定坝址、坝型及工程设计优化，合理组织工程施工，保证工程质量，缩短建设工期，降低工程造价，提高工程的投资效益等都具有十分重要的作用。

水利水电工程由于建设规模大、设计专业多、范围广，面临洪水的威胁和受到某些不利的地质、地形条件的影响，施工条件往往比较困难。因此，水利工程施工组织设计工作就显得更为重要。特别是现在国家投资制度的改革，由于是市场化运作，项目法人制、招标投标制、项目监理制，代替过去的计划经济方式，对施工组织设计的质量、水平、效益的要求也越来越高。在设计阶段施工组织设计往往影响投资、效益，决定着方案的优劣；招投标阶段，在编制投标文件时，施工组织设计是确定施工方案、施工方法的依据，是确定标底和标价的技术依据。其质量的好坏直接关系能否在投标竞争中取胜，以及是否承揽到工程；施工阶段，施工组织设计是施工实施的依据，是控制投资、质量、进度以及安全施工和文明施工的保证，也是施工企业控制成本、增加效益的保证。

（二）工程建设项目划分

水利水电工程建设项目是指按照经济发展和生产需要提出的，经上级主管部门批准，具有一定的规模，按总体进行设计施工，由一个或若干个互相联系的单项工程组成，经济上统一核算，行政上统一管理，建成后能产生社会经济效益的建设单位。

水利水电建设项目通常可逐级划分为若干个单项工程、单位工程、分部分项工程。单项工程由几个单位工程组成，具有独立的设计文件，具有同一性质或用途，建成后可独立发挥作用或效益。

单位工程是单项工程的组成部分，可以有独立的设计、进行独立的施工，但建成后不能独立发挥作用的工程部分。单项工程可划分为若干个单位工程。

分部工程是单位工程的组成部分。对于水利水电工程，一般将人力、物力消耗定额相近的结构部位归为同一分项工程。

（三）施工组织设计的分类

施工组织设计是一个总的概念，根据工程项目的编制阶段、编制对象或范围的不同，施工组织设计在编制的深度和广度上也有所不同。

1.按工程项目编制阶段分类

根据工程项目建设设计阶段和作用的不同，可以将施工组织设计分为设计阶段施工组织设计、招标投标阶段施工组织设计、施工阶段施工组织设计。

（1）设计阶段施工组织设计

这里所说的设计阶段主要是指设计阶段中的初步设计。在做初步设计时，采用的设计方案，必然联系到施工方法和施工组织。不同的施工组织，所涉及的施工方案是不一样的，所需投资也就不一样。

设计阶段的施工组织设计是整个项目的全面施工安排和组织，涉及范围是整个项目，内容要重点突出，施工方法拟定要经济可行。

这一阶段的施工组织设计，是初步设计的重要组成部分，也是编制总概算的依据之一，由设计部门编写。

（2）施工投标阶段的施工组织设计

水利水电工程施工投标文件一般由技术标和商务标组成，其中技术标的就是施工组织设计部分。

这一阶段的施工组织设计是投标者以招标文件为主要依据，是投标文件的重要组成部分，也是投标报价的基础，在投标竞争中以取胜为主要目的。施工招投标阶段的施工组织设计主要由施工企业技术部门负责编写。

（3）施工阶段的施工组织设计

施工企业通过竞争，取得对工程项目的施工建设权，从而也就承担了对工程项目的建设的责任，这个建设责任，主要是在规定的时间内，按照双方合同规定的质量、进度、投资、安全等要求完成建设任务。这一阶段的施工组织设计，主要以分部工程为编制对象，以指导施工、控制质量、控制进度、控制投资，从而顺利完成施工任务为主要目的。

施工阶段的施工组织设计，是对前一阶段施工组织设计的补充和细化，主要由施工企业项目经理部技术人员负责编写，以项目经理为批准人，并监督执行。

2.按工程项目编制的对象分类

（1）施工组织总设计

施工组织总设计是以整个建设项目为对象编制的，用以指导整个工程项目施工全过程的各项施工活动的全局性、控制性文件。它是对整个建设项目施工的全面规划，涉及范围较广，内容比较概括。

施工组织总设计用于确定建设总工期、各单位工程项目开展的顺序及工期、主要工程的施工方案、各种物资的供需设计、全工地临时工程及准备工作的总体布置、施工现场的布置等工作，同时也是施工单位编制年度施工计划和单位工程项目施工组织设计的依据。

（2）单位工程施工组织设计

单位工程施工组织设计是以一个单位工程为编制对象，用以指导其施工全过程的各项施工活动的指导性文件，是施工单位年度施工设计和施工组织总设计的具体化，也是施工单位编制作业计划和制订季、月、旬施工计划的依据。单位工程施工组织设计一般在施工图设计完成后，根据工程规模、技术复杂程度的不同，其编制内容的深度和广度也有所不同。对于简单单位工程，施工组织设计一般只编制施工方案并附以施工进度和施工平面图，即“一案、一图、一表”。在拟建工程开工之前，由工程项目的技术负责人负责编制。

（3）分部工程施工组织设计

分部工程施工组织设计也叫分部工程施工作业设计。它是以分部工程为编制对象，用以具体实施其分部工程施工全过程的各项施工活动的技术、经济和组织的实施性文件。一般在单位工程施工组织设计确定了施工方案后，由施工队技术人员负责编制，其内容具体、详细、可操作性强，是直接指导分部工程施工的依据。

施工组织总设计、单位工程施工组织设计和分部工程施工组织设计，是同一工程项目，不同广度、深度和作用的三个层次。

（四）施工组织设计编制原则、依据和要求

1.施工组织设计编制原则

①执行国家有关方针政策，严格执行国家基本建设程序和有关技术标准、规程规范，并符合国内招标、投标规定和国际招标、投标惯例。

②结合国情积极开发和推广新材料、新技术、新工艺和新设备，凡经实践证明技术经济效益显著的科研成果，应尽量采用。

③统筹安排，综合平衡，妥善协调各分部分项工程，达到均衡施工。

④结合实际，因地制宜。

2.施工组织设计编制依据

①可行性研究报告及审批意见、设计任务书、上级单位对本工程建设的要求或批文。

②工程所在地区有关基本建设的法规或条例、地方政府对本工程建设的要求。

③国民经济各有关部门对本工程建设期间有关要求及协议。

④当前水利水电工程建设的施工装备、管理水平和技术特点。

⑤工程所在地区和河流的地形、地质、水文、气象特点和当地建材情况等自然条件、施工电源、水源及水质、交通、环保、旅游、防洪、灌溉排水、航运、过木、供水等现状和近期发展规划。

⑥当地城镇现有状况，如加工能力、生活、生产物资和劳动力供应条件，居民生活卫生习惯等。

3.施工组织设计的质量要求

①采用资料、计算公式和各种指标选定依据可靠，正确合理。

②采用的技术措施先进、方案符合施工现场实际。

③选定的方案有良好的经济效益。

④文字通顺流畅，简明扼要，逻辑性强，分析论证充分。

⑤附图、附表完整清晰，准确无误。

（五）施工组织设计的编制方法

①进行施工组织设计前的资料准备。

②进行施工导流、截流设计。

③分析研究并确定主体工程施工方案。

④施工交通运输设计。

⑤施工工厂设施设计。

⑥进行施工总体布置。

⑦编制施工进度计划。

（六）施工组织设计的工作步骤

①根据枢纽布置方案，分析研究坝址施工条件，进行导流设计和施工总进度的安排，编制出控制性进度表。

②提出控制性进度之后，各专业根据该进度提供的指标进行设计，并为下一道工序提供相关资料。单项工程进度是施工总进度的组成部分与施工总进度之间是局部与整体的关系，其进度安排不能脱离总进度的指导，同时它又能检验编制施工总进度是否合理可行，

从而为调整、完善施工总进度提供依据。

③施工总进度优化后，计算提出分年度的劳动力需要量、最高人数和总劳动力量，计算主要建筑材料总量及分年度供应量、主要施工机械设备需求总量及分年度供应数量。

④进行施工方案设计和比选中施工方案是指选择施工方法、施工机械、工艺流程、划分施工段。在编制施工组织设计时，需要经过比较才能确定最终的施工方案。

⑤进行施工布置是指对施工现场进行分区设置，确定生产、生活设施、交通线路的布置。

⑥提出技术供应计划是指人员、材料、机械等施工资料的供应计划。

⑦编制文字说明中文字说明是对上述各阶段的成果进行说明。

（七）施工组织设计的编制内容

1.施工条件分析

施工条件分析的主要目的是判断它们对工程施工的作用和可能造成的影响，以充分利用有利条件，避免或降低不利因素的影响。

施工条件主要包括自然条件与工程条件两个方面。

（1）自然条件

①洪水枯水季节的时段、各种频率下的流量及洪峰流量、水位与流量关系、洪水特征、冬季冰凌情况、施工区支沟各种频率洪水、泥石流及上下游水利水电工程对本工程施工的影响。

②枢纽工程区的地形、地质、水文地质条件等资料。

③枢纽工程区的气温、水文、降水、风力及风速、冰情和雾等资料。

（2）工程条件

①枢纽建筑物的组成、结构型式、主要尺寸和工程量。

②泄流能力曲线、水库特征水位及主要水能指标、水库蓄水分析计算、库区淹没及移民安置条件等规划设计资料。

③工程所在地点的对外交通运输条件、上下游可利用的场地面积及分布情况。

④工程的施工特点及与其他有关部门的施工协调。

⑤施工期间的供水、环保及大江大河上的通航、过木、鱼群洄游等特殊要求。

⑥主要天然建筑材料及工程施工中所用大宗材料的来源和供应条件。

⑦当地水源、电源、通信的基础条件。

⑧国家、地区或部门对本工程施工准备、工期等的要求。

⑨承包市场的情况，有关社会经济调查和其他资料等。

2.施工导流

施工导流的目的是妥善解决施工全过程中的挡水、泄水、蓄水问题，通过对各期导流特点和相互关系，进行系统分析、全面规划、周密安排，以选择技术上可行、经济上合理的导流方案，保证主体工程的正常安全施工，并使工程尽早发挥效益。

（1）导流标准

导流建筑物的级别、各期施工导流的洪水频率及流量、坝体拦洪度汛的洪水频率及流量。

（2）导流方式

①导流方式及选定方案的各期导流工程布置及防洪度汛、下游供水措施、大江大河上的通航、过木和鱼群洄游措施、北方河流上的排冰措施。

②水利计算的主要成果；必要时对一些导流方案进行模型试验。

（3）导流建筑物设计

①导流挡水、泄水建筑物布置型式的方案比较及选定方案的建筑物布置、结构型式及尺寸、工程量、稳定分析等主要成果。

②导流建筑物与永久工程结合的可能性，以及结合方式和具体措施。

（4）导流工程施工

①导流建筑物的开挖、衬砌等施工程序、施工方法、施工布置、施工进度。

②选定围堰的用料来源、施工程序、施工方法、施工进度及围堰的拆除方案。

③基坑的排水方式、抽水量及所需设备。

（5）截流

①截流时段和截流设计流量。

②选定截流方案的施工布置、备料计划、施工程序、施工方法措施；必要时所进行的截流试验的成果资料。

（6）施工期间的通航和过木等

①在大江大河上，有关部门对施工期通航、过木等的要求。

②施工期间过闸通航船只、木筏的数量、吨位、尺寸及年运量、设计运量等。

③分析可通航的天数和运输能力。

④分析可能碍航、断航的时段及其影响，并研究解决措施。

⑤经方案比较，提出施工期各导流阶段通航、过木的措施、设施、结构布置和工程量。

⑥论证施工期通航与蓄水期永久通航的过闸（坝）设施相结合的可能性及相互间的衔接关系。

3.料场的选择、规划与开采

（1）料场选择

分析块石料、反滤料与垫层料、混凝土骨料、土料等各种用料的料场分布、质量、储量、开采加工条件及运输条件、剥采比、开挖弃渣利用率及其主要技术参数，通过试验成果及技术经济比较选定料场。

（2）料场规划

根据建筑物各部位、不同高程的用料数量及技术要求，各料场的分布高程、储量及质量、开采加工及运输条件、受洪水和冰冻等影响的情况，拦洪蓄水和环境保护、占地及迁建赔偿以及施工机械化程度、施工强度、施工方法、施工进度等条件，对选定料场进行综合平衡和开采规划。

（3）料场开采

对用料的开采方式、加工工艺、废料处理与环境保护，开采、运输设备选择，储存系统布置等进行设计。

4.主体工程施工

主体工程的施工包括建筑工程和金属结构及机电设备安装工程两大部分。

通过分析研究，确定完整可行的施工方法，使主体工程设计方案能够在经济、合理、满足总进度要求的条件下如期建成，并保证工程质量和施工安全。同时提出对水工枢纽布置和建筑物型式等的修改意见，并为编制工程概算奠定基础。

（1）闸、坝等挡水建筑物施工

闸、坝等挡水建筑物施工包括：土石方开挖及基础处理的施工程序、方法、布置及进度；各分区混凝土的浇筑程序、方法、布置、进度及所需准备工作；碾压混凝土坝上游防渗面板的施工方案、分缝分块及通仓碾压的施工措施；混凝土温控措施的设计；土石坝的备料、运输、上坝卸料、填筑碾压等的施工程序、工艺方法、机械设备、布置、进度及拦洪度汛、蓄水的计划措施；土石坝各施工期的物料开采、加工、运输、填筑的平衡及施工强度和进度安排，开挖弃渣的利用计划；施工质量控制的要求及冬雨季施工的实施意见。

（2）输排水、泄引水建筑物施工

输排水、泄引水建筑物施工包括：输水、排水及泄洪、引水等建筑物的开挖、基础处理、浆砌石或混凝土衬砌的施工程序、方法、布置及进度；预防坍塌、滑坡的安全保护措施。

（3）河道工程施工

河道工程施工包括：土石方开挖及岸坡防护的施工程序、工艺方法、机械设备、布置及进度；开挖料的利用、堆渣地点及运输方案。

（4）渠系建筑物施工

渠系建筑物施工包括：渠道、渡槽等渠系建筑物的施工，可参照上述相关主体工程施工的相关内容。

5.施工工厂设施

（1）砂石加工系统

砂石加工系统包括：砂石料加工系统的布置、生产能力与主要设备、工艺布置设计及要求；除尘、降噪、废水排放等的方案措施。

（2）混凝土生产系统

混凝土生产系统包括：混凝土总用量、不同强度等级及不同品种混凝土的需用量；混凝土拌和系统的布置、工艺、生产能力及主要设备；建厂计划安排和分期投产措施。

（3）混凝土制冷、制热系统

混凝土制冷、制热系统包括制冷、加冰、供热系统的容量、技术和进度要求。

（4）压缩空气、供水、供电和通信系统

①集中或分散供气方式、压气站位置及规模。

②工地施工生产用水、生活用水、消防用水的水质、水压要求，施工用水量及水源选择。

③各施工阶段用电最高负荷及当地电力供应情况，自备电源容量的选择。

④通信系统的组成、规模及布置。

（5）机械修配厂、加工厂

①施工期间所投入的主要施工机械、主要材料的加工及运输设备、金属结构等的种类与数量。

②修配加工能力。

③机械修配厂、汽车修配厂、综合加工厂及其他施工工厂设施的厂址、布置和生产规模。

④选定场地和生产建筑面积。

⑤建厂土建安装工程量。

⑥修配加工所需的主要设备。

6.施工总布置

①施工总布置的规划原则。

②选定方案的分区布置，包括施工工厂、生活设施、交通运输等，提出施工总布置图和房屋分区布置一览表。

③场地平整土石方量，土石方平衡利用规划及弃渣处理。

④施工永久占地和临时占地面积；分区分期施工的征地计划。

7.施工总进度

（1）设计依据

①施工总进度安排的原则和依据，以及国家或建设单位对本工程投入运行期限的要求。

②主体工程、施工导流与截流、对外交通、场内交通及其他施工临建工程、施工工厂设施等建筑安装任务及控制进度因素。

（2）施工分期

工程筹建期、工程准备期、主体工程施工期、工程完建期四个阶段的控制性关键项目、进度安排、工程量及工期。

（3）工程准备期进度

阐述工程准备期的内容与任务，拟定准备工程的控制性施工进度。

（4）施工总进度

①主体工程施工进度计划协调、施工强度均衡、投入运行日期及总工期。

②分阶段工程形象面貌的要求，提前发电的措施。

③导截流工程、基坑抽排水、拦洪度汛、下闸蓄水及主体工程控制进度的影响因素及条件。

④主体工程及主要临建工程量、逐年或月计划完成主要工程量、逐年最高月强度、逐年或月劳动力需用量、施工最高峰人数、平均高峰人数及总工日数。

⑤施工总进度图表（横道图、网络图等）。

8.主要技术供应

（1）主要建筑材料

对主体工程和临建工程，按分项列出所需钢材、木材、水泥、油料、火工材料等主要建筑材料需用量和分年度或月供应期限及数量。

（2）主要施工机械设备

对施工所需主要机械和设备，按名称、规格型号、数量列出汇总表，并提出分年度（月）供应期限及数量。

9.附图

在以上设计内容的基础上，还应结合工程实际情况提出如下附图：

①施工场内外交通图。

②施工转运站规划布置图。
③施工征地规划范围图。
④施工导流方案图。
⑤施工导流分期布置图。
⑥导流建筑物结构布置图。
⑦导流建筑物施工方法示意图。
⑧施工期通航布置图。
⑨主要建筑物土石方开挖施工程序及基础处理示意图。
⑩主要建筑物土石方填筑施工程序、施工方法及施工布置示意图。
⑪主要建筑物混凝土施工程序、施工方法及施工布置示意图。
⑫地下工程开挖、衬砌施工程序、施工方法及施工布置示意图。
⑬机电设备、金属结构安装施工示意图。
⑭当地建筑材料开采、加工及运输路线布置图。
⑮砂石料系统生产工艺布置图。
⑯混凝土拌和系统及制冷系统布置图。
⑰施工总布置图。
⑱施工总进度表及施工关键路线图。

二、施工组织的原则

建设项目一旦批准立项，如何组织施工和进行施工前准备工作就成为保证工程按计划实施的重要工作。施工组织的原则如下：

（一）合理安排施工程序和顺序

水利水电工程建筑产品的固定性，使得水利水电工程建筑施工各阶段工作始终在同一场地上进行。前一段的工作如不完成，后一段就不能进行，即使交叉地进行，也必须严格遵守一定的程序和顺序。施工程序和顺序反映客观规律的要求，其安排应符合施工工艺，满足技术要求，掌握施工程序和顺序，有利于组织立体交叉、流水作业，也有利于为后续工程创造良好的条件，还有利于充分利用空间、争取时间。

（二）尽量采用国内外先进施工技术，科学地确定施工方案

先进的施工技术是提高劳动生产率、改善工程质量、加快施工进度、降低工程成本的主要途径。在选择施工方案时，要积极采用新材料、新设备、新工艺和新技术，努力为新结构的推行创造条件，也要注意结合工程特点和现场条件，施工技术的先进适用性和经济

合理性相结合，还要符合施工验收规范、操作规程的要求和遵守有关防火、保安及环卫等规定，确保工程质量和施工安全。

（三）采用流水施工方法和网络计划安排进度计划

在编制施工进度计划时，应从实际出发，采用流水施工方法组织均衡施工，以达到合理使用资源、充分利用空间、争取时间的目的。

网络计划是现代计划管理的有效方法，采用网络计划编制施工进度计划，可使计划逻辑严密、层次清晰、关键问题明确，同时便于对计划方案进行优化、控制和调整，并有利于计算机在计划管理中的应用。

（四）贯彻工厂预制和现场相结合的方针，提高建筑工业化程度

建筑技术进步的重要标志之一是建筑工业化，在制订施工方案时必须根据地区条件和构建性质，通过技术经济比较，恰当地选择预制方案或现场浇筑方案。确定预制方案时，应贯彻工厂预制与现场预制相结合的方针，努力提高建筑工业化程度，但不能盲目追求装配化程度的提高。

（五）充分发挥机械效能，提高机械化程度

机械化施工可加快工程进度，减轻劳动强度，提高劳动生产率。为此，在选择施工机械时，应充分发挥机械的效能，并使主导工程的大型机械如土方机械、吊装机械能连续作业，以减少机械台班费用，同时，还应使大型机械与中小型机械相结合，机械化与半机械化相结合，扩大机械化施工范围，实现施工综合机械化，以提高机械化施工程度。

（六）加强季节性施工措施，确保全年连续施工

为了确保全年连续施工，减少季节性施工的技术措施费用，在组织施工时，应充分了解当地气象条件和水文地质条件。尽量避免把土方工程、地下工程、水下工程安排在雨期和洪水期施工；尽量避免把混凝土现浇结构安排在冬季施工；高空作业、结构吊装则应避免在风季施工。对那些必须在冬雨期施工的项目，则应采用相应的技术措施，既要确保全年连续施工、均衡施工，又要确保工程质量和施工安全。

（七）合理地部署施工现场，尽可能地减少临时工程

在编制施工组织设计施工时，应精心地进行施工总平面图的规划，合理地部署施工现场，节约施工用地；尽量利用永久工程、原有建筑物及已有设施，以减少各种临时设施；尽量利用当地资源，合理安排运输、装卸与储存作业，减少物资运输量，避免二次搬运。

三、施工进度计划

施工进度计划是施工组织设计的主要组成部分，它是根据工程项目建设工期的要求，对其中的各个施工环节在时间上所做的统一计划安排。根据施工的质量和时间等要求均衡人力、技术、设备、资金、时间、空间等施工资源，来规定各项目施工的开工时间、完成时间、施工顺序等，以确保施工安全顺利按时完工。

（一）施工进度计划的类型

施工进度计划可划分为以下三大类型：

1.施工总进度计划

施工总进度计划是对一个水利水电工程枢纽编制的。要求定出整个工程中各个单项工程的施工顺序及起止时间，以及准备工作、扫尾工作的施工期限。

2.单项工程进度计划

单项工程进度计划是针对枢纽中的单项工程进行编制的。应根据总进度中规定的工期，确定该单项工程中各分部工程及准备工作的顺序及起止日期，为此要进一步从施工技术、施工措施等方面论证该进度的合理性、组织平行流水作业的可行性。

3.施工作业计划

在实际施工时，施工单位应根据各单位工程进度计划编制出具体的施工作业计划，即具体安排各工种、各工序间的顺序和起止日期。

（二）施工总进度计划的编制步骤

1.收集资料

编制施工进度计划一般要具备以下资料：

①上级主管部门对工程建设开工、竣工投产的指示和要求，有关工程建设的合同协议。

②工程勘测和技术经济调查的资料，以及工程所在地区和库区的工矿企业、矿产资源、水库淹没和移民安置等资料。

③工程规划设计和概预算方面的资料，包括工程规划设计的文件和图纸，主管部门关于投资和定额的要求等资料。

④国民经济各部门对施工期间防洪、灌溉、航运、放木、供水等方面的要求。

⑤施工组织设计其他部分对施工进度的限制和要求。

⑥施工单位施工能力方面的资料等。

2.列出工程项目

项目列项的通常做法是先根据建设项目的特点划分成若干个工程项目，然后按施工先后顺序和相互关联密切程度，依次将主要工程项目一一列出，并填入工程项目一览表中。施工总进度计划主要是起控制总工期的作用，要注意防止漏项。

3.计算工程量

工程量的计算应根据设计图纸、所选定的施工方法和计算规定，按工程性质考虑工程分期和施工顺序等因素，分别按土石、石方、水上、水下、开挖、回填、混凝土等进行计算。

计算工程量时，应注意以下几个问题：

①工程量的计量单位要与概算定额一致。施工总进度计划中，为了便于计算劳动量和材料、构配件及施工机具的需要量，工程量的计量单位必须与概算定额的单位一致。

②依据实际采用的施工方法计算工程量。土方工程施工中是否放坡和留工作面及其坡度大小和工作面的尺寸，无论是采用柱坑单独开挖，还是条形开挖或整片开挖，都直接影响工程量的大小。因此，必须依据实际采用的施工方法计算工程量，以便与施工的实际情况相符合，使施工进度计划真正起到指导施工的作用。

③依据施工组织的要求计算工程量。有时为了满足分期、分段组织施工的需要，要计算不同高程、不同桩号的工程量，并作出累积曲线。

4.初拟施工进度

对于堤坝式水利水电枢纽工程的施工总进度计划来说，其关键项目一般均位于河床，故常以导流程序为主要线索，先将施工导流、围堰进占、截流、基坑排水、基坑开挖、基础处理、施工度汛、坝体拦洪、下闸蓄水、机组安装和引水发电等关键控制性进度安排好；再将相应的准备工作、结束工作和配套辅助工程的进度进行合理安排，便可构成总的轮廓进度；然后分配和安排不受水文条件控制的其他工程项目，则形成整个枢纽工程施工总进度计划草案。

5.优化、调整和修改

初拟施工进度以后，要配合施工组织设计其他部分的分析，对一些控制环节、关键项目的施工强度、资源需用量、投资过程等重大问题，进行分析计算、优化论证，以对初拟的进度计划做必要的修改和调整，使之更加完善合理。经过优化调整修改之后的施工进度计划，可以作为设计成果，整理以后提交审核。

（三）施工进度计划的成果表达

施工进度计划的成果，可根据情况采用横道图、网络图、工程进度曲线和形象进度图等一些形式进行反映表示。

1.横道图

施工进度横道图是应用范围最广、应用时间最长的进度计划表现形式，图表上标有工程中主要项目的工程量、施工时段、施工工期。

施工进度计划横道图的最大优点是直观、简单、方便，适应性强，且易于被人们所掌握和贯彻。

不论工程项目和施工内容多么错综复杂，总可以用横道图逐一表示出来，因此，尽管进度计划的技术和形式已不断改进，但横道图进度计划目前仍作为一种常见的进度计划表示形式而被继续沿用。

2.网络图

施工进度网络图是从20世纪50年代开始在横道图进度计划基础上发展起来的，它是系统工程在编制施工进度中的应用。

工作是指计划任务按需要粗细程度划分而成的一个子项目或子任务。根据计划编制的粗细不同，工作既可以是一个单项工程，也可以是一个分项工程，乃至一个工序。

（1）相关概念

在实际生活中，工作一般有两类：一类是既需要消耗时间又需要消耗资源的工作，另一类是仅需要消耗时间而不需要消耗资源的工作。

在双代号网络图中，除了上述两种工作外，还有一种既不需要消耗时间又不需要消耗资源的工作——“虚工作”（或称“虚拟项目”）。虚工作在实际生活中是不存在的，在双代号网络图中引入使用，主要是为了准确而清楚地表达各工作间的相互逻辑关系，虚工作一般用虚箭线来表示，其持续时间为零。

节点是网络图中箭线端部的圆圈或其他形状的封闭图形。在双代号网络图中，它表示工作之间的逻辑关系；在单代号网络图中，它表示一项工作。

无论是在双代号网络图中，还是在单代号网络图中，对一个节点来说，可能有很多箭线指向该节点，这些箭线就称为内向箭线（或称内向工作）；同样也可能有很多箭线由同一节点出发，这些箭线就称为外向箭线（或称外向工作）。网络图中第一个节点叫起点节点（或称源节点），它意味着一个工程项目的开工，起点节点只有外向工作，没有内向工作；网络图中最后一个节点叫终点节点，它意味着一个工程项目的完工，终点节点只有内向工作，没有外向工作。

一个工程项目往往包括很多工作，工作间的逻辑关系比较复杂，可采用紧前工作与紧后工作把这种逻辑关系简单、准确地表达出来，以便网络图的绘制和时间参数的计算。

（2）绘图规则

①双代号网络图的绘图规则。绘制双代号网络图的最基本规则是明确地表达出工作的内容，准确地表达出工作间的逻辑关系，并且使所绘出的图易于识读和操作。具体绘制时应注意：一项工作应只有唯一的一条箭线和相应的一对节点编号，箭尾的节点编号应小于箭头的节点编号。双代号网络图中应只有一个起点节点、一个终点节点。在网络图中严禁出现循环回路。双代号网络图中，严禁出现没有箭头节点或没有箭尾节点的箭线。节点编号严禁重复。绘制网络图时，宜避免箭线交叉。对平行搭接进行的工作，在双代号网络图中，应分段表达。网络图应条理清楚、布局合理。分段绘制，对于一些大的建设项目，由于工序多、施工周期长，网络图可能很大，为使绘图方便，可将网络图划分成几个部分分别绘制。

②单代号网络图的绘图规则。同双代号网络图的绘制一样，绘制单代号网络图也必须遵循一定的绘图规则。当违背了这些规则时，就可能出现逻辑关系混乱、无法判别各工作之间的直接后继关系、无法进行网络图的时间参数计算等现象。这些基本规则主要是：有时需在网络图的开始和结束增加虚拟的起点节点和终点节点。这是为了保证单代号网络计划有一个起点和一个终点，这也是单代号网络图所特有的。网络图中不允许出现循环回路。网络图中不允许出现有重复编号的工作，一个编号只能代表一项工作。在网络图中除起点节点和终点节点外，不允许出现其他没有内向箭线的工作节点和没有外向箭线的工作节点。为了计算方便，网络图的编号应是后继节点编号大于前导节点编号。

（3）施工进度的调整

施工进度计划的优化调整，应在时间参数计算的基础上进行，其目的在于使工期、资源和资金取得一定程度的协调和平衡。

①资源冲突的调整。所谓资源冲突，是指在计划时段内，某些资源的需用量过大，超出了可能供应的限度。为了解决这类矛盾，可以增加资源的供应量，但往往要花费额外的开支；也可以调整导致资源冲突的某些项目的施工时间，使冲突缓解，但这可能会引起总工期的延长。如何取舍，要权衡得失而定。

②工期压缩的调整。当网络计划的计算总工期与限定的总工期不符时，或计划执行过程中实际进度与计划进度不一致时，需要进行工期调整。工期调整分压缩调整和延长调整。工程实践中经常要处理的是工期压缩问题。

3.工程进度曲线

以时间为横轴，以单位时间完成的数量或完成数量的累计为纵轴建立坐标系，将有关的数据点绘于坐标系内，顺次完成一条光滑的曲线，就是工程施工进度曲线。工程进度曲线上任意点的切线斜率表示相应时间的施工速度。

①在固定的施工机械、劳动力投入的条件下，若对施工进行适当的管理控制，无任何偶发的时间损失，能以正常的速度进行施工，则工程每天完成的数量保持一定，施工进度曲线呈直线形状。

②在一般情况下的施工中，施工初期由于临时设施的布置、工作的安排等，施工后期又由于清理、扫尾等，其施工进度的速度一般都较中期要小，即每天完成的数量通常自初期至中期呈递增变化趋势，由中期至末期呈递减变化趋势，施工进度曲线近似呈“S”形，其拐点对应的时间表示每天完成数量的高峰期。

4.工程形象进度图

工程形象进度图是把工程进度计划以建筑物的形象、升程来表达的一种方法。这种方法直接将工程项目的进度目标和控制工期标注在工程形象图的相应部位，直观明了，特别适合在施工阶段使用。此法修改调整进度计划也极为方便，只需修改相应项目的日期、升程，而形象图并不改变。

第二节　水利工程施工组织总设计

一、施工组织总设计概述

施工组织总设计是水利水电工程设计文件的重要组成部分，是编制工程投资估算、总概算和招标投标文件的主要依据，是工程建设和施工管理的指导性文件。认真做好施工组织设计对正确选定坝址、坝型、枢纽布置、整体优化设计方案、合理组织工程施工、保证工程质量、缩短建设周期、降低工程造价等具有十分重要的作用。

二、施工方案

研究主体工程施工是为了正确选择水工枢纽布置和建筑物型式，保证工程质量与施工安全，论证施工总进度的合理性和可行性，并为编制工程概算提供需求的资料。

（一）施工方案选择原则

①施工期短、辅助工程量及施工附加量小，施工成本低。

②先后作业之间、土建工程与机电安装之间、各道工序之间协调均衡，干扰较小。

③技术先进、可靠。

④施工强度和施工设备、材料、劳动力等资源需求均衡。

（二）施工设备选择及劳动力组合原则

①适应工地条件，符合设计和施工要求；保证工程质量；生产能力满足施工强度要求。

②设备性能机动、灵活、高效、能耗低、运行安全可靠。

③通过市场调查，应按各单项工程工作面、施工强度、施工方法进行设备配套选择，使各类设备均能充分发挥效率。

④通用性强，能在先后施工的工程项目中重复使用。

⑤设备购置及运行费用较低，易于获得零配件，便于维修、保养、管理、调度。

⑥在设备选择配套的基础上，应按工作面、工作班制、施工方法以混合工种结合国内平均先进水平进行劳动力优化组合设计。

（三）主体工程施工原则

水利工程施工涉及的工种很多，其中主体工程施工包括土石方明挖、地基处理、混凝土施工、碾压式土石坝施工、地下工程施工等，这里介绍其中两项工程量较大、工期较长的主体工程施工。

1.混凝土施工

（1）混凝土施工方案选择原则

①混凝土生产、运输、浇筑、温控防裂等各施工环节衔接合理。

②施工机械化程度符合工程实际，保证工程质量，加快工程进度和节约工程投资。

③施工工艺先进，设备配套合理，综合生产效率高。

④能连续生产混凝土，运输过程的中转环节少、运距短，温控措施简易、可靠。

⑤初、中、后期浇筑强度协调平衡。

⑥混凝土施工与机电安装之间干扰少。

（2）混凝土施工方案选择要求

混凝土浇筑程序、各期浇筑部位和高程应与供料线路、起吊设备布置和机电安装进度相协调，并符合相邻块高差及温控防裂等有关规定。各期工程形象进度应能适应截流、拦洪度汛、封孔蓄水等要求。

（3）混凝土浇筑设备选择原则

①起吊设备能控制整个平面和高程上的浇筑部位。

②主要设备型号单一，性能良好，生产率高，配套设备能发挥主要设备的生产能力。

③在固定的工作范围内能连续工作，设备利用率高。

④浇筑间歇能承担模板、金属构件及仓面小型设备吊运等辅助工作。

⑤不压浇筑块，或不因压块而延长浇筑工期。

⑥生产能力在能保证工程质量前提下能满足高峰时段浇筑强度要求。

⑦混凝土宜直接起吊入仓，若用带式输送机或自卸汽车入仓卸料时，应有保证混凝土质量的可靠措施。

⑧当混凝土运距较远，可用混凝土搅拌运输车，防止混凝土出现离析或初凝，保证混凝土质量。

（4）模板选择原则

①模板类型应适合结构物外形轮廓，有利于机械化操作和提高周转次数。

②有条件部位宜优先用混凝土或钢筋混凝土模板，并尽量多用钢模、少用木模。

③结构型式应力求标准化、系列化，便于制作、安装、拆卸和提升，条件适合时应优先选用滑模和悬臂式钢模。

（5）坝体分缝应结合水工要求确定

最大浇筑仓面尺寸在分析混凝土性能、浇筑设备能力、温控防裂措施和工期要求等因素后确定。

（6）坝体接缝灌浆应考虑因素

①接缝灌浆应待灌浆区及以上冷却层混凝土达到坝体稳定温度或设计规定值后进行，在采取有效措施情况下，混凝土龄期不宜短于4个月。

②同一坝缝内灌浆分区高度为10～15m。

③应根据双曲拱坝施工期应力确定封拱灌浆高程和浇筑层顶面间的允许高差。

④对空腹坝封顶灌浆，或受气温年变化影响较大的坝体接缝灌浆，宜采用较坝体稳定温度更低的超冷温度。

（7）浇筑

当用平浇法浇筑混凝土时，设备生产能力应能确保混凝土初凝前将仓面覆盖完毕；当仓面面积过大、设备生产能力不能满足时，可用台阶法浇筑。

（8）大体积混凝土施工

大体积混凝土施工必须进行温控防裂设计，采用有效的温控防裂措施以满足温控要求，有条件时宜用系统分析方法确定各种措施的最优组合。

（9）多雨地区雨季施工

在多雨地区雨季施工时，应掌握分析当地历年降雨资料，包括降雨强度、频度和一次降雨延续时间，并分析雨日停工对施工进度的影响和采取防雨措施的可能性与经济性。

（10）低温季节混凝土施工

低温季节混凝土施工的必要性应根据总进度及技术经济比较论证后确定。在低温季节进行混凝土施工时，应做好保温防冻措施。

2.碾压式土石坝施工

（1）认真分析工程所在地区气象

认真分析工程所在地区气象台（站）的长期观测资料。统计降水、气温、蒸发等各种气象要素不同量级出现的天数，确定对各种坝料施工影响程度。

（2）料场规划原则

①料物物理力学性质符合坝体用料要求，质地较均一。

②贮量相对集中，料层厚，总贮量能满足坝体填筑需用量。

③有一定的备用料区保留部分近料场作为坝体合龙和抢拦洪高程用。

④按坝体不同部位合理使用各种不同的料场，减少坝料加工。

⑤料场剥离层薄，便于开采，获得率较高。

⑥采集工作面开阔、料物运距较短。附近有足够的废料堆场。

⑦不占或少占耕地、林场。

（3）料场供应原则

①必须满足坝体各部位施工强度要求。

②充分利用开挖渣料，做到就近取料，高料高用，低料低用，避免上下游料物交叉使用。

③垫层料、过渡层和反滤料一般宜用天然砂石料，工程附近缺乏天然砂石料或使用天然砂石料不经济时，方可采用人工料。

④减少料物堆存、倒运，必须堆存时，堆料场宜靠近坝区上坝道路，并应有防洪、排水、防料物污染、防分离和散失的措施。

⑤力求使料物及弃渣的总运输量最小。做好料场平整，防止水土流失。

（4）土料开采和加工处理

①根据土层厚度、土料物理力学特性、施工特性和天然含水量等条件研究确定主次料场，分区开采。

②开采加工能力应能满足坝体填筑强度要求。

③若料场天然含水量偏高或偏低，应通过技术经济比较选择具体措施进行调整，增减土料含水量宜在料场进行。

④若土料物理力学特性不能满足设计和施工要求，应研究使用人工砾质土的可能性。

⑤统筹规划施工场地、出料线路和表土堆存场，必要时应做还耕规划。

（5）坝料上坝运输方式

坝料上坝运输方式应根据运输量、开采、运输设备型号、运距和运费、地形条件以及临建工程量等资料，通过技术经济比较后选定。并考虑以下原则：

①满足填筑强度要求。

②在运输过程中不得掺混、污染和降低料物理力学性能。

③各种坝料尽量采用相同的上坝方式和通用设备。

④临时设施简易，准备工程量小。

⑤运输的中转环节少。

⑥运输费用较低。

（6）施工上坝道路布置原则

①各路段标准原则满足坝料运输强度要求，在认真分析各路段运输总量、使用期限、运输车型和当地气象条件等因素后确定。

②能兼顾地形条件，各期上坝道路能衔接使用，运输不致中断。

③能兼顾其他施工运输，两岸交通和施工期过坝运输，尽可能与永久公路结合。

④在限制坡长条件下，道路最大纵坡不大于15°。

（7）上料

上料用自卸汽车运输上坝时，用进占法卸料，铺土厚度根据土料性质和压实设备性能通过现场试验或工程类比法确定，压实设备可根据土料性质，细颗粒含量和含水量等因素选择。

（8）土料施工

土料施工尽可能安排在少雨季节，若在雨季或多雨地区施工，应选用适合的土料和施工方法，并采取可靠的防雨措施。

（9）寒冷地区施工

寒冷地区当日平均气温低于0℃时，黏性土按低温季节施工；当日平均气温低于–10℃时，一般不宜填筑土料，否则应进行技术经济论证。

（10）面板堆石坝的面板垫层要求

面板堆石坝的面板垫层为级配良好的半透水细料，要求压实密度较高。垫层下游排水必须通畅。

（11）坝坡施工

混凝土面板堆石坝上游坝坡用振动平碾，在坝面顺坡分级压实，分级长度一般为10～20m；也可用夯板随坝面升高逐层夯实。压实平整后的边坡用沥青乳胶或喷混凝土固定。

（12）混凝土面板垂直缝间距要求

混凝土面板垂直缝间距应以有利滑模操作、适应混凝土供料能力，便于组织仓面作业为准，一般用高度不大的面板，坝一般不设水平缝。高面板坝由于坝体施工期度汛或初期蓄水发电需要，混凝土面板可设置水平缝分期度汛。

三、施工总进度计划

编制施工总进度时，应根据国民经济发展需要，采取积极有效的措施满足主管部门或业主对施工总工期提出的要求。如果确认要求工期过短或过长、施工难以实现或代价过大，应以合理工期报批。

（一）工程建设施工阶段

1.工程筹建期

工程筹建期工程正式开工前由业主单位负责为承包单位进场开工创造条件所需的时间。筹建工作有对外交通、施工用电、通信、征地、移民以及招标、评标、签约等。

2.工程准备期

工程准备期准备工程开工起至河床基坑开挖或主体工程开工前的工期。所做的必要准备工程一般包括场地平整、场内交通、导流工程、临时建房和施工工厂等。

3.主体工程施工

主体工程施工一般从河床基坑开挖或从引水道或厂房开工起，至第一台机组发电或工程开始受益为止的期限。

4.工程完建期

工程完建期自水电站第一台机组投入运行或工程开始受益起，至工程竣工止的工期。工程施工总工期为后三项工期之和。并非所有工程的四个建设阶段均能截然分开，某些工程的相邻两个阶段工作也可交错进行。

（二）施工总进度的表示形式

根据工程不同情况分别采用以下三种形式：

①横道图。具有简单、直观等优点。

②网络图。可从大量工程项目中标示控制总工期的关键路线，便于反馈、优化。

③斜线图。易于体现流水作业。

（三）主体工程施工进度编制

1.坝基开挖与地基处理工程施工进度

坝基岸坡开挖一般与导流工程平行施工，并在河流截流前基本完成。平原地区的水利工程和河床式水电站如施工条件特殊，也可两岸坝基与河床坝基交叉进行开挖，但以不延长总工期为原则。

基坑排水一般安排在围堰水下部分防渗设施基本完成之后、河床地基开挖前进行。对土石围堰与软质地基的基坑，应控制排水下降速度。

不良地质地基处理宜安排在建筑物覆盖前完成。固结灌浆时间可与混凝土浇筑交叉作业，经过论证，也可在混凝土浇筑前进行。帷幕灌浆可在坝基面或廊道内进行，不占直线工期，并应在蓄水前完成。

两岸岸坡有地质缺陷的坝基，应根据地基处理方案安排施工工期，当处理部位在坝基范围以外或地下时，可考虑与坝体浇筑同时进行，在水库蓄水前按设计要求处理完毕。

采用过水围堰导流方案时，应分析围堰过水期限及过水前后对工期带来的影响，在多泥砂河流上应考虑围堰过水后清淤所需工期。

地基处理工程进度应根据地质条件、处理方案、工程量、施工程序、施工水平、设备生产能力和总进度要求等因素研究确定。对处理复杂、技术要求高、总工期起控制作用的深覆盖层的地基处理应做深入分析，合理安排工期。

根据基坑开挖面积、岩土等级、开挖方法及按工作面分配的施工设备性能、数量等分析计算坝基开挖强度及相应的工期。

2.混凝土工程施工进度

在安排混凝土工程施工进度时，应分析有效工作天数，大型工程经论证后若需加快浇筑进度，可分别在冬季、夏季采取确保施工质量的措施后施工。一般情况下，混凝土浇筑的月工作日数按25d计。对控制直线工期工程的工作日数，宜将气象因素影响的停工天数从设计日历天数中扣除。

混凝土的平均升高速度与坝型、浇筑块数量、浇筑块高、浇筑设备能力以及温控要求等因素有关，一般通过浇筑排块确定。

大型工程宜尽可能应用计算机模拟技术，分析坝体浇筑强度、升高速度和浇筑工期。

混凝土坝施工期历年度汛高程与工程面貌按施工导流要求确定，如施工进度难以满足导流要求，则可相互调整，确保工程度汛安全。

混凝土的接缝灌浆进度应满足施工期度汛与水库蓄水安全要求，并结合温控措施与二期冷却进度要求确定。

3.碾压式土石坝施工进度

碾压式土石坝施工进度应根据导流与安全度汛要求安排，研究坝体的拦洪方案，论证上坝强度，确保大坝按期达到设计拦洪高程。

坝体填筑强度拟定原则：

①满足总工期以及各高峰期的工程形象要求，且各强度较为均衡。

②月高峰填筑量与填筑总量比例协调，一般可取1：40～1：20。

③坝面填筑强度应与料场出料能力、运输能力协调。

④水文、气象条件对土石坝各种坝料的施工进度有不同程度的影响，须分析相应的有效施工日，一般应按照有关规范要求结合本地区水文、气象条件参考附近已建工程综合分析确定。

⑤土石坝上升速度主要受塑性心墙的上升速度控制，而心墙或斜墙的上升速度又和土料性能、有效工作日、工作面、运输与碾压设备性能以及压实参数有关，一般宜通过现场试验确定。

⑥碾压式土石坝填筑期的月不均衡系数宜小于2.0。

4.地下工程施工进度

地下工程施工进度受工程地质和水文地质影响较大，各单项工程施工程序互相制约，安排时应统筹兼顾开挖、支护、浇筑、灌浆、金属结构、机电安装等各个工序。

①地下工程一般可全年施工，具体安排施工进度时，应根据各工程项目规模、地质条件、施工方法及设备配套情况，用关键线路法确定施工程序和各洞室、各工序间的相互衔接和最优工期。

②地下工程月进度指标根据地质条件、施工方法、设备性能及工作面情况分析确定。

5.金属结构及机电安装进度

①施工总进度中应考虑预埋件、闸门、启闭设备、引水钢管、水轮发电机组及电气设备的安装工期，妥善协调安装工程与土建工程施工的交叉衔接，并适当留有余地。

②对控制安装进度的土建工程交付安装的条件与时间均应在施工进度文件中逐项研究确定。

6.施工劳动力及主要资源供应

单位工程施工进度计划编制确定以后，根据施工图纸、工程量计算资料、施工方案、施工进度计划等有关技术资料，着手编制劳动力需要量计划，各种主要材料、构件和半成品需要量计划及各种施工机械的需要量计划。它们不仅是为了明确各种技术工人和各种技术物资的需要量，而且是做好劳动力与物资的供应、平衡、调度、落实的依据，也是施工单位编制月、季生产作业计划的主要依据之一。它们是保证施工进度计划顺利执行的关键。

（1）劳动力需要量计划

劳动力需要量计划主要是作为安排劳动力的平衡、调配和衡量劳动力耗用指标、安排生活福利设施的依据，其编制方法是将施工进度计划表内所列各施工过程每天所需工人人数按工种汇总而得。

（2）主要材料需要量计划

主要材料需要量计划是备料、供料和确定仓库、堆场面积及组织运输的依据，其编制方法是将施工进度计划表中各施工过程的工程量，按材料名称、规格、数量、使用时间计算汇总而得。

（3）构件和半成品需要量计划

建筑结构构件、配件和其他加工半成品的需要量计划主要用于落实加工订货单位，并按照所需规格、数量、时间，组织加工、运输和确定仓库或堆场，可根据施工图和施工进度计划编制。

（4）施工机械需要量计划

施工机械需要量计划主要用于确定施工机械的类型、数量、进场时间，可据此落实施工机械来源，组织进场。其编制方法为将单位工程施工进度计划表中的每一个施工过程每天所需的机械类型、数量和施工日期进行汇总，即得施工机械需要量计划。

四、施工总体布置

施工总体布置是在施工期间对施工场区进行的空间组织规划。它是根据施工场区的地形地貌、枢纽布置和各项临时设施布置的要求，研究施工场地的分期、分区、分标布置方案，对施工期间所需的交通运输、施工工厂设施、仓库、房屋、动力供应、给排水管线等在平面上进行总体规划、布置，以做到尽量减小施工相互干扰，并使各项临时设施最有效地为主体工程施工服务，为施工安全、工程质量、加快施工进度提供保证。

（一）设计原则

各项临时设施在平面上的布置应紧凑、合理，尽量减少施工用地，且不占或少占农田。合理布置施工场区内各项临时设施的位置，在确保场内运输方便、畅通的前提下，尽量缩短运距、减少运量，避免或减少二次搬运，以节约运输成本、提高运输效率。尽量减少一切临时设施的修建量，节约临时设施费用。为此，要充分利用原有的建筑物、运输道路、给排水系统、电力动力系统等设施为施工服务。各种生产、生活福利设施均要考虑便于工人的生产、生活。要满足安全生产、防火、环保、当地生产生活习惯等方面的要求。

（二）施工总体布置的方法

1.场外运输线路的布置

①当场外运输主要采用公路运输方式时，场外公路的布置应结合场内仓库、加工厂的布置综合考虑。

②当场外运输主要采用铁路运输方式时，要考虑铁路的转弯半径和坡度的限制，确定铁路的起点和进场位置。对于拟建永久性铁路的大型工业企业工地，一般应提前修建铁路专用线，并宜从工地的一侧或两侧引入，以便更好地为施工服务而不影响工地内部的交通运输。

③当场外运输主要采用水路运输方式时，应充分利用原有码头的吞吐能力。如需增设码头，则卸货码头应不少于两个。

2.仓库的布置

仓库一般将某些原有建筑物和拟建的永久性房屋作为临时库房，选择在平坦开阔、交通方便的地方，当采用铁路运输方式运至施工现场时，应沿铁路线布置转运仓库和中心仓库。仓库外要有一定的装卸场地，装卸时间较长的还要留出装卸货物时的停车位置，以防较长时间占用道路而影响通行。另外，仓库的布置还应考虑安全、方便等方面的要求。氧气、炸药等易燃易爆物资的仓库应布置在工地边缘、人员较少的地点；油料等易挥发、易燃物资的仓库应设置在拟建工程的下风方向。

3.仓库物资储备量

仓库物资储备量的确定原则是，既要确保工程施工连续、顺利进行，又要避免因物资大量积压而使仓库面积过大、积压资金、增加投资。

仓库物资储备量的大小通常是根据现场条件、供应条件和运输条件而定。

对于经常或连续使用的水泥、砂石、钢材、预制构件和砖等材料，可按储备期计算其储备量。

4.加工厂的布置

总的布置要求是使加工用的原材料和加工后的成品、半成品的总运输费用最小，并使加工厂有良好的生产条件，做到加工厂生产与工程施工互不干扰。

各类加工厂的具体布置要求如下：

①工地混凝土搅拌站：有集中布置、分散布置、集中与分散相结合布置三种方式。当运输条件较好时，以集中布置较好；当运输条件较差时，以分散布置在各使用地点并靠近

井架或布置在塔吊工作范围内为宜；也可根据工地的具体情况，采用集中布置与分散布置相结合的方式。若利用城市的商品混凝土搅拌站，只要商品混凝土的供应能力和输送设备能够满足施工要求，可不设置工地搅拌站。

②工地混凝土预制构件厂：一般宜布置在工地边缘、铁路专用线转弯处的扇形地带或场外邻近工地处。

③钢筋加工厂：宜布置在接近混凝土预制构件厂或使用钢筋加工品数量较大的施工对象附近。

④木材加工厂：原木、锯材的堆场应靠近公路、铁路或水路等主要运输方式的沿线，锯木、成材、粗细木等加工车间和成品堆场应按生产工艺流程布置。

⑤金属结构加工厂、锻工和机修等车间：因为这些加工厂或车间之间在生产上的相互联系比较密切，所以应尽可能布置在一起。

⑥产生有害气体和污染环境的加工厂：沥青熬制、石灰熟化、石棉加工等加工厂，除应尽量减少毒害和污染外，还应布置在施工现场的下风方向，以便减少对现场施工人员的伤害。

5.场内运输道路的布置

在规划施工道路中，既要考虑车辆行驶安全、运输方便、连接畅通，又要尽量减少道路的修筑费用。根据仓库、加工厂和施工对象的相互位置，研究施工物资周转运输量的大小，确定主要道路和次要道路，然后进行场内运输道路的规划。连接仓库、加工厂等的主要道路一般应按双行、循环形道路布置。循环形道路的各段尽量设计成直线段，以便提高车速。次要道路可按单行支线布置，但在路端应设置回车场地。

6.临时生活设施的布置

临时生活设施包括行政管理用房屋、居住生活用房和文化生活福利用房，工地办公室、传达室、汽车库、职工宿舍、开水房、招待所、医务室、浴室、小学、图书馆和邮亭等。

工地所需的临时生活设施，应尽量利用原有的准备拆除的或拟建的永久性房屋。工地行政管理用房设置在工地入口处或中心地区；现场办公室应靠近施工地点布置。居住和文化生活福利用房，一般宜建在生活基地或附近村寨内。

7.供水管网的布置

①应尽量提前修建并充分利用拟建的永久性供水管网作为工地临时供水系统，节约修建费用。在保证供水要求的前提下，新建供水管线的长度越短越好，并应适当采用胶皮管、塑料管作为支管，使其具有可移动性，便于施工。

②供水管网的铺设要与场地平整规划协调一致，以防重复开挖；管网的布置要避开拟建工程和室外管沟的位置，以防二次拆迁改建。

③临时水塔或蓄水池应设置在地势较高处。

④供水管网应按防火要求布置室外消防栓。室外消防栓应靠近十字路口、工地出入口，并沿道路布置，距路边应不大于2m，距建筑物的外墙应不小于5m；为兼顾拟建工程防火而设置的室外消防栓，与拟建工程的距离也不应大于25m；工地室外消防栓必须设有明显标志，消防栓周围3m范围内不准堆放建筑材料、停放机械设备和搭建临时房屋等；消防栓供水干管的直径不得小于100mm。

（三）施工总布置图的绘制

1.施工总布置图的内容构成

施工总布置图一般应包括：原有地形、地物。一切已建和拟建的地上及地下的永久性建筑物及其他设施。施工用的一切临时设施，主要包括施工道路、铁路、港口或码头；料场位置及弃渣堆放点；混凝土拌和站、钢筋加工等各类加工厂、施工机械修配厂、汽车修配厂等；各种建筑材料、预制构件和加工品的堆存仓库或堆场，机械设备停放场；水源、电源、变压器、配电室、供电线路、给排水系统和动力设施；安全消防设施；行政管理及生活福利所用房屋和设施；测量放线用的永久性定位标志桩和水准点等。

2.施工总布置图绘制的步骤与要求

（1）确定图幅大小和绘图比例

图幅大小和绘图比例应根据工地大小及布置的内容多少来确定。图幅一般可选用A1图纸或A2图纸，比例一般采用1∶1000或1∶2000。

（2）绘制建筑总平面图中的有关内容

将现场测量的方格网、现场原有的并将保留的建筑物、构筑物和运输道路等其他设施按比例准确地绘制在图面上。

（3）绘制各种临时设施

根据施工平面布置要求和面积计算的结果，将所确定的施工道路、仓库堆场、加工厂、施工机械停放场、搅拌站等的位置，水电管网及动力设施等的布置，按比例准确地绘制在建筑总平面图上。

（4）绘制正式的施工总布置图

在完成各项布置后，经过分析、比较、优化、调整修改，形成施工总布置图草图，然后按规范规定的线型、线条、图例等对草图进行加工、修饰，标上指北针、图例等，并做必要的文字说明，则成为正式的施工总布置图。施工总体布置方案应遵循因地制宜、因时制宜、有利生产、方便生活、易于管理、安全可靠、经济合理的原则，经全面系统比较论证后选定。

（四）施工总体布置方案比较指标

①交通道路的主要技术指标包括工程质量、造价、运输费及运输设备需用量。

②各方案土石方平衡计算成果，场地平整的土石方工程量和形成时间。

③风、水、电系统管线的主要工程量、材料和设备等。

④生产、生活福利设施的建筑物面积和占地面积。

⑤有关施工征地移民的各项指标。

⑥施工工厂的土建、安装工程量。

⑦站场、码头和仓库装卸设备需要量。

⑧其他临建工程量。

（五）施工总体布置及场地选择

施工总体布置应该根据施工需要分阶段逐步形成，满足各阶段施工需要，做好前后衔接，尽量避免后阶段拆迁。初期场地平整范围按施工总体布置最终要求确定。施工总体布置应着重研究以下内容。

①施工临时设施项目的划分、组成、规模和布置。

②对外交通衔接方式、站场位置、主要交通干线及跨河设施的布置情况。

③可资利用场地的相对位置、高程、面积和占地赔偿。

④供生产、生活设施布置的场地。

⑤临建工程和永久设施的结合。

⑥前后期结合和重复利用场地的可能性。

若枢纽附近场地狭窄、施工布置困难，可采取适当利用或重复利用库区场地，布置前期施工临建工程，充分利用山坡进行小台阶式布置；提高临时房屋建筑层数和适当缩小间距；利用弃渣填平河滩或冲沟作为施工场地。

（六）施工分区规划

1.施工总体布置分区

①主体工程施工区。

②施工工厂区。

③当地建材开采区。

④仓库、站、场、厂、码头等储运系统。

⑤机电、金属结构和大型施工机械设备安装场地。

⑥工程弃料堆放区。

⑦施工管理中心及各施工工区。

⑧生活福利区。

要求各分区间交通道路布置合理、运输方便可靠，能适应整个工程施工进度和工艺流程要求，尽量避免或减少反向运输和二次倒运。

2.施工分区规划布置原则

以混凝土建筑物为主的枢纽工程，施工区布置宜以砂、石料开采、加工、混凝土拌和浇筑系统为主；以当地材料坝为主的枢纽工程，施工区布置宜以土石料采挖、加工、堆料场和上坝运输线路为主。

机电设备、金属结构安装场地宜靠近主要安装地点。

施工管理中心设在主体工程、施工工厂和仓库区的适中地段；各施工工区应靠近各施工对象。

生活福利设施应考虑风向、日照、噪声、绿化、水源水质等因素，其生产、生活设施应有明显界限。

第四章

水利工程设计施工

第一节　水利工程规划设计

一、水利勘测

水利勘测是为水利建设而进行的地质勘察和测量。它是水利科学的组成部分。其任务是对拟定开发的江河流域或地区，就有关的工程地质、水文地质、地形地貌、灌区土壤等条件开展调查与勘测，分析研究其性质、作用及内在规律，评价预测各项水利设施与自然环境可能产生的相互影响和出现的各种问题，为水利工程规划、设计与施工运行提供基本资料和科学依据。

水利勘测是水利建设基础工作之一，与工程的投资和安全运行关系十分密切；有时由于对客观事物的认识和未来演化趋势的判断不同，措施失当，往往导致发生事故或失误。因此，水利勘测需反复调查研究，必须密切配合水利基本建设程序，分阶段逐步深入进行，达到利用自然和改造自然的目的。

（一）水利勘测内容

1.水利工程测量

水利工程测量包括平面高程控制测量、地形测量、纵横断面测量，定线、放线测量和变形观测等。

2.水利工程地质勘察

水利工程地质勘察包括地质测绘、开挖作业、遥感、钻探、水利工程地球物理勘探、岩土试验和观测监测等。用以查明：区域构造稳定性、水库地震；水库渗漏、浸没、塌岸、渠道渗漏等环境地质问题；水工建筑物地基的稳定和沉陷；洞室围岩的稳定；天然边坡和开挖边坡的稳定，以及天然建筑材料状况等。随着实践经验的丰富和勘测新技术的发展，环境地质、系统工程地质、工程地质监测和数值分析等，均有较大进展。

3.地下水资源勘察

地下水资源勘察已由单纯的地下水调查、打井开发，向全面评价、合理开发利用地下水发展，如渠灌井灌结合、盐碱地改良、动态监测预报、防治水质污染等。此外，对环境水文地质和资源量计算参数的研究，也有较大提高。

4.灌区土壤调查

灌区土壤调查包括自然环境、农业生产条件对土壤属性的影响，土壤剖面观测，土壤物理性质测定，土壤化学性质分析，土壤水分常数测定以及土壤水盐动态观测。通过调查，研究土壤形成、分布和性状，掌握在灌溉、排水、耕作过程中土壤水、盐、肥力变化的规律。除上述内容外，水文测验、调查和实验也是水利勘测的重要组成部分，但中国的学科划分现多将其列入水文学体系。

水利勘测要密切配合水利工程建设程序，按阶段要求逐步深入进行；工程运行期间，还要开展各项观测、监测工作，以策安全。勘测中，既要注意区域自然条件的调查研究，又要着重水工建筑物与自然环境相互作用的勘探试验，使水利设施起到利用自然和改造自然的作用。

（二）水利勘测特点

水利勘测是应用性很强的学科，具有如下三个特性。

1.实践性

着重现场调查、勘探试验及长期观测、监测等一系列实践工作，以积累资料、掌握规律，为水利建设提供可靠依据。

2.区域性

针对开发地区的具体情况，运用相应的有效勘测方法，阐明不同地区的各自特征。针对山区、丘陵与平原等地形地质条件不同的地区，其水利勘测的任务要求与工作方法，往往大不相同，不能千篇一律。

3.综合性

充分考虑各种自然因素之间及其与人类活动相互作用的错综复杂关系，掌握开发地区的全貌及其可能出现的主要问题，为采取较优的水利设施方案提供依据。因此，水利勘测兼有水利科学与地学以及各种勘测、试验技术相互渗透、融合的特色。但通常以地学或地质学为学科基础，以测绘制图和勘探试验成果的综合分析作为基本研究途径，是一门综合性的学科。

二、水利工程规划设计的基本原则

水利工程规划是以某一水利建设项目为研究对象的水利规划。水利工程规划通常是在编制工程可行性研究或工程初步设计时进行的。

改革开放以来，随着社会主义市场经济的飞速发展，水利工程对我国国民经济增长具有非常重要的作用。无论是城市水利还是农村水利，都不仅可以保护当地免遭灾害，而且有利于当地的经济建设。因此，必须严格坚持科学的发展理念，确保水利工程的顺利实施。在水利工程规划设计中，要切合实际，严格按照要求，以科学的施工理念完成各项任务。

随着经济社会的不断快速发展，水利事业对于国民经济的增长而言发挥着越来越重要的作用，无论是对于农村水利，还是城市水利，其不仅会影响地区的安全，防止灾害发生，而且能够为地区的经济建设提供足够的帮助。鉴于水利事业的重要性，水利工程的规划设计就必须严格按照科学的理念开展，从而确保各项水利工程能够带来必要的作用。对于科学理念的遵循就是要求在设计当中严格按照相应的原则，从而很好地完成相应的水利工程。总的来说，水利工程规划设计的基本原则包括以下几个部分。

（一）确保水利工程规划的经济性和安全性

就水利工程自身而言，其所包含的要素众多，是一项较为复杂与庞大的工程，不仅包括防止洪涝灾害、便于农田灌溉、支持公民的饮用水等要素，也包括保障电力供应、物资运输等方面的要素，因此对于水利工程的规划设计应该从总体层面入手。在科学的指引下，水利工程规划除了要发挥出其最大的效应，也需要将水利科学及工程科学的安全性要求融入规划，从而保障所修建的水利工程项目具有足够的安全性。在抗击洪涝灾害、干旱、风沙等方面都具有较为可靠的效果。对于河流水利工程而言，由于涉及河流侵蚀、泥沙堆积等方面的问题，水利工程就更需进行必要的安全性措施。除了安全性的要求之外，水利工程的规划设计也要考虑建设成本的问题，这就要求水利工程构建组织对于成本管理、风险控制、安全管理等都具有十分清晰的了解，从而将这些要素进行整合，得到一个较为完善的经济成本控制方法，使得水利工程的建设资金能够投放到最需要的地方，杜绝浪费资金的状况出现。

（二）保护河流水利工程的空间异质的原则

河流水利工程的建设也需要将河流的生物群体进行考虑，而对于生物群体的保护也就构成了河流水利工程规划的空间异质原则。所谓的生物群体，就是指在水利工程所涉及的河流空间范围内所具有的各类生物，其彼此之间的互相影响，并在同外在环境形成默契的情况下进行生活，最终构成较为稳定的生物群体。河流作为外在的环境，实际上其存在也必须与内在的生物群体的存在相融合，具有系统性的体现，只有维护好这一系统，水利工程项目的建设才能够达到其有效性。作为一种人类的主观性活动，水利工程建设将不可避免地会对整个生态环境造成一定的影响，使得河流出现非连续性，最终可能带来不必要的破坏。因此，在进行水利工程规划的时候，有必要对空间异质加以关注。尽管多数水利工程建设并非聚焦于生态目标，而是为了促进经济社会的发展，但在建设当中同样要注意对生态环境的保护，从而确保所构建的水利工程符合可持续发展的道路。当然，这种对于异质空间保护的思考，有必要对河流的特征及地理面貌等状况进行详细的调查，从而确保所制定的具体水利工程规划能够切实满足当地的需要。

（三）水利工程规划要注重自然力量的自我调节原则

就传统意义上的水利工程而言，对于自然在水利工程中的作用力的关注是极大的，很多项目的开展得益于自然力量，而并非人力。伴随着现代化机械设备的使用，不少水利项目的建设都寄希望于使用先进的机器设备来对整个工程进行控制，但效果往往并非很好。因此，在具体的水利工程建设中，必须将自然的力量结合到具体的工程规划当中，从而在最大限度地维护原有地理、生态面貌的基础上，进行水利工程建设。当然，对于自然力量的运用也需要进行大量的研究，不仅需要对当地的生态面貌等状况进行较为彻底的研究，而且要在建设过程中竭力维护好当地的生态情况，并且防止外来物种对原有生态进行入侵。事实上，大自然有自我恢复功能，而水利工程作为一项人为的工程项目，其对于当地的地理面貌进行的改善也必然通过大自然的力量进行维护，这就要求所建设的水利工程必须将自身的一系列特质与自然进化要求相融合，从而在长期的自然演化过程中，将自身也逐步融合成为大自然的一部分，有利于水利项目可以长期为当地的经济社会发展服务。

（四）对地域景观进行必要的维护与建设

地域景观的维护与建设也是水利工程规划的重要组成部分，而这也要求所进行的设计必须从长期性角度入手，将水利工程的实用性与美观性加以结合。事实上，在建设过程中，不可避免地会对原有景观造成一定的破坏，这在注意破坏度的同时，需要将水利工程的后期完善策略相结合，也即在工程建设后期或使用和过程中，对原有的景观进行必要的恢复。当然，整个水利工程的建设应该在尽可能地不破坏原有景观的基础之上进行开展，但不可避免的破坏也要将其写入建设规划当中。另外，水利工程建设本身就可能具有较好的美观性，而这也能够为地域景观提供一定的补充。总的来说，对于经管的维护应该尽可能从较小的角度入手，这样既能保障所建设的水利工程具备详尽性的特征，也可以确保每一项小的工程获得很好的完工。值得一提的是，整个水利工程所涉及的景观维护与补充问题都需要进行严格的评价，从而确保所提供的景观不会对原有的生态、地理面貌发生破坏，而这种评估工作也需要涵盖整个水利工程范围，并有必要向外进行拓展，确保评价的完备性。

（五）水利工程规划应遵循一定的反馈原则

水利工程设计主要是模仿成熟的河流水利工程系统的结构，力求最终形成一个健康、可持续的河流水利系统。在河流水利工程项目执行以后，就开始了一个自然生态演替的动态过程。这个过程并不一定按照设计预期的目标发展，可能出现多种可能性。针对具体一项生态修复工程实施以后，一种理想的可能是监测到的各变量是现有科学水平可能达到的最优值，表示水利工程能够获得较为理想的使用与演进效果；另一种差的情况是监测到的各生态变量是人们可接受的最低值。在这两种极端状态之间，形成了一个包络图。

三、水利工程规划设计的发展与需求

在对城市水利工程建设当中，把改善水域环境和生态系统作为主要建设目标也是水利现代化建设的重要内容，所以按照现代城市的功能来对流经市区的河流进行归类大致有两类要求：对河中水流的要求与对滨河带的要求。

对河中水流的要求：水质清洁、生物多样性、生机盎然和优美的水面规划。

对滨河带的要求：其规划不仅要使滨河带能充分反映当地的风俗习惯和文化底蕴，同时也要有一定的人工景观，供人们休闲、娱乐和活动。另外在规划上还要注意文化氛围的渲染，所形成的景观不仅要有现代的气息，也要注意与周围环境的协调性，达到自然环境、山水、人的和谐统一。

这些要求充分体现在经济快速发展的带动下社会的明显进步，这也是水利工程建设发展的必然趋势。这就对水利建设者提出了更高的要求，水利建设者在满足人们的要求的同时，还要在设计、施工和规划方面进行更好的调整和完善，从而使水利工程建设具有更多的人文、艺术和科学气息，使工程不仅起到美化环境的作用，而且具有一定的欣赏价值。

水利工程不仅实现了人工对山河的改造，同时也起到了防洪抗涝，实现了对水资源的合理保护和利用，从而使之更好地服务于人类。水利工程对周围的自然环境和社会环境起到了明显的改善作用。现在人们越来越认识到环境的重要性，所以对环境保护的力度不断地提高，对资源开发、环境保护和生态保护协调发展加大了重视的力度，在这种大背景下，水利工程设计师在强调美学价值的同时，则更注重生态功能的发挥。

四、水利工程设计中对环境因素的影响

（一）水利工程与环境保护

水利工程有助于改善和保护自然环境。水利工程建设主要以水资源的开发利用和防治水害，其基本功能是改善自然环境，为人们的日常生活提供水资源，保障社会经济健康

有序地发展，同时还可以减少大气污染。另外，水利工程项目可以调节水库，改善下游水质等优点。水利工程建设将有助于改善水资源分配，满足经济发展和人类社会的需求，同时，水资源也是维持自然生态环境的主要因素。如果在水资源分配过程中，忽视自然环境对水资源的需求，将会引发环境问题。水利工程对环境工程的影响主要表现在对水资源方面的影响，如河道断流、土地退化、下游绿洲消失、湖泊萎缩等生态环境问题，甚至会导致下游环境恶化。工程的施工同样会给当地环境带来影响。若这些问题不能及时解决，将会限制社会经济的发展。

水利工程既能改善自然环境，又能对环境产生负面效应，因此在实际开发建设过程中，要最大限度地保护环境、改善水质，维持生态平衡，将工程效益发挥到最大。要将环境保护纳入实际规划设计工作，并实现可持续发展。

（二）水利工程建设的环境需求

从环境需求的角度分析建设水利工程项目的可行性和合理性，具体表现在以下几个方面：

1.防洪的需要

兴建防洪工程是人类生存提供基本的保障，这是构建水利工程项目的主要目的。从环境的角度分析，洪水是湿地生态环境的基本保障，如河流下游的河谷生态、新疆的荒漠生态等，都需要定期的洪水泛滥以保持生态平衡。因此，在兴建水利工程时必须考虑防洪工程对当地生态环境造成的影响。

2.水资源的开发

水利工程的另一个功能是开发利用水资源。水资源不仅是维持生命的基本元素，也是推动社会经济发展的基本保障。水资源的超负荷利用，会造成一系列的生态环境问题。因此在水资源开发过程中强调水资源的合理利用。

（三）开发土地资源

土地资源是人类赖以生存的保障，通过开发土地，以提高其使用率。针对土地开发利用根据需求和提法的不同分为移民专业和规划专业。移民专业主要是从环境容量、土地的承受能力以及解决的社会问题等方面进行考虑，而规划专业的重点则是从开发技术的可行性角度进行分析。改变土地的利用方式多种多样，在前期规划设计阶段要充分考虑环境问题，并制订多种可行性方案，择优进行。

第二节 水利工程水库施工

一、水库施工的要点

（一）做好前期设计工作

水库工程设计单位必须明确设计的权利和责任，对于设计规范，由设计单位在设计过程中实施质量管理。设计的流程和设计文件的审核，设计标准和设计文件的保存和发布等一系列都必须依靠工程设计质量控制体系。在设计交接时，由设计单位派出设计代表，做好技术交接和技术服务工作。在交接过程中，要根据现场施工的情况，对设计进行优化，进行必要的调整和变更。对于项目建设过程中确有需要的重大设计变更、子项目调整、建设标准调整、概算调整等，必须组织开展充分的技术论证，由业主委员会提出编制相应文件，报上级部门审查，并报请项目院复核、审批单位履行相应手续；一般设计变更，项目主管部门和项目法人等也应及时履行相应审批程序，由监理审查后报总工批准。对设计单位提交的设计文件，先由业主总工审核后交监理审查，未经监理工程师审查批准的图纸，不能交付施工。坚决杜绝以“优化设计”为名，人为擅自降低工程标准、减少建设内容，造成安全隐患。

（二）强化施工现场管理

严格进行工程建设管理，认真落实项目法人责任制、招标投标制、建设监理制和合同管理制，确保工程建设质量、进度和安全。业主与施工单位签订的施工承包合同条款中的质量控制、质量保证、要求与说明，承包商根据监理指示，必须遵照执行。承包商在施工过程中必须坚持“三检制”的质量原则，在工序结束时必须经业主现场管理人员或监理工程师值班人员检查、认可，未经认可不得进入下道工序施工，对关键的施工工序，均建立有完整的验收程序和签证制度，甚至监理人员跟班作业。施工现场值班人员采用旁站形式跟班监督承包商按合同要求进行施工，把握项目的每一道工序，坚持做到“五个不准”。为了掌握和控制工程质量，及时了解工程质量情况，对施工过程的要素进行核查，并作出施工现场记录，换班时经双方人员签字，值班人员对记录的完整性和真实性负责。

（三）加强管理人员协商

为了协调施工各方关系，业主驻现场工程处每日召开工程现场管理人员碰头会，检查每日工程进度情况、施工中存在的问题，提出改进工作的意见。监理部每月5日、25日召开施工单位生产协调会议，由总监主持，重点解决亟须解决的施工干扰问题，会议形成纪要文件，结束承包商按工程师的决定执行。承包商加强自检工作，并对施工质量终身负责，坚决执行“质量一票否决权”制度，出现质量事故严格按照事故处理“三不放过”的原则严肃处理。

（四）构建质量监督体系

水库工程质量监督可通过查、看、问、核的方式实施工程质量的监督。查，即抽查，对参建各方有关资料的抽查。看，即查看工程实物，通过对工程实物质量的查看，可以判断有关技术规范、规程的执行情况。一旦发现问题，应及时提出整改意见。问，即查问参建对象，通过对不同参建对象的查询，了解相关方的法律法规及合同的执行情况，一旦发现问题，及时处理。核，即核实工程质量，工程质量评定报告体现了质量监督的权威性，同时对参建各方的行为也起到监督作用。

（五）选取泄水建筑物

水库工程泄水建筑物类型有两种，即表面溢洪道和深式泄水洞，其主要作用是输砂和泄洪。不管属于哪种类型，其底板高程的确定是重点，对泄水建筑物进口地形的测量应做到精确无误，并根据实测资料分析泄洪洞进口淤积程度，有无阻死进口现象，是否会影响水库泄洪，对抬高底板的多少应进行经济分析，同时分析下游河道泄流能力。

（六）合理确定限制水位

通常一些水库防洪标准是否应降低须根据坝高以及水头高度而定。若15m以下坝高土坝且水头小于10m，应采用平原区标准，此类情况水库防洪标准相应降低，调洪时保证起调水位合理性应分析考虑两点。第一，若原水库设计中无汛期限制水位，仅存在正常蓄水位时，在调洪时应以正常蓄水位作为起调水位。第二，若原计划中存在汛期限制水位，则应该把原汛期限制水位当作参考依据，同时对水库汛期后蓄水情况应做相应的调查，分析水库管理积累的蓄水资料，总结汛末规律，径流资料从水库建成至今，汛末至第二年灌溉用水止，若蓄至正常蓄水位年份占水库运行年限比例应小于20%，应利用水库多年的来水量进行适当插补延长，重新确定汛期限制水位，对水位进行起调。若蓄至正常蓄水位的年份占水库运行年限的比例大于20%，应采用原汛期限制水位为起调水位。

（七）精细计算坝顶高程

近年来，我国防洪标准有所降低，若采用超调水位进行调洪，坝顶高程与原坝顶高程会在计算过程中产生较大误差，因此确定坝顶高程应利用现有水利资源，以现有坝顶高程为准进行调洪，直至计算出坝顶高程接近现状坝顶高程。这种做法的优点是利用现有水利资源，相对提高了水库的防洪能力。

二、水库帷幕灌浆施工

根据灌浆设计要求，帷幕灌浆前由施工单位在左、右坝肩分别进行了灌浆试验，进一步确定了选定工艺对应下的灌浆孔距、灌浆方法、灌浆单注量和灌浆压力等主要技术参数及控制指标。

（一）钻孔

灌浆孔测量定位后，钻孔采用100型或150型回转式地质钻机，直径为91mm金刚石或硬质合金钻头。设计孔深17.5～48.9m，按单排2m孔距沿坝轴线布孔，分三个序次逐渐加密灌浆。钻孔具体要求如下：

①所有灌浆孔按照技术图认真统一编号，精确测量放线并报监理复核，复核认可后方可开钻。开孔位置与技施图偏差<2cm，最后终孔深度应符合设计规定。若需要增加孔深，必须取得监理及设计人员的同意。

②施工中高度重视机械操作及用电安全，钻机安装要平正牢固，立轴铅直。开孔钻进采用较长粗径钻具，并适当控制钻进速度及压力。井口管埋设好后，选用较小口径钻具继续钻孔。若孔壁坍塌，应考虑跟管钻进。

③钻孔过程中应进行孔斜测量，每个灌段测斜一次。各孔必须保证铅直，测斜结束，将测斜值记录汇总，如发现偏斜超过要求，确认对帷幕灌浆质量有影响，应及时纠正或采取补救措施。

④对设计和监理工程师要求的取芯钻孔，应对岩层、岩性以及孔内各种情况进行详细记录，统一编号，填牌装箱，采用数码摄像，进行岩芯描述并绘制钻孔柱状图。

⑤如钻孔出现塌孔或掉块难以钻进时，应先采取措施进行处理，再继续钻进。如发现集中漏水，应立即停钻，查明漏水部位、漏水量及原因，处理后再进行钻进。

⑥钻孔结束等待灌浆或灌浆结束等待钻进时，孔口应堵盖，妥善加以保护，防止杂物掉入而影响下一道工序的实施和灌浆质量。

（二）洗孔

灌浆孔在灌浆前应进行钻孔冲洗，孔底沉积厚度不得超过20cm。洗孔宜采用清洁的压力水进行裂隙冲洗，直至回水清净。冲洗压力为灌浆压力的80%，当该值>1MPa时，采用1MPa。帷幕灌浆孔因故中断时间间隔超过24h的应在灌浆前重新进行冲洗。

（三）制浆材料及浆液搅拌

该工程帷幕灌浆主要为基础处理，灌入浆液为纯水泥浆，采用32.5级普通硅酸盐水泥，用150L灰浆搅拌机制浆。水泥必须有合格卡，每个批次水泥必须附生产厂家质量检验报告。施工用水泥必须严格按照水泥配制表认真投放，称量误差<3%。受湿变质硬化的水泥一律不得使用。施工用水采用经过水质分析检测合格的水库上游来水，制浆用水量严格按搅浆桶容积准确兑放。水泥浆液必须搅拌均匀，拌浆时用150L电动普通搅拌机，搅拌时间不得少于3min，浆液在使用前过筛，从开始制备至用完时间<4h。

（四）灌前压水试验

施工中按自上而下分段卡塞进行压水试验。所有工序灌浆孔按简易压水进行，检查孔采用五点法进行压水试验。工序灌浆孔压水试验的压力值，按灌浆压力的0.6倍使用，但最大压力不能超过设计水头的1.5倍。压水试验前，必须先测量孔内安定水位，检查止水效果，效果良好时，才能进行压水试验。压水设备、压力表、流量表的安装及规格、质量必须符合规范要求。

压水试验稳定标准：压力调到规定数值，持续观察，待压力波动幅度很小，基本保持稳定后，开始读数，每5min测读一次压入流量，当压入流量读数符合下列标准之一时，压水即可结束，并以最有代表性流量读数作为计算值。压水试验完成后，应及时做好资料整理工作。

（五）灌浆工艺选定

1.灌浆方法

基岩部分采用自上而下孔内循环式分段灌注，射浆管口距孔底50cm，灌段长5～6m。

2.浆液配制

灌浆浆液的浓度按照由稀到浓，逐级调整的严则进行。水灰比按5：1、3：1、2：1、1：1、0.8：1、0.6：1、0.5：1七个级逐级调浓使用，起始水灰比为5：1。

3.灌浆结束标准

在规定压力下，当注入率≤1L/min时，继续灌注90min；当注入率≤0.4L/min时，继续灌注60min，可结束灌浆。

4.封孔

单孔灌浆结束后，必须及时做好封孔工作。封孔前由监理工程师、施工单位、建设单位技术员共同及时进行单孔验收。验收合格采用全孔段压力灌浆封孔，浆液配比与灌浆浆液相同，即灌什么浆用什么浆封孔，直至孔口不再下沉，每孔限3d内封好。

（六）灌浆过程中特殊情况处理

冒浆、漏浆、串浆处理：灌浆过程中，应加强巡查，发现岸坡或井口冒浆、漏浆现象，可立即停灌，及时分析找准原因后采取嵌缝、表面封堵、低压、浓浆、限流、限量、间歇灌浆等具体方法处理。相邻两孔发生串浆时，如被串孔具备灌浆条件，可采用串通的两个孔同时灌浆，即同时两台泵分别灌两个孔。另一种方法是先将被串孔用木塞塞住，继续灌浆，待串浆孔灌浆结束，再对被串孔重新扫孔、洗孔、灌浆和钻进。

（七）灌浆质量控制

灌浆前质量控制，首先是灌浆前对孔位、孔深、孔斜率、孔内止水等各道工序进行检查验收，坚持执行质量一票否决制，上一道工序未经检验合格，不得进行下一道工序的施工。其次是灌浆过程中质量控制，应严格按照设计要求和施工技术规范严格控制灌浆压力、水灰比、变浆标准等，并严把灌浆结束标准关，使灌浆主要技术参数均满足设计和规范要求。灌浆全过程质量控制先在施工单位内部实行三检制，三检结束报监理工程师最后检查验收、质量评定。为保证中间产品及成品质量，监理单位质检员必须坚守工作岗位，实时掌控施工进度，严格控制各个施工环节，做到多跑、多看、多问，发现问题及时解决。施工中应认真做好原始记录，资料档案汇总整理及时归档。因灌浆系地下隐蔽工程，其质量效果判断主要手段之一是依靠各种记录统计资料，没有完整、客观、详细的施工原始记录资料就无法对灌浆质量进行科学合理的评定。最后是灌浆结束质量检验，所有灌浆生产孔结束 14d 后，按单元工程划分布设检查孔获取资料对灌浆质量进行评定。

三、水库工程大坝施工

（一）施工工艺流程

1.上游平台以下施工工艺流程

浆砌石坡脚砌筑和坝坡处理→粗砂铺筑→土工布铺设→筛余卵砾石铺筑和碾压→碎石垫层铺筑→砼砌块护坡砌筑→砼锚固梁浇筑→工作面清理。

2.上游平台施工工艺流程

平台面处理→粗砂铺筑→天然砂砾料铺筑和碾压→平台砼锚固梁浇筑→砌筑十字波浪砖→工作面清理。

3.上游平台以上施工工艺流程

坝坡处理→粗砂铺筑→天然砂砾料铺筑碾压→筛余卵砾石铺筑和碾压碎石垫层铺筑→校预制砌块护坡砌筑→砼锚固梁及坝顶水封顶浇注→工作面清理。

4.下游坝脚排水体处施工工艺流程

浆砌石排水沟砌筑和坝坡处理→土工布铺设→筛余卵砾石分层铺筑和碾压→碎石垫层铺筑→水工砖护坡砌筑工作面清理。

5.下游坝脚排水体以上施工工艺流程

坝坡处理→天然砂砾料铺筑和碾压→校预制砌块护坡砌筑→工作面清理。

（二）水库工程大坝施工方法

1.坝体削坡

根据坝体填筑高度拟按2～2.5m削坡一次。测量人员放样后，采用一部1.0m^{3}反铲挖掘机削坡，预留20cm保护层待填筑反滤料之前，由人工自上而下削除。

2.上游浆砌石坡脚及下游浆砌石排水沟砌筑

严格按照图纸施工，基础开挖完成并经验收合格后，方可开始砌筑。浆砌石采用铺浆法砌筑，依照搭设的样架，逐层挂线，同一层要大致水平塞垫稳固。块石大面向下，安放平稳，错缝卧砌，石块间的砂浆插捣密实，并做到砌筑表面平整美观。

3.底层粗砂铺设

底层粗砂沿坝轴方向每150m为一段，分段摊铺碾压。具体施工方法为：自卸车运送粗砂至坝面后，从平台及坝顶向坡面倒料，人工摊铺、平整，平板振捣器拉三遍振实；平台部位粗砂垫层人工摊铺平整后采用光面振动碾顺坝轴线方向碾压压实。

4.土工布铺设

土工布由人工铺设，铺设过程中，作业人员不得穿硬底鞋及带钉的鞋。土工布铺设要平整，与坡面相贴，呈自然松弛状态，以适应变形。接头采用手提式缝纫机缝合3道，缝合宽度为10cm，以保证接缝施工质量要求；土工布铺设完成后，必须妥善保护，以防受损。为减少土工布的暴晒，摊铺后7d内必须完成上部的筛余卵砾石层铺筑。

（1）上游土工布

土工布与上游坡脚浆砌石的锚固方法为，压在浆砌石底的土工布向上游伸出30cm，包在浆砌石上游面上，土工布与土槽之间的空隙用M10砂浆填实；与107.4平台的锚固方法为，在107.4平台坡肩50cm处挖30cm×30cm的土槽，土工布压入土槽后用土压实，以防止土工布下滑。

（2）下游土工布

下部压入排水沟浆砌石底部1m、上部范围为高出透水砖铅直方向0.75m并用扒钉在顶部固定。

5.反滤层铺设

天然砂砾料及筛余卵砾料铺筑沿坝轴方向每250m为一段，分段摊铺碾压。具体施工方法如下：

（1）天然砂砾料

自卸车运送天然砂砾料至坝面后从平台及坝顶卸料，推土机机械摊铺，人工辅助平整，然后采用山推160推土机沿坡面上下行驶、碾压，碾压遍数为8遍；平台处天然砂砾料推土机机械摊铺人工辅助平整后，碾压机械顺坝轴线方向碾压6遍。

（2）筛余卵砾石

自卸车运送筛余卵砾料至坝面后从平台及坝顶向坡面倒料，推土机机械摊铺，人工辅助平整，然后采用山推160推土机沿坡面上下行驶、碾压。上游筛余卵砾料应分层碾压，铺筑厚度不超过60cm，碾压遍数为8遍；下游坝脚排水体处护坡筛余料按设计分为两层，底层为50cm厚筛余料，上层为40cm厚、直径＞20mm的筛余料，故应根据设计要求分别铺筑、碾压。筛余卵砾石设计压实标准为孔隙率不大于25%。

6.混凝土砌块砌筑

（1）施工技术要求

①混凝土砌块自下而上砌筑，砌块的长度方向水平铺设，下沿第一行砌块与浆砌石护脚用现浇C25混凝土锚固，锚固混凝土与浆砌石护脚应结合良好。

②从左或右下角铺设其他混凝土砌块，应水平方向分层铺设，不得垂直护脚方向铺设。铺设时，应固定两头，均衡上升，以防止产生累计误差，影响铺设质量。

③为增强混凝土砌块护坡的整体性，拟每间隔150块顺坝坡垂直坝轴方向设混凝土锚固梁一道。锚固梁采用现浇C25混凝土，梁宽40cm，梁高40cm，锚固梁两侧板块空缺部分用现浇混凝土充填，和锚固梁同时浇筑。

④将连锁砌块铺设至上游107.4m高程和坝顶部位时，应在平台边坡部位和坝顶部位设

现浇混凝土锚固连接砌块，上述部位连接砌块必须与现浇混凝土锚固。

⑤护坡砌筑至坝顶后，应在防浪墙底座施工完成后浇筑护坡砌块的顶部与防浪墙底座之间的锚固混凝土。

⑥如需进行连锁砌块面层色彩处理时，应清除连锁砌块表面浮灰及其他杂物；如需水洗时，可用水冲洗，待水干后即可进行色彩处理。

⑦根据图纸和设计要求，用砂或天然沙砾料填充砌块开孔和接缝。

⑧下游水工连锁砌块和不开孔砌块分界部位可采用切割或C25混凝土现浇连接。水工连锁砌块和坡脚浆砌石排水沟之间的连接采用C25混凝土现浇连接。

（2）砌块砌筑施工方法

①首先，确定数条砌体水平缝的高程，各坝段均以此为基准。其次，由测量组把水平基线和垂直坝轴线方向分块线定好，并用水泥砂浆固定基线控制桩，以防止基线的变动造成误差。

②运输预制块，先用运载车辆把预制块从生产区运到施工区，再由人工抬运到护坡面上来。

③用瓦刀把预制块多余的灰渣清除干净，再用特制抬预制块的工具把预制块放到指定位置，与前面已就位的预制块咬合相连锁；具体施工时，需用几种专用工具包括抬的工具，类似于钉耙，临时称为抬耙；瓦刀和80cm左右长的撬杠，用来调节预制块的间距和平整度；木棒或木棰用来撞击未放进的预制块；常用的铝合金靠尺和水平尺，用来校核预制块的平整度。施工工艺可用五个字来概括：抬，敲，放，调，平。抬指把预制块放到预定位置；敲指用瓦刀把灰渣敲打干净，以便预制品顺利组装；放指两人用专用抬的工具把预制块放到指定位置；调指用专用撬杠调节预制块的间距和高低；平指用水平尺、靠尺和木槌来校核预制块的平整度。

7.锚固梁浇筑

在大坝上游坝脚处设以小型搅拌机。按照设计要求混凝土锚固梁高40cm，故先由人工开挖至设计深度，人工用胶轮车转运混凝土入仓并振捣密实，人工抹面收光。

四、水库除险加固

土坝需要检查是否有上下游贯通的孔洞，防渗体是否有破坏、裂缝，是否有过大的变形，造成垮塌的迹象。混凝土坝需要检查混凝土的老化、钢筋的锈蚀程度等，是否存在大面积的裂缝，还有进、出水口的闸门、渠道、管道是否需要更换、修复等。库区范围内是否有滑坡体、山坡蠕变等问题。

（一）治理病险水库的手段

继续加强病险水库除险加固建设进度必须半月报制度，按照“分级管理，分级负责”的原则，各级政府都应该建立相应的专项治理资金。每月对地方的配套资金是否到位、投资的完成情况、完工情况、验收情况等进行排序，采取印发文件和网站公示等方式向全国通报。通过信息报送和公示，实时掌握各地进展情况，动态监控，及时研判，分析制约年底完成3年目标任务的不利因素，为下一步工作提供决策参考。另外，结合病险水库治理的进度，积极稳妥地搞好小型水库的产权制度改革。有除险加固任务的地方也要层层建立健全信息报送制度，指定熟悉业务、认真负责的人员具体负责，保证数据报送及时、准确；同时，对全省、全市所有的正在进行的项目进展情况进行排序，与项目的政府主管部门责任人和建设单位责任人名单一并公布，以便接受社会监督。病险水库加固规划时，应考虑增设防汛指挥调度网络及水文水情测报自动化系统、大坝监测自动化系统等先进的管理设施，而且要对不能满足需要的防汛道路及防汛物资仓库等管理设施一并予以改造。

加强管理，确保工程的安全进行，督促各地进一步加强对病险水库除险加固的组织实施和建设管理，强化施工过程的质量与安全监管，以确保工程质量和施工的安全，确保目标任务全面完成。一是要狠抓建设管理，认真执行项目法人的责任制、招标投标制、建设监理制，加强对施工现场组织和建设管理，科学调配施工力量，努力调动参建各方积极性，切实地把项目组织好、实施好。二是狠抓工作重点，把任务重、投资多、工期长的大中型水库项目作为重点，把项目多的市县作为重点，有针对性地开展重点指导、重点帮扶。三是狠抓工程验收，按照项目验收计划，明确验收责任主体，科学组织，严格把关，及时验收，确保项目年底前全面完成竣工验收或投入使用验收。四是狠抓质量与安全，强化施工过程中的质量与安全监管，建立完善的质量保证体系，真正做到建设单位认真负责、监理单位有效控制、施工单位切实保证，政府监督务必到位，确保工程质量和施工一切安全。

（二）水库除险加固的施工

加强对施工人员的文明施工宣传，加强教育，统一思想，使广大干部职工认识到文明施工是企业形象、队伍素质的反映，是安全生产的必要保证，增强现场管理和全体员工文明施工的自觉性。在施工过程中协调好与当地居民、当地政府的关系，共建文明施工窗口。明确各级领导及有关职能部门和个人对文明施工的责任和义务，从思想上、管理上、行动上、计划上和技术上重视起来，切实提高现场文明施工的质量和水平。健全各项文明施工的管理制度，如岗位责任制、会议制度、经济责任制、专业管理制度、奖罚制度、检查制度和资料管理制度。对不服从统一指挥和管理的行为，要按条例严格执行处罚。在开工前，全体施工人员认真学习水库文明公约，遵守公约的各项规定。在现场施工过程中，施工人员的生产管理符合施工技术规范和施工程序要求，不违章指挥，不蛮干。对施工现场不断进行整理、整顿、清扫、清洁和素养，有效实现文明施工。合理布置场地，各项临时施工设施必须符合标准要求，做到场地清洁、道路平顺、排水通畅、标志醒目、生产环境达到标准要求。按照工程的特点，加强现场施工的综合管理，减少现场施工对周围环境的一切干扰和影响。自觉接受社会监督。要求施工现场坚持做到工完料清，垃圾、杂物集中堆放整齐，并及时处理；坚持做到场地整洁、道路平顺、排水畅通、标志醒目，使生产环境标准化，严禁施工废水乱排放，施工废水严格按照有关要求经沉淀处理后用于洒水降尘。加强施工现场的管理，严格按照有关部门审定批准的平面布置图进行场地建设。临时建筑物、构成物要求稳固、整洁、安全，并且满足消防要求。施工场地由全封闭的围挡形成，施工场地及道路按规定进行硬化，其厚度和强度要满足施工和行车的需要。按设计架设用电线路，严禁任意去拉线接电，严禁使用所有的电炉和明火烧煮食物。施工场地和道路要平坦、通畅并设置相应的安全防护设施及安全标志。按要求进行工地主要出入口设置交通指令标志和警示灯，安排专人疏导交通，保证车辆和行人的安全。工程材料、制品构件分门别类、有条有理地堆放整齐；机具设备定机、定人保养，并保持运行正常，机容整洁。在施工中严格按照审定的施工组织设计实施各道工序，做到工完料清，场地上无淤泥积水，施工道路平整畅通，以实现文明施工合理安排施工，尽可能使用低噪声设备严格控制噪声，对于特殊设备要采取降噪声措施，以尽可能地减少噪声对周边环境的影响。现场施工人员要统一着装，一律佩戴胸卡和安全帽，遵守现场各项规章和制度，非施工人员严禁进入施工现场。加强土方施工管理。弃渣不得随意弃置，并运至规定的弃渣场。外运和内运土方时决不准超高，并采取遮盖维护措施，防止泥土沿途遗漏污染到马路。

第三节　水利工程堤防施工

一、水利工程堤防施工要点

（一）堤防工程的施工准备工作

1.施工注意事项

施工前应注意施工区内埋于地下的各种管线、建筑物废基、水井等各类应拆除的建筑物，并与有关单位一起研究处理措施方案。

2.测量放线

测量放线非常重要，因为它贯穿施工的全过程，从施工前的准备，到施工中，再到施工结束以后的竣工验收，都离不开测量工作。如何把测量放线做快做好，是对测量技术人员一项基本技能的考验和基本要求。目前堤防施工中一般都采用全站仪进行施工控制测量，另外配置水准仪、经纬仪，进行施工放样测量。

①测量人员依据监理提供的基准点、基线、水准点及其他测量资料进行核对、复测，监理施工测量控制网，报请监理审核，批准后予以实施，以利于施工中随时校核。

②精度的保障。工程基线相对于相邻基本控制点，平面位置误差不超过 ±30 ~ 50mm，高程误差不超过 ±30mm。

③施工中对所有导线点、水准点进行定期复测，对测量资料进行及时、真实的填写，由专人保存，以便归档。

3.场地清理

场地清理包括植被清理和表土清理。其方位包括永久和临时工程、存弃渣场等施工用地需要清理的全部区域的地表。

（1）植被清理

用推土机清除开挖区域内的全部树木、树根、杂草、垃圾及监理人指明的其他有碍物，运至监理工程师指定的位置。除监理人另有指示外，主体工程施工场地地表的植被清理，必须延伸至施工图所示最大开挖边线或建筑物基础变现外侧至少5m的距离。

（2）表土清理

用推土机清理开挖区域内的全部含细根、草本植物及覆盖草等植物的表层有机土壤，按照监理人指定的表土开挖深度进行开挖，并将开挖的有机土壤运至指定地区存放待用。防止土壤被冲刷流失。

（二）堤防工程施工放样与堤基清理

在施工放样中，首先沿堤防纵向定中心线和内外边角，同时钉以木桩，要把误差控制在规定值内。当然根据不同堤形，可以在相隔一定距离内设立一个堤身横断面栏架，以便能够为施工人员提供参照。堤身放样时，必须按照设计要求来预留堤基、堤身的沉降量。而在正式开工前，还需要进行堤基清理，清理的范围主要包括堤身、铺盖、压载的基面，其边界应在设计基面边线外30 ~ 50cm。如果堤基表层出现不合格土、杂物等，就必须及时清除，针对堤基范围内的坑、槽、沟等部分，需要按照堤身填筑要求进行回填处理。同时需要耙松地表，这样才能保证堤身与基础结合。当然，假如堤线必须通过透水地基或软弱地基，就必须对堤基进行必要的处理，处理方法可以按照土坝地基处理的方法进行。

（三）堤防工程度汛与导流

堤防工程施工期跨汛期施工时，度汛、导流方案应根据设计要求和工程需要编制，并报有关单位批准。挡水堤身或围堰顶部高程，按照度汛洪水标准的静水位加波浪爬高与安全加高确定。当度汛洪水位的水面吹程小于500m、风速在5级以下时，堤顶高程可仅考虑安全加高。

（四）堤防工程堤身填筑要点

1.常用筑堤方法

（1）土料吹填筑堤

主要是通过把浑水或人工拌制的泥浆，引到人工围堤内，通过降低流速，最终能够沉沙落淤，其主要是用于填筑堤防的一种工程措施。吹填的方法有许多种，包括提水吹填、自流吹填、吸泥船吹填、泥浆泵吹填等。

（2）抛石筑堤

通常是在软基、水中筑堤或地区石料丰富的情况下使用的，其主要是利用抛投块石填筑堤防。

（3）砌石筑堤

砌石筑堤是采用块石砌筑堤防的一种工程措施。其主要特点是工程造价高，在重要堤防段或石料丰富地区使用较为广泛。

（4）混凝土筑堤

主要用于重要堤防段，是采用浇筑混凝土填筑堤防的一种工程措施，其工程造价高。

2.土料碾压筑堤

（1）铺料作业

铺料作业是筑堤的重要组成部分，因此需要根据要求把土料铺至规定部位，禁止把砂料，或者其他透水料与黏性土料混杂。当然在上堤土料的过程中，需要把杂质清除干净，这主要是考虑黏性土填筑层中包裹成团的砂料时，可能造成堤身内积水囊，这将会大大影响堤身的稳固性；如果是土料或砾质土，就需要选择进占法或后退法卸料，如果是砂砾料，则需要选择后退法卸料；当出现砂砾料或砾质土卸料发生颗粒分离的现象，就需要将其拌和均匀；需要按照碾压试验确定铺料厚度和土块直径的限制尺寸；如果铺料到堤边，那就需要在设计边线外侧各超填一定余量，人工铺料宜为100cm，机械铺料宜为30cm。

（2）填筑作业

为了更好地提高堤身的抗滑稳定性，需要严格控制技术要求，在填筑作业中如果遇到地面起伏不平的情况，就需要根据水分分层，按照从低处开始逐层填筑的原则，禁止顺坡铺填；如果堤防横断面上的地面坡度陡于1：5，则需要把地面坡度削至缓于1：5。

如果是土堤填筑施工接头，那很可能埋下质量隐患，这就要求分段作业面的最小长度大于100m；如果人工施工时段长，那可以根据相关标准适当减短；如果是相邻施工段的作业面宜均衡上升，在段与段之间出现高差时，就需要以斜坡面相接。不管选择哪种包工方式，填筑作业面都要严格按照分层统一铺土、统一碾压的原则进行，同时还需要配备专业人员，或者用平土机具参与整平作业，避免出现乱铺乱倒，出现界沟的现象。为了使填土层间结合紧密，尽可能地减少层间的渗漏，如果已铺土料表面在压实前，已经被晒干，此时就需要洒水湿润。

（3）防渗工程施工

黏土防渗对于堤防工程来说主要是用在黏土铺盖上，而黏土心墙、斜墙防渗体方式在堤防工程中应用较少。黏土防渗体施工，应在清理的无水基底上进行，并与坡脚截水槽和堤身防渗体协同铺筑，尽量减少接缝；分层铺筑时，上下层接缝应错开，每层厚以15~20cm为宜，层面间应刨毛、洒水，以保证压实的质量；分段、分片施工时，相邻工作面搭接碾压应符合压实作业规定。

（4）反滤、排水工程施工

在进行铺反滤层施工之前，需要对基面进行清理，同时针对个别低洼部分，则需要通过采用与基面相同土料，或者反滤层第一层滤料填平，而在反滤层铺筑的施工中，需要遵循以下几个要求：

①铺筑前必须设好样桩，做好场地排水，准备充足的反滤料。

②按照设计要求的不同，来选择粒径组的反滤料层厚。

③必须从底部向上按设计结构层要求，禁止逐层铺设，同时需要保证层次清楚，不能混杂，也不能从高处倾坡倾倒。

④分段铺筑时，应使接缝层次清楚，不能出现发生缺断、层间错位、混杂等现象。

二、堤防工程防渗施工技术

（一）堤防发生险情的种类

堤防发生险情包括开裂、滑坡和渗透破坏，其中，渗透破坏尤为突出。渗透破坏的类型主要有接触流土、接触冲刷、流土、管涌、集中渗透等。由渗透破坏造成的堤防险情主要如下：

1.堤身险情

堤身险情的造成原因主要是堤身填筑密实度以及组成物质的不均匀，如堤身土壤组成是砂壤土、粉细沙土壤，或者堤身存在裂缝、孔洞等。跌窝、漏洞、脱坡、散浸是堤身险情的主要表现。

2.堤基与堤身接触带险情

堤基与堤身接触带险情的造成原因是在建筑堤防时，没有清基，导致堤基与堤身的接触带的物质复杂、混乱。

3.堤基险情

堤基险情是由于堤基构成物质中包含砂壤土和砂层，而这些物质的透水性又极强。

（二）堤防防渗措施的选用

在选择堤防工程的防渗方案时，应当遵循如下原则：首先，对于堤身防渗，防渗体可选择劈裂灌浆、锥探灌浆、截渗墙等。在必要情况下，可增加堤身厚度，或挖除、刨松堤身后，重新碾压并填筑堤身。其次，在进行堤防截渗墙施工时，为降低施工成本，要注意采用廉价、薄墙的材料。较为常用的造墙方法有开槽法、挤压法、深沉法，其中，深沉法的费用最低。高喷法的费用要高些，但在地下障碍物较多、施工场地较狭窄的情况下，该方法的适应性较高。若地层中含有的砂卵砾石较多且颗粒较大时，应结合使用冲击钻和其他开槽法，该法的造墙成本会相应地提高不少。对于该类地层上堤段险情的处理，还可使用盖重、反滤保护、排水减压等措施。

（三）堤防堤身防渗技术分析

1.黏土斜墙法

黏土斜墙法是先开挖临水侧堤坡，将其挖成台阶状，再将防渗黏性土铺设在堤坡上方，铺设厚度≥2m，并在铺设过程中将黏性土分层压实。对于堤身临水侧滩地足够宽且断面尺寸较小的情况，适宜使用该方法。

2.劈裂灌浆法

劈裂灌浆法是指利用堤防应力的分布规律，通过灌浆压力在沿轴线方向将堤防劈裂，再灌注适量泥浆形成防渗帷幕，使堤身防渗能力加强。该方法的孔距通常设置为10m，但在弯曲堤段，要适当缩小孔距。对于沙性较重的堤防，不适宜使用劈裂灌浆法。这是因为沙性过重，会使堤身弹性不足。

3.表层排水法

表层排水法是指在清除背水侧堤坡的石子、草根后，喷洒除草剂，然后铺设粗砂，铺设厚度在20cm左右，再一次铺设小石子、大石子，每层厚度都为20cm，最后铺设块石护坡，铺设厚度为30cm。

4.垂直铺塑法

垂直铺塑法是指使用开槽机在堤顶沿着堤轴线开槽，开槽后，将复合土工膜铺设在槽中，然后使用黏土在其两侧进行回填。该方法对复合土工膜的强度和厚度要求较高。若将复合土工膜深入堤基的弱透水层，还能起到堤基防渗的作用。

（四）堤基的防渗技术分析

1.加盖重技术

加盖重技术是指在背水侧地面增加盖重，以减小背水侧的出流水头，从而避免堤基渗流破坏表层土，使背水地面的抗浮稳定性增强，降低其出逸比降。针对下卧透水层较深、覆盖层较厚的堤基，或者透水地基，都适宜采用该方法进行处理。在增加盖重的过程中，要选择透水性较好的土料，至少要等于或大于原地面的透水性。不宜使用沙性太大的盖重土体，因为沙性太大易造成土体沙漠化，影响周围环境。若盖重太长，要考虑联合使用减压沟或减压井；如果背水侧为建筑密集区或是城区，则不适宜使用该方法。对于盖重高度、长度的确定，要以渗流计算结果为依据。

2.垂直防渗墙技术

垂直防渗墙技术是指在堤基中使用专用机建造槽孔，使用泥浆加固墙壁，再将混合物填充至槽孔中，最终形成连续防渗体。它主要包括全封闭式、半封闭式和悬挂式三种结构类型。

全封闭式防渗墙是指防渗墙穿过相对强透水层，且底部深入相对弱透水层，在相对弱透水层下方没有相对强透水层。通常情况下，该防渗墙的底部会深入深厚黏土层或弱透水性的基岩。若在较厚的相对强透水层中使用该方法，会增加施工难度和施工成本。该方式会截断地下水的渗透径流，故其防渗效果十分显著，但同时也易发生地下水排泄、补给不畅的问题，所以会对生态环境造成一定的影响。

半封闭式防渗墙是指防渗墙经过相对强透水层深入弱透水层中，在相对弱透水层下方有相对强透水层。该方法对地防渗稳定性效果较好。影响其防渗效果的因素较多，主要有相对强透水层和相对弱透水层各自的厚度、连续性、渗透系数等。该方法不会对生态环境造成影响。

三、堤防绿化的施工

（一）堤防绿化在功能上下功夫

1.防风消浪，减少地面径流

堤防防护林可以降低风速、削减波浪，从而减小水对大堤的冲刷。绿色植被能够有效地抵御雨滴击溅，降低径流冲刷，减缓河水冲淘，起到护坡、固基、防浪等方面的作用。

2.以树养堤、以树护堤，改善生态环境

合理的堤防绿化能有效地改善堤防工程区域性的生态景观，实现养堤、护堤、绿化、美化的多功能，实现堤防工程的经济、社会和生态，三个效益相得益彰，为全面建设和谐社会提供和谐的自然环境。

3.缓流促淤、护堤保土，保护堤防安全

树木干、叶、枝有阻滞水流作用，干扰水流流向，使水流速度放缓，对地表的冲刷能力大大下降，从而使泥沉沙落。同时林带内树木根系纵横，使泥土形成整体，大大提高了土壤的抗冲刷能力，保护堤防安全。

4.净化环境，实现堤防生态效益

枝繁叶茂的林带，通过叶面的水分蒸腾，起到一定排水作用，可以降低地下水位，能在一定程度上防止由于地下水位升高而引起的土壤盐碱化现象。另外防护林还能储存大量的水资源，维持环境的湿度，改善局部循环，形成良好的生态环境。

（二）堤防绿化在植树上保成活

理想的堤防绿化是从堤脚到堤肩的绿化，理想的堤防绿化是一条绿色的屏障，是一道天然的生态保障线，它可以成为一道亮丽的风景线。不但要保证植树面积，而且要保证树木的存活率。

1.健全管理制度

领导班子要高度重视，成立专门负责绿化苗木种植管理领导小组，制定绿化苗木管理责任制、实施细则、奖惩办法等一系列规章制度。直接责任到人，真正实现分级管理、分

级监督、分级落实，全面推动绿化苗木种植管理工作。为打造“绿色银行”起到了保驾护航和良好的监督落实作用。

2.把好选苗关

近年来，一些地区堤防上的“劣质树”“老头树”随处可见，成材缓慢，不仅无经济效益可言，还严重影响堤防环境的美化，制约经济的发展。要选择种植成材快、木质好，适合黄土地带生长的既有观赏价值又有经济效益的树种。

3.把好苗木种植关

堤防绿化的布局要严格按照规划，植树时把高低树苗分开，高低苗木要顺坡排开，既整齐美观，又能够使苗木采光充分，有利于生长。绿化苗木种植进程中，根据绿化计划和季节的要求，从苗木品种、质量、价格、供应能力等多方面入手，严格按照计划选择苗木。要严格按照三埋、两踩、一提苗的原则种植，认真按照专业技术人员指导植树的方法、步骤、注意事项完成，既能保证整齐美观，又能确保成活率。

（1）三埋

所谓三埋，就是植树填土分3层，即挖坑时要将挖出的表层土1/3、中层土1/3、底层土1/3分开堆放。在栽植前先将表层土填于坑底，然后将树苗放于坑内，使中层土还原，底层土作为封口使用。

（2）两踩

所谓两踩，就是中层土填过后进行人工踩实，封堆后再进行一次人工踩实，可使根部周围土密实，保墒抗倒。

（3）一提苗

所谓一提苗，就是指有根系的树苗，待中层土填入后，在踩实前先将树苗轻微上提，使弯乱的树根舒展，便于扎根。

（三）堤防绿化在管理上下功夫

巍巍长堤，人、水、树相依，堤、树、河相伴，堤防变成绿色风景线，这需要堤防树木的“保护伞”的支撑。

1.加强法律法规宣传，加大对沿堤群众的护林教育

利用电视、广播、宣传车、散发传单、张贴标语等各种方式进行宣传，目的是使广大群众从思想上认识到堤防绿化对保护堤防安全的重要性和必要性，增强群众爱树、护树的自觉性，形成全员管理的社会氛围。对乱砍滥伐的违法乱纪行为进行严厉查处，提高干部

群众的守法意识，自觉做环境的绿化者。

2.加强树木管护，组织护林专业队

根据树木的生长规律，时刻关注树木的生长情况，做好保墒、施肥、修剪等工作，满足树木不同时期生长的需要。

3.防治并举，加大对林木病虫害的防治力度

在沿堤设立病虫害观测站，并坚持每天巡查，一旦发现病虫害，及时除治，及时总结树木的常见病、突发病害，交流防治心得、经验，控制病虫害的泛滥。

（四）堤防防护林发展目标

1.抓树木综合利用，促使经济效益最大化

为创经济效益和社会效益双丰收，在路口、桥头等重要交通路段，种植一些既有经济价值，又有观赏价值的美化树种，以适应旅游景观的要求，创造美好环境，为打造水利旅游景观做基础。

2.乔灌结合种植，缩短成材周期

乔灌结合种植，树木成材快，经济效益明显。乔灌结合种植可以保护土壤表层的水土，有效防止水土流失，协调土壤水分。另外，灌木的叶子腐烂后，富含大量的腐殖质，既可防止土壤板结，又可改善土壤环境，促使植物快速生长，形成良性循环，缩短成材周期。

3.坚持科技兴林，提升林业资源多重效益

在堤防绿化实践中，要勇于探索、大胆实践、科学造林。积极探索短周期速生丰产林的栽培技术和管理模式。加大林木病虫害防治力度。管理人员要经常参加业务培训，实行走出去、引进来的方式，不断提高堤防绿化水准。

4.创建绿色长廊，打造和谐的人居环境

为了满足人民日益提高的物质文化生活的需要，在原来绿化、美化的基础上，建设各具特色的堤防公园，使它成为人们休闲娱乐的好去处，实现经济效益、社会效益的双丰收。

四、生态堤防建设

生态堤防是指恢复后的自然河岸或具有自然河岸水土循环的人工堤防。主要是通过扩大水面积和绿地、设置生物的生长区域、设置水边景观设施、采用天然材料的多孔性构造等措施来实现河道生态堤防建设。在实施过程中要尊重河道实际情况，根据河岸原生态状况，因地制宜，在此基础上稍加“生态加固”，不要做过多的人为建设。

原来河道堤防建设，仅是加固堤岸、裁弯取直、修筑大坝等工程，就满足了人们对于供水、防洪、航运的多种经济要求。

生态堤防在生态的动态系统中具有多种功能，主要表现：①成为通道，具有调节水量、滞洪补枯的作用。堤防是水陆生态系统内部及相互之间生态流动的通道，丰水期水向堤中渗透储存，减少洪灾；枯水期储水反渗入河或蒸发，起着滞洪补枯、调节气候的作用。传统上用混凝土或浆砌块石护岸，阻隔了这个系统的通道，就会使水质下降。②过滤的作用，提高河流的自净能力。生态河堤采用种植水中植物，从水中吸取无机盐类营养物，利于水质净化。③能形成水生态特有的景观。堤防有自己特有的生物和环境特征，是各种生态物种的栖息地。

生态堤防建设改善了水环境的同时，也改善了城市生态、水资源和居住条件，并强化了文化、体育、休闲设施，使城市交通功能、城市防洪等再上新的台阶，对于优化城市环境、提升城市形象、改善投资环境、拉动经济增长、扩大对外开放都将产生直接影响。

由于认识和技术的局限性，以往修筑的一些堤防，尤其是城市堤防，对生态环境产生的负面影响是存在的，可以采用必要的补救措施，尽可能减少或消除对生态环境的影响，而植物措施是最为经济有效的，如对影响面较大的硬质护坡，可采用打孔种植固坡植物，覆盖硬质护坡，使岸坡恢复原有的绿色状态；可结合堤防的扩建，对原有堤防进行必要的改造，使其恢复原有的生态功能。

第四节　水利工程水闸施工

一、水闸工程地基开挖施工技术

开挖分为水上开挖和水下开挖。其中涵闸水上部分开挖、旧堤拆除等为水上开挖，新建堤基础面清理、围堰形成前水闸处淤泥清理开挖为水下开挖。

（一）水上开挖施工

水上开挖采用常规的旱地施工方法。施工原则为“自上而下，分层开挖”。水上开挖包括旧堤拆除、水上边坡开挖及基坑开挖。

1.旧堤拆除

旧堤拆除在围堰保护下施工。为保证老堤基础的稳定性和周边环境的安全性，旧堤拆除不采用爆破方式。干、砌块石部分采用挖掘机直接挖除，开挖渣料可利用部分装运至外海进行抛石填筑或用于石渣填筑，其余弃料装运至监理指定的弃渣场。

2.水上边坡开挖

开挖方式采取旱地施工，挖掘机挖除；水上开挖由高到低依次进行，均衡下降。待围堰形成和水上部分卸载开挖工作全部结束后，方可进行基坑抽水工作，以确保基坑的安全稳定。开挖料可利用部分用于堤身和内外平台填筑，其余弃料运至指定弃料场。

3.基坑开挖与支护

基坑开挖在围堰施工和边坡卸载完毕后进行，开挖前首先进行开挖控制线和控制高程点的测量放样等。开挖过程中要做好排水设施的施工，主要有开挖边线附近设置临时截水沟，开挖区内设干码石排水沟，干码石采用挖掘机压入作为脚槽。另设混凝土护壁集水井，配水泵抽排，以降低基坑水位。

（二）水下开挖施工

水下开挖施工主要为水闸基坑水下流苏状淤泥开挖。

1.水下开挖施工方法

（1）施工准备

水下开挖施工准备工作主要有弃渣场的选择、机械设备的选型等。

（2）测量放样

水下开挖的测量放样拟采用全站仪进行水上测量，主要测定开挖范围。浅滩可采用打设竹竿作为标记，水较深的地方用浮子做标记；为避免开挖时毁坏测量标志，标志可设在开挖线外10m处。

（3）架设吹送管、绞吸船就位

根据绞吸船的吹距和弃渣场的位置，吹送管可架设在陆上，也可架设在水上或淤泥上。

（4）绞吸吹送施工

绞吸船停靠就位、吹送管架设牢固后，即可开始进行绞吸开挖。

2.涵闸基坑水下开挖

（1）涵闸水下基坑描述

涵闸前后河道由于长期双向过流，其表层主要为流塑状淤泥，对后期干地开挖有较大影响，因此必须先采用水下开挖方式清除掉表层淤泥。

（2）施工测量

施工前，对涵闸现状地形实施详细的测量，绘制原始地形图，标注出各部位的开挖厚度。一般采用50m^{2}分隔片，并在现场布置相应的标识指导施工。

（3）涵闸基坑水下开挖施工方法

在围堰施工前，绞吸船进入开挖区域，根据测量标识开始作业。

（三）基坑开挖边坡稳定分析与控制

1.边坡描述

根据本工程水文、地质条件，水闸基础基本为淤泥土构成，基坑边坡土体含水量大，基本为淤泥，基坑开挖及施工过程中，容易出现边坡失稳，造成整体边坡下滑的现象。因此如何保证基坑边坡的稳定是本开挖施工的重点。

2.应对措施

（1）采取合理的开挖方法

根据工程特点，对于基坑先采用水下和岸边干地开挖，以减少基坑抽水后对边坡下部的压载，上部荷载过大使边坡土体失稳而出现垮塌和深层滑移。

（2）严格控制基坑抽排水速度

基坑水下部分土体长期经海水浸泡，含水量大，地质条件差，基坑排水下降速度大于边坡土体固结速度，在没有水压力的平衡下极易造成整体边坡失稳。

（3）对已开挖边坡的保护

在基坑开挖完成后，沿坡脚形成排水沟组织排水，并设置小型集水井，及时排出基坑内的水。在雨季，对边坡覆盖条纹布加以保护，必要时设置抗滑松木桩。

（4）变形监测

按规范要求，在边坡开挖过程中，在坡顶、坡脚设置观测点，对边坡进行变形观测，测量仪器采用全站仪和水准仪。观测期间，对每一次的测量数据进行分析，若发现位移或沉降有异常变化，立即报告并停止施工，待分析处理后再恢复施工。

（四）开挖质量控制

开挖前进行施工测量放样工作，以此控制开挖范围与深度，并做好过程中的检查。开挖过程中安排有测量人员在现场观测，避免出现超、欠挖现象。开挖自上而下分层分段施工，同时做成一定的坡势，避免挖区积水。水下开挖时，随时进行水下测量，以保证基坑开挖深度。水闸基坑开挖完成后，沿坡脚打入木桩并堆沙包护面，维持出露边坡的稳定。开挖完成后对基底高程进行实测，并上报监理工程师审批，以利于下道工序迅速开展。

二、水闸排水与止水问题

（一）水闸设计中的排水问题

1.消力池底板排水孔

消力池底板承受水流的冲击力、水流脉动压力和底部扬压力等作用，应有足够的重量、强度和抗冲耐磨的能力。为了降低护坦底部的渗透压力，可在水平护坦的后半部设置垂直排水孔，孔下铺反滤层。排水孔呈梅花形布置。有一些水闸消力池底板排水孔是从水平护坦的首部一直到尾部全部布设有排水孔。此种布置有待商榷。因为水流出闸后，经平稳整流后，经陡坡段流向消力池水平底板，在陡坡段末端和底板水平段相交处附近形成收缩水深，为急流，此处动能最大，即流速水头最大，其压强水头最小。如果在此处也设垂直排水孔，在高流速、低压强的作用下，垂直排水孔下的细粒结构，在底部大压力的作用下，有可能被从孔中吸出，久而久之底板将被掏空，因此应在消力池底板的后半部设垂直排水孔，以使从底板渗下的水量从消力池的垂直排水孔排出，从而达到减小消力池底板渗透压力的作用。

2.闸基防渗面层排水

水闸在上下游水位差的作用下，上游水从河床入渗，绕经上游防渗铺盖、板桩及闸底板，经反滤层由排水孔至下游。不透水的铺盖、板桩及闸底板等与地基的接触面成为地下轮廓线。地下轮廓线的布置原则是高防低排，即在高水位一侧布置铺盖、板桩、浅齿墙等防渗设施，滞渗延长底板上游的渗径，使作用在底板上的渗透压力减小。在低水位一侧设置面层排水、排渗管等设施排渗，使地基渗水尽快地排出。土基上的水闸多采用平铺式排水，即用透水性较强的粗砂、砾石或卵石平铺在闸底板、护坦等下面。渗流由此与下游连通，降低排水体起点前面闸底上的渗透压力，消除排水体起点后建筑物底面上的渗透压力。排水体一般无须专门设置，而是将滤层中粗粒粒径最大的一层厚度加大，构成排水体。然而，有一些在建水闸工程，其水闸底板后的水平整流段和陡坡段，却没有设平铺式排水体，有的连反滤层都没有，仅在消力池底板处设了排水体。这种设计，将加大闸底板、陡坡段的渗透压力，对水闸安全稳定也极为不利。一般水闸的防渗设计，都应在闸室后水平整流段处开始设排水体，闸基渗透压力在排水体开始处为零。

3.翼墙排水孔

水闸建成后，除闸基渗流外，渗水经从上游绕过翼墙、岸墙和刺墙等流向下游，成为侧向渗流。该渗流有可能造成底板渗透压力的增大，并使渗流出口处发生危害性渗透变形，因此应做好侧向防渗排水设施。为了排出渗水，单向水头的水闸可在下游翼墙和护坡设置排水孔，并在挡土墙一侧孔口处设置反滤层。然而，有些设计却在进口翼墙处也设置了排水孔。此种设计，使翼墙失去了防渗、抗冲、增加渗径的作用，使上游水流不是从垂直流向插入河岸的墙后绕渗，而是直接从孔中渗入墙后，这一举措具有减少渗径、增加渗流的作用，且将削弱翼墙插入河岸的作用。

4.防冲槽

水流经过海漫后，能量虽然得到进一步消除，但是海漫末端水流仍具有一定的冲刷能力，河床仍难免遭受冲刷。因此需在海漫末端采取加固措施，即设置防冲槽。常见的防冲槽有抛石防冲槽和齿墙或板桩式防冲槽。在海漫末端处挖槽抛石预留足够的石块，当水流冲刷河床形成冲坑时，预留在槽内的石块沿冲刷的斜坡陡段滚下，铺盖在冲坑的上游斜坡上。防止冲刷坑向上游扩展，保护海漫安全。有些防冲槽采用的是干砌石设计，且设计得非常结实，此种设计不甚合理。因为防冲槽的作用，是有足够量的块石，以随时填补可能造成的冲坑的上游侧表面，护住海漫不被淘刷，所以建议使用抛石防冲为好。

（二）水闸的止水伸缩缝渗漏问题

1.渗漏原因

水闸工程中，止水伸缩缝发生渗漏的原因有很多，有设计、施工及材料本身的原因等，但绝大多数是由施工引起的。止水伸缩缝施工有严格的施工措施、工艺和施工方法，施工过程中引起渗漏的原因一般有以下几条：

①止水片上的水泥渣、油渍等污物没有清除干净就浇筑混凝土，使得止水片与混凝土结合不好而渗漏。

②止水片有砂眼、钉孔或接缝不可靠而渗漏。

③止水片处混凝土浇筑不密实造成渗漏。

④止水片下混凝土浇筑得较密实，但因混凝土的泌水收缩，形成微间隙而渗漏。

⑤相邻结构由于出现较大沉降差造成止水片撕裂或止水片锚固松脱引起渗漏。

⑥垂直止水预留沥青孔沥青灌填不密实引起渗漏或预制混凝土凹形槽外周与周围现浇混凝土结合不好产生侧向绕流渗水。

2.止水伸缩缝渗漏的预防措施

（1）止水片上污渍杂物问题

施工过程中，模板上涂抹脱模剂时易使止水片沾上脱模剂污渍，所以模板上脱模剂这道工序要安排在模板安装之前，并在仓面外完成。浇筑过程中不断会有杂物掉在止水片上，因此在初次清除的基础上还要强调在混凝土掩埋止水片时再次清除这道工序。另外，浇筑底层混凝土时就会有混凝土散落在止水片上，在混凝土淹埋止水片时先期落上的混凝土因时间过长而初凝，这样的混凝土会留下渗漏隐患应及时清除。

（2）止水片砂眼、钉孔和接缝问题

在采购止水片材料时，应严格把关。采购止水片材料的品种、规格和性能采购要满足规范和设计要求，对其外观也要仔细检查，不合格材料应及时更换。止水片安装时有的施工人员为了固定止水片采用铁钉把止水片钉在模板上，这样会在止水片上留下钉孔，这种方法应避免，而应采取模板嵌固的方法来固定止水片。止水片接缝也是常出现渗漏的地方，金属片接缝一定要采用与母材相同的材料焊接牢固。为了保证焊缝质量和焊接牢固，可以使用直接加双面焊接的方法，焊缝均采用平焊，并且搭接长度≥20mm。重要部位止水片接头应热压黏接，接缝均要做压水检查验收合格后才能使用。

（3）止水片处混凝土浇筑不密实问题

止水处混凝土振捣要细致谨慎，选派的振捣工既要有较强的责任心，又要有熟练的操作技能。振捣要掌握“火候”，既不能欠振，也不能乱振，振捣时振捣器一定不能触及止水片。混凝土要有良好的和易性，易于振捣密实。

（4）止水处混凝土的泌水收缩问题

选用合适的水泥和级配合理的骨料能有效减小混凝土的泌水收缩。矿渣水泥的保水性较差，泌水性较大，收缩性也大，因此止水处混凝土最好不要用矿渣水泥而宜用普通硅酸盐水泥配制。另外，混凝土坍落度不能太大，流动性大的混凝土收缩性也大，一般选5～7cm坍落度为佳。泵送混凝土由于坍落度大不宜采用。

（5）沉降差对止水结构的影响问题

沉降差很难避免，有设计方面的原因，也有施工方面的原因。结构荷载不同，沉降量一般也不同，大的沉降差一般出现在荷载悬殊的结构之间。水闸建筑中，防渗铺盖与闸首、翼墙间荷载较悬殊，会有较大的沉降差。小的沉降差一般不会对止水结构产生危害，因为止水结构本身有一定的变形适应能力。施工方面可采取预沉和设置二次浇筑带的施工措施和方法来减小沉降差，即施工计划安排时先安排荷载大的闸首、翼墙施工，让它们先沉降，待施工到相当荷载阶段，沉降较稳定后再施工相邻的防渗铺盖，或在沉降悬殊的结构间预留二次浇筑带，等到两结构沉降较稳定后再浇筑二次混凝土浇筑带。

（6）垂直止水缝沥青灌注密实问题及混凝土预制凹槽与现浇混凝土结合问题

通常预留沥青孔一侧采用每节1m左右的预制混凝土凹形槽，逐节安装于已浇筑止水片的混凝土墙面上，缝槽用砂浆密封固定，热沥青分节从顶端灌注。需要注意的是，在安装预制槽时要格外小心，沥青孔中不能掉进杂物和垃圾。因为沥青孔断面较小，一旦掉进去很难清除干净，必将留下渗漏隐患，所以安装好的预制槽顶端要及时封盖，避免掉进杂物和垃圾。

三、水闸施工导流

（一）导流施工

1.导流方案

在水闸施工导流方案的选择上，多数是采用束窄滩地修建围堰的导流方案。水闸施工受地形条件的限制比较大，这就使得围堰的布置只能紧靠主河道的岸边，但是在施工中，岸坡的地质条件非常差，极易造成岸坡的坍塌，因此在施工中必须通过技术措施来解决此类问题。在围堰的选择上，要坚持选择结构简单且抗冲刷能力大的浆砌石围堰，基础还要用松木桩进行加固，堰的外侧还要通过红黏土夯措施来进行有效的加固。

2.截流方法

在水利水电工程施工中，我国在堵坝的技术上累积了很多成熟的经验。在截流方法上要积极总结以往的经验，在具体的截流之前要进行周密的设计，可以通过模型试验和现场试验来进行论证，可以采用平堵与立堵相结合的办法进行合龙。土质河床上的截流工程，戗堤常因压缩或冲蚀而形成较大的沉降或滑移，从而导致计算用料与实际用料会存在较大的出入，所以在施工中要增加一定的备料量，以保证工程的顺利施工。需要特别注意，土质河床尤其是在松软的土层上筑戗堤截流要做好护底工程，这一工程是水闸工程质量实现的关键。根据以往的实践经验，应该保证护底工程范围的宽广性，对护底工程要排列严密，在护堤工程进行前，要找出抛投料物在不同流速及水深情况下的移动距离规律，这样才能保证截流工程中抛投料物的准确到位。对那些准备抛投的料物，要保证其在浮重状态及动静水作用下的稳定性能。

（二）水闸施工导流规定

①施工导流、截流及度汛应制定专项施工措施设计，重要的或技术难度较大的须报上级审批。

②导流建筑物的等级划分及设计标准应按有关规定执行。

③当按规定标准导流有困难时，经充分论证并报主管部门批准，可适当降低标准；但汛期前，工程应达到安全度汛的要求。在感潮河口和滨海地区建闸时，其导流挡潮标准不应降低。

④在引水河、渠上的导流工程应满足下游用水的最低水位和最小流量的要求。

⑤在原河床上用分期围堰导流时，不宜过分束窄河面宽度，通航河道尚需满足航运的流速要求。

⑥截流方法、龙口位置及宽度应根据水位、流量、河床冲刷性能及施工条件等因素确定。

⑦截流时间应根据施工进度，尽可能选择在枯水、低潮和非冰凌期。

⑧对土质河床的截流段，应在足够的范围内抛筑排列严密的防冲护底工程，并随龙口缩小及流速增大及时投料加固。

⑨合龙过程中，应随时测定龙口的水力特征值，适时改换投料种类、抛投强度和改进抛投技术。截流后，应立即加筑前后戗，然后才能有计划地降低堰内水位，并完善导渗、防浪等措施。

⑩在导流期内，必须对导流工程定期进行观测、检查，并及时维护。

⑪拆除围堰前，应根据上下游水位、土质等情况确定充水、闸门开度等放水程序。

⑫围堰拆除应符合设计要求，筑堰的块石、杂物等应拆除干净。

四、水闸混凝土施工

（一）施工准备工作

大体积混凝土的施工技术要求比较高，特别是在施工中要防止混凝土因水泥水化热引起的温度差产生温度应力裂缝。因此需要从材料选择、技术措施等有关环节做好充分的准备工作，才能保证闸室底板大体积混凝土的施工质量。

1.材料选择

（1）水泥

考虑本工程闸室混凝土的抗渗要求及泵送混凝土的泌水小、保水性能好的要求，确定采用P.O42.5级普通硅酸盐水泥，并通过掺加合适的外加剂可以改善混凝土的性能，提高混凝土的抗裂和抗渗能力。

（2）粗骨料

采用碎石，粒径为5～25mm，含泥量不大于1%。选用粒径较大、级配良好的石子配制混凝土，和易性较好，抗压强度较高，同时可以减少用水量及水泥用量，从而使水泥水化热减少，降低混凝土温升。

（3）细骨料

采用机制混合中砂，平均粒径大于0.5mm，含泥量不大于5%。选用平均粒径较大的中、粗砂拌制的混凝土比采用细砂拌制的混凝土可减少用水量的10%左右，同时相应减少水泥用量，使水泥水化热减少，降低混凝土温升，并可减少混凝土收缩。

（4）矿粉

采用金龙S95级矿粉，增加混凝土的和易性，同时相应地减少水泥用量，使水泥水化热减少，降低混凝土温升。

（5）粉煤灰

由于混凝土的浇筑方式为泵送，为了改善混凝土的和易性便于泵送，考虑掺加适量的粉煤灰。粉煤灰对降低水化热、改善混凝土和易性有利，但掺加粉煤灰的混凝土早期极限抗拉值均有所降低，对混凝土抗渗抗裂不利，因此要求粉煤灰的掺量控制在15%以内。

（6）外加剂

设计无具体要求，通过分析比较及过去在其他工程上的使用经验，混凝土确定采用微膨胀剂，每立方米混凝土掺入23kg，对混凝土收缩有补偿功能，可提高混凝土的抗裂性。同时考虑泵送需要，采用高效泵送剂，其减水率大于18%，可有效降低水化热峰值。

2.混凝土配合比

混凝土要求混凝土搅拌站根据设计混凝土的技术指标值、当地材料资源情况和现场浇筑要求，提前做好混凝土试配。

3.现场准备工作

①基础底板钢筋及闸墩插筋预先安装施工到位，并进行隐蔽工程验收。

②基础底板上的预留闸门门槽底槛采用木模，并安装好门槽插筋。

③将基础底板上表面标高抄测在闸墩钢筋上，并做明显标记，供浇筑混凝土时找平用。

④浇筑混凝土时，预埋的测温管及覆盖保温所需的塑料薄膜、土工布等应提前准备好。

⑤管理人员、现场人员、后勤人员、保卫人员等做好排班，确保混凝土连续浇灌过程中，坚守岗位，各负其责。

（二）混凝土浇筑

1.浇筑方法

底板浇筑采用泵送混凝土浇筑方法。浇筑顺序沿长边方向，采用台阶分层浇筑方式由右岸向左岸方向推进，每层厚0.4m，台阶宽度为4.0m。

2.混凝土振捣

混凝土浇筑时，在每台泵车的出灰口处配置3台振捣器，因为混凝土的坍落度比较大，在1.2m厚的底板内可斜向流淌2m左右，1台振捣器主要负责下部斜坡流淌处振捣密实，另外1～2台振捣器主要负责顶部混凝土振捣，为防止混凝土集中堆积，先振捣出料口处混凝土，形成自然流淌坡度，然后全面振捣。振捣时严格控制振动器移动的距离、插入深度、振捣时间，避免各浇筑带交接处的漏振。

3.混凝土中泌水的处理

混凝土浇筑过程中，上部的泌水和浆水顺着混凝土坡脚流淌，最后集中在基底面，用软管污水泵及时排除，表面混凝土找平后采用真空吸水机工艺脱去混凝土成型后多余的泌水，从而降低混凝土的原始水灰比，提高混凝土强度、抗裂性、耐磨性。

4.混凝土表面的处理

由于采用泵送商品混凝土坍落度比较大，混凝土表面的水泥砂浆较厚，易产生细小裂缝。为了防止出现这种裂缝，在混凝土表面进行真空吸水后、初凝前，用圆盘式磨浆机磨平、压实，并用铝合金长尺刮平；在混凝土预沉后、混凝土终凝前采取二次抹面压实措施，即用叶片式磨光机磨光，人工辅助压光，这样既能很好地避免干缩裂缝，又能使混凝土表面平整光滑、表面强度提高。

5.混凝土养护

为防止浇筑好的混凝土内外温差过大，造成温度应力大于同期混凝土抗拉强度而产生裂缝，养护工作极其重要。混凝土浇筑完成及二次抹面压实后立即进行覆盖保温，先在混凝土表面覆盖一层塑料薄膜，再加盖一层土工布。新浇筑的混凝土水化速度比较快，盖上塑料薄膜和土工布后可保温保湿，防止混凝土表面因脱水而产生干缩裂缝。根据外界气温条件和混凝土内部温升测量结果，采取相应的保温覆盖和减少水分蒸发等相应的养护措施，并适当延长拆模时间，控制闸室底板内外温差不超过 25℃，保温养护时间不超过 14d。

6.混凝土测温

闸室底板混凝土浇筑时设专人配合预埋测温管。测温管采用Φ48×3.0钢管，预埋时测温管与钢筋绑扎牢固，以免位移或损坏。钢管内注满水，在钢管高、中、低三部位插入3根普通温度计，人工定期测出混凝土温度。混凝土测温时间，从混凝土浇筑完成后6h开始，安排专人每隔2h测1次，发现中心温度与表面温度超过允许温差时，及时报告技术部门和项目技术负责人，现场立即采取加强保温养护措施，从而减小温差，避免因温差过大产生的温度应力造成混凝土出现裂缝。随混凝土浇筑后时间延长，测温间隔也可延长，测温结束时间，以混凝土温度下降，内外温差在表面养护结束不超过15℃时为宜。

（三）管理措施

精心组织、精心施工，认真做好班前技术交底工作，确保作业人员明确工程的质量要求、工艺程序和施工方法，是保证工程质量的关键。

借鉴同类工程经验，并根据当地材料资源条件，在预先进行混凝土试配的基础上，优化配合比设计，确保混凝土的各项技术指标符合设计和规范规定的要求。

严格检查验收进场商品混凝土的质量，不合格商品混凝土料，坚决退场；同时严禁混凝土搅拌车在施工现场临时加水。

加强过程控制，合理分段、分层，确保浇筑混凝土的各层间不出现冷缝；混凝土振捣密实，无漏振，不过振；采用“二次振捣法”“二次抹光法”，以增加混凝土的密实性和减少混凝土表面裂缝的产生。

混凝土浇筑完成后，加强养护管理，结合现场测温结果，调整养护方法，确保混凝土的养护质量。

第五章

水利工程施工合同管理

第一节　水利工程施工合同管理概述

一、工程承包合同管理的概念

工程承包合同管理是指工程承包合同双方当事人在合同实施过程中自觉地、认真严格地遵守所签订合同的各项规定和要求，按照各自的权利、履行各自的义务、维护各自的权利，发扬协作精神，处理好“伙伴关系”，做好各项管理工作，使项目目标得到完整的体现。

虽然工程承包合同是业主和承包商双方的一个协议，包括若干合同文件，但合同管理的深层含义，应该引申到合同协议签订之前。从下面三个方面来理解合同管理，才能做好合同管理工作。

（一）做好合同签订前的各项准备工作

虽然合同尚未签订，但合同签订前各方的准备工作对做好合同管理至关重要。

业主一方的准备工作包括合同文件草案的准备、各项招标工作的准备，做好评标工作，特别是要做好合同签订前的谈判和合同文稿的最终定稿。

合同中既要体现出在商务上和技术上的要求，有严谨明确的项目实施程序，又要明确合同双方的义务和权利。对风险的管理要按照合理分担的精神体现到合同条件中去。

业主方的另一个重要准备工作是选择好监理工程师或业主代表、CM经理等，最好能提前选定监理单位，以使监理工程师能够参与合同的制定，包括谈判、签约等过程，依据他们的经验，提出合理化建议，使合同的各项规定更为完善。

承包商一方在合同签订前的准备工作主要是制定投标战略，做好市场调研，在买到招标文件之后，要认真细心地分析研究招标文件，以便比较好地理解业主方的招标要求。在此基础上，一方面可以对招标文件中不完善以及错误之处向业主方提出建议，另一方面必须做好风险分析，对招标文件中不合理的规定提出自己的建议，并力争在合同谈判中对这些规定进行适当的修改。

（二）加强合同实施阶段的合同管理

这一阶段是实现合同内容的重要阶段，也是一个相当长的时期。在这个阶段中合同管理的具体内容十分丰富，而合同管理的好坏直接影响合同双方的经济利益。

（三）提倡协作精神

合同实施过程中应该提倡项目中各方的协作精神，共同实现合同的既定目标。在合同条件中，合同双方的权利和义务有时表现为相互间存在矛盾、相互制约的关系，但实际上，实现合同标的必然是一个相互协作解决矛盾的过程，在这个过程中，工程师起着十分重要的协调作用。一个成功的项目，必定是业主、承包商以及工程师按照一种项目伙伴关系，以协作的团队精神来共同努力完成项目。

二、工程承包合同各方的合同管理

（一）业主对合同的管理

业主对合同的管理主要体现在施工合同的前期策划和合同签订后的监督方面。业主要为承包商的合同实施提供必要的条件；向工地派驻具备相应资质的代表，或者聘请监理单位及具备相应资质的人员负责监督承包商履行合同。

（二）承包商的合同管理

承包商的工程承包合同管理是最细致、最复杂，也是最困难的合同管理工作，主要以承包商作为论述对象。

在市场经济中，承包商的总体目标是通过工程承包获得盈利。这个目标必须通过两步来实现：

①通过投标竞争，战胜竞争对手，承接工程，并签订一个有利的合同。

②在合同规定的工期和预算成本范围内完成合同规定的工程施工和保修责任，全面地、正确地履行自己的合同义务，争取盈利。同时，通过双方圆满的合作，工程得以顺利实施，承包商赢得了信誉，为将来在新的项目上的合作和扩展业务奠定基础。

这要求承包商在合同生命期的每个阶段都必须有详细的计划和有力的控制，以减少失误、减少双方的争执、减少延误和不可预见费用支出。这一切必须通过合同管理来实现。

承包合同是承包商在工程中的最高行为准则。承包商在工程施工过程中的一切活动都是为了履行合同责任。所以，广义地说，承包工程项目的实施和管理全部工作都可以纳入合同管理的范围。合同管理贯穿工程实施的全过程和工程实施的各个方面，在市场经济环境中，施工企业管理和工程项目管理必须以合同管理为核心。这是提高管理水平和经济效益的关键。

但从管理的角度出发，合同管理仅被看作项目管理的一个职能，它主要包括项目管理中所有涉及合同的服务性工作。其目的是保证承包商全面地、正确地、有秩序地完成合同规定的责任和任务，它是承包工程项目管理的核心和灵魂。

（三）监理工程师的合同管理

业主和承包商是合同的双方，监理单位受业主雇用为其监理工程，进行合同管理，负责进行工程的进度控制、质量控制、投资控制以及做好协调工作。他是业主和承包商合同之外的第三方，是独立的法人单位。

监理工程师对合同的监督管理与承包商在实施工程时的管理方法和要求都不一样。承包商是工程的具体实施者，他需要制定详细的施工进度和施工方法，研究人力、机械的配合和调度，安排各个部位施工的先后次序以及按照合同要求进行质量管理，以保证高速、优质地完成工程。监理工程师一般不具体地安排施工和研究如何保证质量的具体措施，而是在宏观上控制施工进度，按承包商在开工时提交的施工进度计划以及月计划、周计划进行检查督促，对施工质量则是按照合同中的技术规范、图纸内的要求进行检查验收，监理工程师可以向承包商提出建议，但并不对如何保证质量负责，监理工程师提出的建议是否采纳，由承包商自己决定，因为他要对工程质量和进度负责。对于成本问题，承包商要精心研究如何去降低成本、提高利润率，而监理工程师主要是按照合同规定，特别是工程量表的规定，严格为业主把住支付这一关，并且杜绝承包商不合理的索赔要求。监理工程师的具体职责是在合同条件中规定的，如果业主要对监理工程师的某些职权作出限制，他应在合同专用条件中作出明确规定。

三、合同管理与企业管理的关系

对于企业来说，企业管理是以营利为目的的。而盈利来自所实施的各个项目，各个项目的利润来自每一个合同的履行过程，而在合同的履行过程中能否获利，又取决于合同管理的好坏。因此，合同管理是企业管理的一部分，并且其主线应围绕着合同管理，否则就会与企业的盈利目标不一致。

四、合同管理的任务和主要工作

工程施工过程是承包合同的实施过程。要使合同顺利实施，合同双方必须共同完成各自的合同责任。在这一阶段承包商的根本任务要由项目部来完成，即项目部要按合同圆满地施工。

有经验的承包商十分注重工程实施中的合同管理，通过合同实施管理不仅可以圆满地完成合同责任，而且可以挽回合同签订中的损失，改变自己的不利地位，通过索赔等手段增加工程利润。

（一）工程施工中合同管理的任务

项目经理和企业法定代表人签订“项目管理目标责任书”后，项目经理部合同管理机构的合同工程师、合同管理员，以及各工程小组负责人和分包商学习与分析合同，进行合同交底工作。项目经理部着手进行施工准备工作。现场的施工准备一经开始，合同管理的工作重点就转移到了施工现场，直到工程全部结束。

在工程施工阶段，合同管理的基本目标是，全面地完成合同责任，按合同规定的工期、质量、价格要求完成工程。在整个工程施工过程中，合同管理的主要任务如下：

①签订好分包合同、各类物资的供应合同及劳务分包合同，保证项目顺利实施。

②给项目经理和项目管理职能人员、各工程小组、所属的分包商在合同关系上以帮助，进行工作上的指导，要经常性地解释合同，对来往信件、会谈纪要等进行合同法律审查。

③对工程实施进行有力的合同控制，保证项目部正确履行合同，保证整个工程按合同、按计划、有步骤、有秩序地施工，防止工程中的失控现象。

④及时预见和防止合同问题，以及由此引起的各种责任，防止合同争执和避免合同争执造成的损失。对因干扰事件造成的损失进行索赔，同时又应使承包商免于对干扰事件和合同争执责任，处于不能被索赔的地位。

⑤向各级管理人员和业主提供工程合同实施的情况报告，提供用于决策的资料、建议和意见。

在施工阶段，需要进行管理的合同包括工程承包合同、施工分包合同、物资采购合同、租赁合同、保险合同、技术合同和货物运输合同等。因此，合同管理的内容比较广泛，但重点应放在承包商与业主签订的工程承包合同，它是合同管理的核心。

（二）合同管理的主要工作

合同管理人员在这一阶段的主要工作如下：

①建立合同实施的保障体系，以保证合同实施过程中的一切日常事务性工作有秩序地进行，使工程项目的全部合同事件处于控制中，保证合同目标的实现。

②监督工程小组和分包商按合同施工，并做好各分包合同的协调和管理工作。以积极合作的态度完成自己的合同责任，努力做好自我监督。

同时也应督促和协助业主与工程师完成他们的合同责任，以保证工程顺利进行。许多工程实践证明，合同所规定的权利，只有靠自己努力争取才能保证其行使权利，防止被侵犯。如果承包商自己放弃这个努力，虽然合同有规定，但也不能避免损失。承包商合同权益受到侵犯，按合同规定业主应该赔偿，但如果承包商不提出要求，则承包商权利得不到保护，索赔无效。

③对合同实施情况进行跟踪；收集合同实施的信息，收集各种工程资料，并做出相应的信息处理；将合同实施情况与合同分析资料进行对比分析，找出其中的偏离，对合同履行情况做出诊断；向项目经理提出合同实施方面的意见、建议，甚至警告。

④进行合同变更管理。这里主要包括参与变更谈判，对合同变更进行事务性处理，落实变更措施，修改变更相关的资料，检查变更措施的落实情况。

⑤日常的索赔和反索赔。这里包括两个方面：与业主之间的索赔和反索赔；与分包商及其他方面之间的索赔和反索赔。

在工程实施中，承包商与业主、总（分）包商、材料供应商、银行等之间都可能有索赔或反索赔。合同管理人员承担着主要的索赔或反索赔任务，负责日常的索赔或反索赔处理事务。主要有：

①对收到对方的索赔报告进行审查分析，收集反驳理由和证据，复核索赔值，起草并提出反索赔报告。

②对由于干扰事件引起的损失，向业主或分包商等提出索赔要求；收集索赔证据和理由，分析干扰事件的影响，计算索赔值，起草并提出索赔报告。

③参加索赔谈判，对索赔或反索赔中涉及的问题进行处理。

索赔和反索赔是合同管理人员的主要任务之一,所以,他们必须精通索赔和反索赔业务。

第二节　水利工程承包企业合同管理

一、工程承包企业合同管理的层次与内容

施工项目管理的含义：企业运用系统的观点、理论和科学技术对施工项目进行的计划、协调、组织、监督、控制等全过程管理。企业在进行施工项目管理时，应实行项目经理责任制。项目经理责任制确立了企业的层次及其相互关系。企业分为企业管理层、项目管理层和劳务作业层。企业管理层首先应制定和健全施工项目管理制度，规范项目管理；其次应加强计划管理，保证资源的合理分布和有序流动，并为项目生产要素的优化配置和动态管理服务；最后应对项目管理层的工作进行全过程的指导、监督和检查。项目管理层对资源优化配置和动态管理，执行和服从企业管理层对项目管理工作的监督、检查和宏观调控。企业管理层与劳务作业层应签订劳务分包合同。项目管理层与劳务作业层应建立共同履行劳务分包合同的关系。

因此，承包企业的合同管理和实施模式，一般分为公司和项目经理部两级管理方式，要重点突出具体施工工程的项目经理部的管理作用。

（一）工程承包企业层次的合同管理

承包公司为获取盈利，促使企业不断发展，其合同管理的重点工作是了解各地工程信

息，组织参加各工程项目的投标工作。对于中标的工程项目，做好合同谈判工作，合同签订后，在合同的实施阶段，承包商的中心任务就是按照合同的要求，认真负责地、保质保量地按规定的工期完成工程并负责维修。

因此，在合同签订后承包商的首要任务是选定工程的项目经理，负责组织工程项目的经理部及所需人员的调配、管理工作，协调正在实施工程的各项目之间的人力、物力、财力的安排和使用，以及重点工程材料和机械设备的采购供应工作。进行合同的履行分析，向项目经理与项目管理小组和其他成员、承包商的各工程小组、所属的分包商进行合同交底，给予在合同关系上的帮助和进行工作上的指导，要经常性地解释合同，对来往信件、会谈纪要等进行合同法律审查；对合同实施进行有力的合同控制，保证承包商正确履行合同，保证整个工程按合同、按计划、有步骤、有秩序地施工，防止工程中的失控现象，以获得盈利，实现企业的经营目标。另外，还有工程中的重大问题与业主的协商解决等。

（二）工程承包企业项目层次的合同管理

项目经理部是工程承包公司派往工地现场实施工程的一个专门组织和权力机构，负责施工现场的全面工作。由他们全面负责工程施工过程中的合同管理工作，以成本控制为中心，防止合同争执和避免合同争执造成的损失，对因干扰事件造成的损失进行索赔，同时应使承包商免于干扰事件和合同争执的责任，而处于不能被索赔的地位；向各级管理人员和向业主提供工程合同实施的情况报告，提供用于决策的资料、建议和意见。承包公司应合理地建立施工现场的组织机构并授予相应的职权，明确各部门的任务，使项目经理部的全体成员齐心协力地实现项目的总目标并为公司获得可观的工程利润。

二、工程承包合同管理的一般特点

（一）承包合同管理期限长

由于工程承包活动是一个渐进的过程，工程施工工期长，这使得承包合同生命期长。它不仅包括施工期，而且包括招标投标和合同谈判以及保修期，所以一般至少两年，长的可达五年或更长的时间。合同管理必须在从领取标书直到合同完成并失效这么长的时间内连续地、不间断地进行。

（二）合同管理的效益性

由于工程价值量大、合同价格高，使合同管理的经济效益显著。合同管理对工程经济效益影响很大。合同管理得好，可使承包商避免亏本，赢得利润；否则，承包商要蒙受较大的经济损失。这已被许多工程实践所证明。

（三）合同管理的动态性

由于工程过程中内外的干扰事件多，合同变更频繁，常常一个稍大的工程，合同实施中的变更能有几百项。合同实施必须按变化了的情况不断地调整，因此在合同实施过程中，合同控制和合同变更管理显得极为重要，这要求合同管理必须是动态的。

（四）合同管理的复杂性

合同管理工作极为复杂、烦琐，是高度准确和精细的管理。其原因是：

①现代工程体积庞大、结构复杂，技术标准、质量标准高，要求相应的合同实施的技术水平和管理水平高。

②现代工程合同条件越来越复杂，这不仅表现在合同条款多，所属的合同文件多，而且与主合同相关的其他合同多。在工程承包合同范围内可能有许多分包、供应、劳务、租赁、保险等合同，它们之间存在极为复杂的关系，形成一个严密的合同网络。

③工程的参加单位和协作单位多，即使一个简单的工程也涉及业主、总包商、分包商、材料供应商、设备供应商、设计单位、监理单位、运输单位、保险公司、银行等十几家甚至几十家单位。各方面责任界限的划分，在时间和空间上的衔接和协调极为重要，同时又极为复杂和困难。

④合同实施过程复杂，从购买标书到合同结束必须经历许多过程。签约前要完成许多手续和工作；签约后进行工程实施，还有许多次落实任务、检查工作、会办、验收。若想完整地履行一个承包合同，就必须完成几百个甚至几千个相关的合同事件，从局部完成到全部完成。在整个过程中，稍有疏忽就会导致前功尽弃，造成经济损失，所以必须保证合同在工程的全过程和每一个环节上都顺利实施。

⑤在工程施工过程中，合同相关文件，各种工程资料多如牛毛。在合同管理中必须取得、处理、使用、保存这些文件和资料。

（五）合同管理的风险性

一是由于工程实施时间长、涉及面广，受经济条件、社会条件、法律和自然条件的变化等外界环境的影响大。这些因素承包商难以预测，不能控制，但会妨碍合同的正常实施，造成经济损失。

二是合同本身常常隐藏着许多难以预测的风险。由于建筑市场竞争激烈，不仅导致报价降低，而且业主常常提出一些苛刻的合同条款，如单方面约束性条款和责权利不平衡条款，甚至有的发包商包藏祸心，在合同中用不正当手段坑人。承包商对此必须有高度的重视，并要有对策，否则必然导致工程失败。

（六）合同管理的特殊性

合同管理作为工程项目管理的一项管理职能，有它自己的职责和任务，但又有其特殊性：

①由于合同管理对项目的进度控制、质量管理、成本管理有总控制和总协调作用，所以它又是综合性的、全面的、高层次的管理工作。

②合同管理要处理与业主和其他方面的经济关系，所以它又必须服从企业经营管理，服从企业战略，特别在投标报价、合同谈判、合同执行战略的制定和处理索赔问题时，更要注意这个问题。

三、合同管理组织机构的设置

合同管理的任务必须由一定的组织机构和人员来完成。要提高合同管理水平，就必须使合同管理工作专门化和专业化，在承包企业和工程项目组织中设立专门的机构和人员负责合同管理工作。

对不同的企业组织和工程项目组织形式，合同管理组织的形式不一样，通常有以下几种情况。

（一）工程承包企业设置合同管理部门

由合同管理部门专门负责企业所有工程合同的总体管理工作。主要包括：

①收集市场和工程信息。

②参与投标报价，对招标、合同草案进行审查和分析。

③对工程合同进行总体策划。

④参与合同谈判与合同的签订。

⑤向工程项目派遣合同管理人员。

⑥对工程项目的合同履行情况进行汇总、分析，对工程项目的进度、成本和质量进行总体计划和控制。

⑦协调各个项目的合同实施。

⑧处理与业主和其他方面重大的合同关系。

⑨具体地组织重大索赔工作。

⑩对合同实施进行总的指导、分析和诊断。

（二）设立专门的项目合同管理小组

对于大型的工程项目，要设立项目的合同管理小组，专门负责与该项目有关的合同管理工作。在一些公司的项目管理组织结构中，还要将合同管理小组纳入施工组织系统。在工程项目组织中设立合同部，设有合同经理、合同工程师和合同管理员。

（三）设合同管理员

对于一般的项目，较小的工程，可设合同管理员。他在项目经理领导下进行施工现场的合同管理工作。而对处于分包地位，且承担的工作量不大、工程不复杂的承包商，工地上可不设专门的合同管理人员，而将合同管理的任务分解下达给其他职能人员，由项目经理做总的协调工作。

（四）聘请合同管理专家

对一些特大型的，合同关系复杂、风险大、争执多的项目，在国际工程中，有些承包商聘请合同管理专家或将整个工程的合同管理工作委托给咨询公司或管理公司。这样会大大提高工程合同管理水平和工程经济效益，但花费也比较高。

第三节　水利工程项目层次的合同管理

一、合同实施控制

由于现代工程的特点，使得合同实施管理极为困难和复杂，日常的事务性工作极多。为了使工作有秩序、有计划地进行，保证正确地履行合同，就必须建立工程承包合同实施的保证体系，对工程项目的实施进行严格的合同控制。

（一）建立合同实施的保证体系

1.落实合同责任，实行目标管理

合同和合同分析的资料是工程实施管理的依据。合同组人员的职责是根据合同分析的结果，把合同责任具体地落实到各责任人和合同实施的具体工作上。

组织项目管理人员和各工程小组负责人学习合同条文和合同总体分析结果，对合同的主要内容作出解释和说明，使大家熟悉合同中的主要内容、各种规定、管理程序，了解承包商的合同责任和工程范围、各种行为的法律后果等。要使大家树立全局观念，避免在执行中的违约行为，同时还要使大家的工作协调一致。

将各种合同事件的责任分解落实到各工程小组或分包商。分解落实如下合同和合同分析文件：合同事件表，施工图纸，设备安装图纸，详细的施工说明等。

同时对这些活动实施的技术和法律的问题进行解释和说明，最重要的是如下几方面内容：工程的质量、技术要求和实施中的注意点，工期要求，消耗标准，相关事件之间的搭接关系，各工程小组责任界限的划分，完不成责任的影响和法律后果等。

在合同实施过程中，要定期进行检查、监督，解释合同内容。

通过其他经济手段保证合同责任的完成。

对分包商，主要通过分包合同确定双方的责权利关系，以保证分包商能及时地按质按量地完成合同责任。如果出现分包商违约或者完不成合同，可对他进行合同处罚和索赔。

对承包商的工程小组可通过内部的经济责任制来保证。落实工期、质量、消耗等目标后，应将它们与工程小组经济利益挂钩，可建立一整套经济奖罚制度，以保证目标的实现。

2.建立合同管理工作制度和程序

在工程实施过程中，合同管理的日常事务性工作很多。为了协调好各方面的工作，使合同实施工作程序化、规范化，应订立以下几个方面的工作程序。

（1）建立协商会办制度

业主、工程师和各承包商之间，项目经理部和分包商之间以及项目经理部的项目管理职能人员和各工程小组负责人之间都应有定期的协商会办。通过会办可以解决以下问题：

①检查合同实施进度和各种计划落实情况。

②协调各方面的工作，对后期工作做安排。

③讨论和解决目前已经发生的和以后可能发生的各种问题，并做出相应的决议。

④讨论合同变更问题，作出合同变更决议，落实变更措施，决定合同变更的工期和费用的补偿数量等。

对于承包商与业主、总包和分包之间会谈中的重大议题和决议，应用会谈纪要的形式确定下来。各方签署的会谈纪要，作为有约束力的合同变更，是合同的一部分。合同管理人员负责会议资料的准备，提出会议的议题，起草各种文件，提出对问题解决的意见或建议，组织会议；会后起草会谈纪要，对会谈纪要进行合同法律方面的检查。

对工程中出现的特殊问题可不定期地召开特别会议讨论解决方法。这样可以保证合同实施一直得到很好的协调和控制。

（2）建立合同管理的工作程序

对于一些经常性工作应订立工作程序，如各级别文件的审批、签字制度，使大家有章可循，合同管理人员也不必进行经常性的解释和指导。

具体的有图纸批准程序，工程变更程序，分包商的索赔程序，分包商的账单审查程序，材料、设备、隐蔽工程、已完工程的检查验收程序，工程进度付款账单的审查批准程序，工程问题的请示报告程序等。

3.建立文档管理系统，实现各种文件资料的标准化管理

合同管理人员负责各种合同资料和工程资料的收集、整理和保存工作。这项工作非常烦琐和复杂，要花费大量的时间和精力。工程的原始资料在合同实施过程中产生，它必须由各职能人员、工程小组负责人、分包商提供。这个责任应明确地落实下去。

①各种数据、资料的标准化，规定各种文件、报表、单据等的格式和规定的数据结构要求。

②将原始资料收集整理的责任落实到个人，由他对资料的及时性、准确性、全面性负责。分包商应提供分包工程进度表、质量报告、分包工程款进度表等。

③规定各种资料的提供时间。

④确定各种资料、数据的准确性要求。

⑤建立工程资料的索引系统，便于查询。

4.建立严格的质量检查验收制度

合同管理人员应主动地抓好工程和工作质量，协助做好全面质量管理工作，建立一整套质量检查和验收制度。防止由于自己的工程质量问题造成被工程师检查验收不合格，使生产失败而承担违约责任。在工程中，由此引起的返工、窝工损失，工期的拖延应由承包商自己负责，得不到赔偿。

5.建立报告和行文制度

建立报告和行文制度可使合同文件和双方往来函件的内部、外部运行程序化。

承包商和业主、监理工程师、分包商之间的沟通应以书面形式进行，或以书面形式作为最终依据。这是合同的要求，也是经济法律的要求，还是工程管理的需要。在实际工作中这特别容易被忽略。报告和行文制度包括以下几方面内容：

①定期对工程实施情况报告。应规定报告内容、格式、报告方式、时间以及负责人。

②工程过程中发生的特殊情况及其处理的书面文件，应有书面记录，并由监理工程师签署。对在工程中合同双方的任何协商、意见、请示、指示等都应落实在纸上。相信“一字千金”，切不可相信“一诺千金”。在工程中，业主、承包商和工程师之间要经常保持联系，出现问题应经常向工程师请示、汇报。

③工程中所有涉及双方的工程活动，包括材料、设备、各种工程的检查验收，场地、图纸的交接，各种文件的交接，都应有相应的手续，签收证据。

6.建立实施过程的动态控制系统

工程实施过程中，合同管理人员要进行跟踪、检查监督，收集合同实施的各种信息和

资料，并进行整理和分析，将实际情况与合同计划资料进行对比分析。当出现偏差时，分析产生偏差的原因，提出纠偏建议。分析结果及时呈报项目经理审阅和决策。

（二）实施合同实施控制

1.工程目标控制

合同确定的目标必须通过具体的工程实施实现。由于在工程施工中各种干扰的作用，常常使工程实施过程偏离总目标。控制就是为了保证工程实施按预定的计划进行，顺利地实现预定的目标。

（1）工程中的目标控制程序

①工程实施监督。目标控制，首先应表现在对工程活动的监督上，即保证按照预先确定的各种计划、设计、施工方案实施工程。工程实施状况反映在原始的工程资料上。工程实施监督是工程管理的日常事务性工作。

②跟踪检查、分析、对比，发现问题。将收集到的工程资料和实际数据进行整理，得到能反映工程实施状况的各种信息，如各种质量报告、各种实际进度报表、各种成本和费用收支报表。将这些信息与工程目标，如合同文件、合同分析的资料、各种计划、设计等进行对比分析。这样可以发现两者的差异。差异的大小，即为工程实施偏离目标的程度。如果没有差异，或差异较小，则可以按原计划继续实施工程。

③诊断，即分析差异的原因，采取调整措施。差异表示工程实施偏离了工程目标，必须详细分析差异产生的原因，并对症下药；采取措施进行调整，否则这种差异会逐渐积累，越来越大，最终导致工程实施远离目标，使承包商或合同双方受到很大的损失，甚至可能导致工程的失败。因此，在工程实施过程中要不断地进行调整，使工程实施一直围绕合同目标进行。

（2）工程实施控制的主要内容

工程实施控制包括成本控制、质量控制、进度控制、合同控制等内容。

成本控制是指保证按计划成本完成工程，防止成本超支和费用增加计划成本（各分项工程、分部工程、总工程计划成本），人力、材料、资金计划，计划成本曲线等。

质量控制是指保证按合同规定的质量完成工程，使工程顺利通过验收，交付使用，达到预定的功能（合同规定的质量标准工程说明、规范、图纸等）。

进度控制是指按预定进度计划进行施工，按期交付工程，防止因工程拖延受到罚款（合同规定的工期、合同规定的总工期计划，业主批准的详细的施工进度计划、网络图、横道图等）。

合同控制是指按合同规定全面完成承包商的义务，防止违约（合同规定的各项义务合同范围内的各种文件，合同分析资料）。

（3）合同控制

在上述的控制内容中，合同控制有它的特殊性。因为承包商在任何情况下都要完成合同责任；成本、质量和进度是合同中规定的。三个目标，而且承包商的根本任务就是圆满地完成他的合同责任，所以合同控制是其他控制的保证。由于合同实施受到外界干扰，常常偏离目标，要不断地进行调整，且合同目标本身不断地变化。因此，合同控制必须是动态的，合同实施必须随变化了的情况和目标不断调整。

项目层次的合同控制不仅针对工程承包合同，而且包括与主合同相关的其他合同，而且包括主合同与各分合同、各分合同之间的协调控制。

2.实施有效的合同监督

合同责任是通过具体的合同实施工作来完成的。合同监督可以保证合同实施按合同和合同分析的结果进行。合同监督的主要工作有：

（1）现场监督各工程小组、分包商的工作

合同管理人员与项目的其他职能人员一起检查合同实施计划的落实情况，认真检查核对，发现问题及时采取措施。对各工程小组和分包商进行工作指导，做经常性的合同解释，使各工程小组都有全局观念，要对工程中发现的问题提出意见、建议或警告。

（2）对业主、监理工程师进行合同监督

在工程施工过程中，业主、监理工程师常常变更合同内容，包括本应由其提供的条件未及时提供，本应及时参与的检查验收工作未及时参与；有时还会提出合同内容以外的要求。对这些问题，合同管理人员应及时发现、及时解决或提出补偿要求。此外，承包方与业主或监理工程师还会就合同中一些未明确划分责任的工程活动发生争执，对此，合同管理人员要协助项目部及时进行判定和调解工作。

（3）对其他合同方的合同监督

在工程施工过程中，不仅要与业主打交道，还要在材料、设备的供应，运输，供用水、电、气，租赁、保管、筹集资金等方面，与众多企业或单位发生合同关系，这些关系在很大程度上影响施工合同的履行，因此合同管理部门和人员对这类合同的监督也不能忽视。

工程活动之间时间上和空间上的不协调。合同责任界面争执是工程实施中很常见的，常常出现互相推卸一些合同中或合同事件表中未明确划定的工程活动的责任。这会引起内部和外部的争执，对此，合同管理人员必须做判定和调解工作。

（4）会同监理工程师对工程及所用材料和设备质量进行检查监督

按合同要求，对工程所用材料和设备进行开箱检查或验收，检查是否符合质量、符合图纸和技术规范等的要求。进行隐蔽工程和已完工程的检查验收，负责验收文件的起草和验收的组织工作。

（5）对工程款申报表进行检查监督

会同造价工程师对向业主提出的工程款申报表和分包商提交来的工程款申报表进行审查和确认。

（6）处理工程变更事宜

由于在工程实施中的许多文件也是合同的一部分，所以它们也应完备，没有缺陷、错误、矛盾和二义性。它们还应接受合同审查。在实际工程中这方面问题也特别多。承包商采取了加速措施，但由于气候、业主其他方面的干扰，承包商问题等总工期未能提前。由于在加速协议中未能详细分清双方责任，特别是业主的合作责任；没有承包商权益保护条款；没有赶工费的支付时间的规定，结果承包商未能获得工期奖。

3.进行合同跟踪

（1）合同跟踪的作用

在工程实施过程中，由于实际情况千变万化，导致合同实施与预定目标的偏离如果不采取措施，这种偏差常常由小到大，逐渐积累。合同跟踪可以不断地找出偏离，不断地调整合同实施，使之与总目标一致。这是合同控制的主要手段。合同跟踪的作用如下：

①通过合同实施情况分析，找出偏离，以便及时采取措施，调整合同实施过程，实现合同总目标。

②在整个工程过程中，要使项目管理人员一直清楚地了解合同实施情况，对合同实施现状、趋向和结果有一个清醒的认识，这是非常重要的。有些管理混乱、管理水平低的工程常常到工程结束才发现实际损失，这时已无法挽回。

（2）合同跟踪的依据

①合同和合同分析的成果，各种计划、方案、合同变更文件等。

②各种实际的工程文件。

③工程管理人员每天对现场情况的直观了解，这是最直观的感性知识，通常可比通过报表、报告更快地发现问题，更能透彻地了解问题，有助于迅速采取措施，减少损失。这就要求合同管理人员在工程过程中一直立足于现场。

（3）合同跟踪的对象

①对具体的合同活动或事件进行跟踪。对具体的合同活动或事件进行跟踪是一项非常细致的工作，对照合同事件表的具体内容，分析该事件的实际完成情况：一般包括完成工作的数量、完成工作的质量、完成工作的时间，以及完成工作的费用等情况，这样可以检查每个合同活动或合同事件的执行情况。对一些有异常情况的特殊事件，即实际与计划存在较大偏差的事件，应做进一步的分析，找出偏差的原因和责任。这样也可以发现索赔机会。

②对工程小组或分包商的工程和工作进行跟踪。一个工程小组或分包商可能承担许多专业相同、工艺相近的分项工程或许多合同事件，必须对它们实施的总情况进行检查分析。在实际工程中常常因为某一工程小组或分包商的工作质量不高或进度拖延而影响整个工程施工。合同管理人员在这方面应给他们提供帮助。作为分包合同的发包商，总包商必须对分包合同的实施进行有效的控制。这是总包商合同管理的重要任务之一。分包合同控制的目的是严格控制分包商的工作，严格监督他们按分包合同完成工程责任。分包合同是总承包合同的一部分，分包商的工作对工程总承包工作的完成影响很大。如果分包商完不成他的合同责任，则总包商就不能顺利完成总包合同责任。为与分包商之间的索赔和反索赔做准备。总包商和分包商之间利益是不一致的，双方之间常常有尖锐的利益争执。在合同实施中，双方都在进行合同管理，都在寻求向对方索赔的机会。合同跟踪可以在发现问题时及时提出索赔或反索赔。对分包商的工程和工作，总承包商负有协调和管理的责任，并承担由此造成的损失，所以分包商的工程和工作必须纳入总承包工程的计划和控制中，防止因分包商工程管理失误而影响全局。

③对业主和工程师的工作进行跟踪。业主和工程师是承包商的主要合同伙伴，对他们的工作进行监督和跟踪是十分重要的。业主和工程师必须正确地、及时地履行合同责任，及时提供各种工程实施条件。在工程中承包商应积极主动地做好工作，对工作事先通知。这样不仅能让业主和工程师及早准备，建立良好的合作关系，还能保证工程顺利实施及时收集各种工程资料，有问题及时与工程师沟通。

④对总工程进行跟踪。在工程施工中，对这个工程项目的跟踪也非常重要。一些工程常常会出现工程整体施工秩序问题；已完工程未能通过验收，出现大的工程质量问题。施工进度未能达到预定计划，主要的工程活动出现拖期，在工程周报和月报上计划与实际进度出现大的偏差，计划和实际的成本曲线出现大的偏离问题。这就要求合同管理人员明白合同的跟踪不是一时一事，而是一项长期的工作，贯穿整个施工过程。在工程管理中，可以采用累计成本曲线对合同的实施进行跟踪分析。

4.进行合同诊断

在合同跟踪的基础上可以进行合同诊断。合同诊断是对合同执行情况的评价、判断和趋向分析、预测。不论是对正在进行的，还是对将要进行的工程施工，都有重要的影响。合同评价可以对实际工程资料进行分析、整理，或通过对现场的直接了解，获得反映工程实施状况的信息，分析工程实施状况与合同文件的差异及其原因、影响因素、责任等；确定各个影响因素由谁及如何引起，按合同规定，责任应由谁承担及承担多少；提出解决这些差异和问题的措施、方法。

（1）合同执行差异的原因分析

合同管理人员通过对不同监督和跟踪对象的计划和实际的对比分析，不仅可以得到合同执行的差异，而且可以探索引起这个差异的原因。

进一步分析，还可以发现更具体的原因，引起工作效率低下的原因可能有以下两点。

①内部干扰：施工组织不周，夜间加班或人员调遣频繁；机械效率低，操作人员不熟悉新技术，违反操作规程，缺少培训；经济责任不落实，工人劳动积极性不高等。

②外部干扰：图纸出错，设计修改频繁，气候条件差，场地狭窄，现场混乱，施工条件差。

进一步可以分析各个原因的影响量大小。

（2）合同差异责任分析

合同分析的目的是明确责任。即这些原因由谁引起，该由谁承担责任，这常常是索赔的理由。一般只要原因分析详细，有理有据，则责任分析自然清楚。责任分析必须以合同为依据，按合同规定落实双方的责任。

（3）合同实施趋向预测

对于合同实施中出现的偏差，分别考虑是否采取调控措施，以及采取不同的调控措施情况下，合同的最终执行后果，并以此指导后续的合同管理。最终的工程状况，包括总工期的延误、总成本的超支、质量标准、所能达到的生产能力等；承包商将承担什么样的结果；最终工程经济效益水平。综合上述各方面，即可对合同执行情况作出综合评价和判断。

5.合同实施后评估

由于合同管理工作比较偏重于经验，只有不断总结经验，才能不断提高管理水平，也才能通过工程不断培养出高水平的合同管理者，因此，在合同执行后必须进行合同后评价，将合同签订和执行过程中的利弊得失、经验教训总结出来，作为以后工程合同管理的借鉴，这项工作十分重要。

合同实施后评价包括以下内容：

（1）合同签订情况评价

①预定的合同战略和策略是否正确，是否已经顺利实现。

②招标文件分析和合同风险分析的准确程度。

③该合同环境调查、实施方案、工程预算以及报价方面的问题及经验教训。

④合同谈判的问题及经验教训，以后签订同类合同的注意点。

⑤各个相关合同之间的协调问题等。

（2）合同执行情况评价

①本合同执行战略是否正确，是否符合实际，是否达到预想的结果。

②在本合同执行中出现了哪些特殊情况，事先可以采取什么措施防止、避免或减少损失。

③合同风险控制的利弊得失。

④各个相关合同在执行中协调的问题等。

（3）合同管理工作评价

这是对合同管理本身，包括：

①合同管理工作对工程项目的总目标的贡献或影响。

②合同分析的准确程度。

③在招标投标和工程实施中，合同管理子系统与其他职能的协调问题，需要改进的地方。

④索赔处理和纠纷处理的经验教训等。

（4）合同条款分析

①本合同具体条款的表达和执行利弊得失，特别对本工程有重大影响的合同条款及其表达。

②本合同签订和执行过程中所遇到的特殊问题的分析结果。

③对具体的合同条款如何表达更为有利等。

合同条款的分析可以按合同结构分析中的子目进行，并将其分析结果存入计算机，供以后签订合同时参考。

二、合同变更管理

任何工程项目在实施过程中由于受到各种外界因素的干扰，都会发生程度不同的变更，它无法事先作出具体的预测，在开工后又无法避免。而由于合同变更涉及工程价款的变更及时间的补偿等，这直接关系项目效益。因此，变更管理在合同管理中就显得相当重要。

变更是指当事人在原合同的基础上对合同中的有关内容进行修改和补充，包括工程实施内容的变更和合同文件的变更。

（一）合同变更的原因

合同内容频繁地变更是工程合同的特点之一。对一个较为复杂的工程合同来说，实施中的变更事件可能有几百项，合同变更产生的原因通常有以下几个方面。

1.工程范围发生变化

①业主新的指令，对建筑新的要求，要求增加或删减某些项目、改变质量标准，项目用途发生变化。

②政府部门对工程项目有新的要求。

2.设计原因

由于设计考虑不周，不能满足业主的需要或工程施工的需要，或设计错误等，必须对设计图纸进行修改。

3.施工条件变化

在施工中遇到的实际现场条件同招标文件中的描述有本质的差异，或发生不可抗力等，即预定的工程条件不准确。

4.合同实施过程中出现的问题

合同实施过程中出现的问题主要包括业主未及时交付设计图纸及未按规定交付现场、水、电、道路等；由于产生新的技术和知识，有必要改变原实施方案以及业主或监理工程师的指令，改变原合同规定的施工顺序、打乱施工部署等。

（二）工程变更对合同实施的影响

由于发生上述这些情况，造成原“合同状态”的变化，必须对原合同规定的内容做相应的调整。

合同变更实质上是对合同的修改，是双方新的要约和承诺。这种修改通常不能免除或改变承包商的工程责任，但对合同实施影响很大，主要表现在以下几个方面：

①定义工程目标和工程实施情况的各种文件，都应做相应的修改和变更。当然，相关的其他计划也应做相应调整。所以，它不仅会引起与承包合同平行的其他合同的变化，而且会引起所属的各个分合同。有些重大的变更也会打乱整个施工部署。

②引起合同双方、承包商的各工程小组之间、总包商和分包商之间合同责任的变化。如工程量增加，则增加了承包商的工程责任，增加了费用开支和延长了工期，对此，按合同规定应有相应的补偿，这也极容易引起合同争执。

③有些工程变更还会引起已完工程的返工，现场工程施工的停滞，施工秩序打乱，已购材料的损失等，对此也应有相应的补偿。

（三）工程变更方式和程序

1.工程变更方式

工程的任何变更都必须获得监理工程师的批准，监理工程师有权要求承包商进行其认为是适当的任何变更工作，承包商必须执行工程师为此发出的书面变更指示。如果监理工程师出于某种原因必须以口头形式发出变更指示，承包商应遵守该指示，并在合同规定的期限内要求监理工程师书面确认其口头指示；否则，承包商可能得不到变更工作的支付。

2.工程变更程序

工程变更应有一个正规的程序，应有一整套申请、审查、批准手续。

（1）提出工程变更要求

监理工程师、业主和承包商均可提出工程变更请求。

①监理工程师提出工程变更。在施工过程中，由于设计中的不足，或错误，或施工时环境发生变化，监理工程师以节约工程成本、加快工程进度和保证工程质量为原则，提出工程变更。

②承包商提出工程变更。承包商可在两种情况下提出工程变更，一是工程施工中遇到不能预见的地质条件或地下障碍；二是承包商考虑为便于施工、降低工程费用、缩短工期的目的提出工程变更。

③业主提出工程变更。业主提出工程的变更则常常是为了满足使用上的要求。也要说明变更原因，提交设计图纸和有关计算书。

（2）监理工程师的审查和批准

对工程的任何变更，无论是哪一方提出的，监理工程师都必须与项目业主进行充分的协商，最后由监理工程师发出书面变更指示。项目业主可以委任监理工程师一定的批准工程变更的权限，在此权限内，监理工程师可自主批准工程变更，超出此权限则由业主批准。

（3）编制工程变更文件，发布工程变更指示

一项工程变更应包括以下文件：

①工程变更指令。主要说明工程变更的原因及详细的变更内容，应说明根据合同的哪一条款发出变更指示；变更工作是马上实施，还是在确定变更工作的费用后实施；承包商发出要求增加变更工作费用和延长工期的通知的时间限制；变更工作的内容等。

②工程变更指令的附件。包括工程变更设计图纸、工程量表和其他与工程变更有关的文件等。

（4）承包商项目部的合同管理负责人员向监理工程师发出合同款调整和/或工期延长的意向通知

①由承包商将变更工作所涉及的合同款变化量或变更费率或价格及工期变化量的意图通知监理工程师。承包商在收到监理工程师签发的变更指示时，应在指示规定的时间内，向监理工程师发出该通知，否则承包商将被认为自动放弃调整合同价款和延长工期的权利。

②由监理工程师将其改变费率或价格的意图通知承包商。工程师改变费率或价格的意图，可在签发的变更指示中进行说明，也可单独向承包商发出此意向通知。

（5）工程变更价款和工期延长量的确定

工程变更价款的确定原则如下：

①如监理工程师认为，适当应以合同中规定的费率和价格进行计算。

②如合同中未包括适用于该变更工作的费率和价格，则应在合理的范围内使用合同中的费率和价格作为估价的基础。

③如监理工程师认为合同中没有适用于该变更工作的费率和价格，则工程师在与业主和承包商进行适当的协商后，由监理工程师和承包商议定合适的费率和价格。

④如未能达成一致意见，则监理工程师应确定他认为适当的此类另外的费率和价格，并相应地通知承包商，同时将一份副本呈交业主。

上述费率和价格在同意或决定之前，工程师应确定暂行费率和价格以便有可能作为暂付款，包含在当月发出的证书中。

工期补偿量依据变更工程量和由此造成的返工、停工、窝工、修改计划等引起的损失情况由双方洽商来确定。

（6）变更工作的费用支付及工期补偿

如果承包商已按工程师的指示实施变更工作，工程师应将已完成的变更工作或一部分完成的变更工作的费用加入合同总价中，同时列入当月的支付证书中支付给承包商。将同意延长的工期加入合同工期。

（四）工程变更的管理

对业主的口头变更指令，承包商也必须遵照执行，但应在规定的时间内书面向监理工程师索取书面确认。而如果监理工程师在规定的时间内未予以书面否决，则承包商的书面要求信即可作为监理工程师对该工程变更的书面指令。监理工程师的书面变更指令是支付变更工程款的先决条件之一。

工程变更不能超过合同规定的工程范围。如果超出这个范围，承包商有权不执行变更或坚持先商定价格后再进行变更。

注意变更程序上的矛盾性。合同通常都规定，承包商必须无条件执行变更指令，所以应特别注意工程变更的实施、价格谈判和业主批准三者之间在时间上的矛盾性。在工程中常有这种情况，工程变更已成为事实，而价格谈判仍达不成协议，或业主对承包商的补偿要求不批准，价格的最终决定权却在监理工程师。这样承包商已处于被动地位。

在合同实施中，合同内容的任何变更都必须由合同管理人员提出。与业主、总包商之间的任何书面信件、报告、指令等都应经合同管理人员进行技术和法律方面的审查。这样才能保证任何变更都在控制中，不会出现合同问题。

在商讨变更、签订变更协议过程中，承包商必须提出变更补偿或索赔问题。在变更执行前就应明确补偿范围、补偿方法、索赔值的计算方法、补偿款的支付时间等，双方应就这些问题达成一致。这是对索赔权的保留，以防日后争执。

在工程变更中，应特别注意因变更造成返工、停工、窝工、修改计划等引起的损失，注意这方面证据的收集。在变更谈判中应对此进行商谈。

三、工程索赔管理

（一）工程索赔概述

在市场经济条件下，建筑市场中工程索赔是一种正常的现象。工程索赔在建筑市场上是承包商保护自身正当权益、补偿由风险造成的损失、提高经济效益的重要和有效手段。

许多有经验的承包商在分析招标文件时就已考虑其中的漏洞、矛盾和不完善的地方，考虑可能的索赔，但这本身常常又会有很大的风险。

1.工程索赔的概念

所谓索赔，就是作为合法的所有者，根据自己的权利提出对某一有关资格、财产、金钱等方面的要求。

工程索赔是指当事人在合同实施过程中，根据法律、合同规定及惯例，对并非由于自己的过错，而是应由合同对方承担责任的情况造成的，且实际发生了损失，向对方提出给予补偿的要求。在工程建设的各个阶段，都有可能发生索赔，但在施工阶段索赔发生较多。

对施工合同的双方来说，索赔是维护双方合法利益的权利。它与合同条件中双方的合同责任一样，构成严密的合同制约关系。承包商可以向业主提出索赔，业主也可以向承包商提出索赔。但在工程建设过程中，业主对承包商原因造成的损失可通过追究违约责任解决，此外，业主还可以通过冲账、扣拨工程款、没收履约保函、扣保留金等方式来实现自己的索赔要求，不存在“索”。因此，在工程索赔实践中，一般把承包方向发包方提出的赔偿或补偿要求称为索赔；而把发包方向承包方提出的赔偿或补偿要求，以及发包方向承包方所提出的索赔要求进行反驳称为反索赔。

2.索赔的作用

（1）有利于促进双方加强管理，严格履行合同，维护市场正常秩序

合同一经签订，合同双方即产生权利和义务关系。这种权益受法律保护，这种义务受法律制约。索赔是合同法律效力的具体体现，并且由合同的性质决定。如果没有索赔和

关于索赔的法律规定，则合同形同虚设，对双方都难以形成约束，这样，合同的实施得不到保证，就不会有正常的社会经济秩序。索赔能对违约者起警诫作用，使他考虑违约的后果，以尽力避免违约事件的发生。因此，索赔有助于工程承发包双方更紧密地合作，有助于合同目标的实现。

（2）使工程造价更合理

索赔的正常开展，可以把原来打入工程报价中的一些不可预见费用，改为实际发生的损失支付，有助于降低工程报价，使工程造价更为合理。

（3）有利于维护合同当事人的正当权益

索赔是一种保护自己、维护自己正当利益、避免损失、增加利润的手段。如果承包商不能进行有效的索赔，损失得不到合理、及时的补偿，会影响生产经营活动的正常进行，甚至倒闭。

（4）有助于工程承包的开展

有助于双方更快地熟悉国际惯例，熟练掌握索赔和处理索赔的方法与技巧，有助于对外开放和对外工程承包的开展。

3.索赔的分类

工程施工过程中发生索赔所涉及的内容是广泛的，为了探讨各种索赔问题的规律及特点，通常可作如下分类。

（1）按索赔事件所处合同状态分类

①正常施工索赔：在正常履行合同中发生的各种违约、变更、不可预见因素、加速施工、政策变化等引起的索赔。

②工程停建、缓建索赔：已经履行合同的工程因不可抗力、政府法令、资金或其他原因必须中途停止施工所引起的索赔。

③解除合同索赔：因合同中的一方严重违约，致使合同无法正常履行的情况下，合同的另一方行使解除合同的权利所产生的索赔。

（2）按索赔依据的范围分类

①合同内索赔：索赔所涉及的内容可以在履行的合同中找到条款依据，并可根据合同条款或协议预先规定的责任和义务划分责任，业主或承包商可以据此提出索赔要求。按违约规定和索赔费用、工期的计算办法计算索赔值。一般情况下，合同内索赔的处理解决相对顺利些。

②合同外索赔：与合同内索赔依据恰恰相反，即索赔所涉及的内容难以在合同条款及有关协议中找到依据，但可能来自民法、经济法或政府有关部门颁布的有关法规所赋予的权利。如在民事侵权行为、民事伤害行为中找到依据所提出的索赔，就属于合同外索赔。

③道义索赔：承包商无论在合同内或合同外都找不到进行索赔的依据，没有提出索赔的条件和理由，但他在合同履行中诚恳可信，为工程的质量、进度及配合上尽了最大的努力时，通情达理的业主看到承包商为完成某项困难的施工，承受了额外的费用损失，甚至承受重大亏损，出于善良意愿给承包商以经济补偿。因在合同条款中没有此项索赔的规定，所以也称“额外支付”。

（3）按合同有关当事人的关系进行索赔分类

①承包商向业主的索赔：承包商在履行合同中因非自方责任事件产生的工期延误及额外支出后向业主提出的赔偿要求。这是施工索赔中最常发生的情况。

②总承包向其分包或分包之间的索赔：总承包单位与分包单位或分包单位之间为共同完成工程施工所签订的合同、协议在实施中的相互干扰事件影响利益平衡，其相互之间发生的赔偿要求。

③业主向承包商的索赔：业主向不能有效地管理控制施工全局，造成不能按期、按质、按量地完成合同内容的承包商提出损失赔偿要求。

④承包商同供货商之间的索赔。

⑤承包商向保险公司、运输公司索赔等。

（4）按照索赔的目的分类

①工期延长索赔：承包商对施工中发生的非己方直接或间接责任事件造成计划工期延误后向业主提出的赔偿要求。

②费用索赔：承包商对施工中发生的非己方直接或间接责任事件造成的合同价外费用支出向业主提出的赔偿要求。

（5）按照索赔的处理方式分类

①单项索赔：某一事件发生对承包商造成工期延长或额外费用支出时，承包商即可对这一事件的实际损失在合同规定的索赔有效期内提出索赔。这是常用的一种索赔方式。

②综合索赔：又称总索赔、一揽子索赔，指承包商将施工过程中发生的多起索赔事件综合在一起，提出一个总索赔。

施工过程中的某些索赔事件，由于各方未能达成一致意见得到解决的或承包商对业主答复不满意的单项索赔集中起来，综合提出一份索赔报告，双方进行谈判协商。综合索赔中涉及的事件一般都是单项索赔中遗留下来的、意见分歧较大的难题，责任的划分、费用的计算等各持己见，不能立即解决，在履行合同过程中对索赔事件保留索赔权，而在工程项目基本完工时提出，或在竣工报表和最终报表中提出。

（6）按引起索赔的原因分类

①业主或业主代表违约索赔。

②工程量增加索赔。

③不可预见因素索赔。

④不可抗力损失索赔。

⑤加速施工索赔。

⑥工程停建、缓建索赔。

⑦解除合同索赔。

⑧第三方因素索赔。

⑨国家政策、法规变更索赔。

（7）按索赔管理策略上的主动性分类

①索赔。主动寻找索赔机会，分析合同缺陷，抓住对方的失误，研究索赔的方法，总结索赔的经验，提高索赔的成功率。把索赔管理作为工程及合同管理的组成部分。

②反索赔。在索赔管理策略上表现为防止被索赔，不给对方留有进行索赔的漏洞使对方找不到索赔机会，在工程管理中体现为签署严密的合同条款，避免自方违约。当对方向己方提出索赔时，对索赔的证据进行质疑，对索赔理由进行反驳，以达到减少索赔额度甚至否定对方索赔要求的目的。

在实际工作中，索赔与反索赔是同时存在且互为条件的，因此，应当培养工作人员加强索赔与反索赔的意识。

（二）工程中常见的索赔问题

1.施工现场条件变化索赔

在工程施工中，施工现场条件变化对工期和造价的影响很大。由于不利的自然条件及人为障碍，经常导致设计变更、工期延长和工程成本大幅增加。

不利的自然条件是指施工中遇到的实际自然条件比招标文件中所描述的更为困难和恶劣，这些不利的自然条件或人为障碍增加了施工的难度，导致承包方必须花费更多的时间和费用，在这种情况下，承包方可提出索赔要求。

（1）招标文件中对现场条件的描述失误

在招标文件中对施工现场存在的不利条件虽已经提出，但描述严重失实，或位置差异极大，或其严重程度差异极大，从而使承包商原定的实施方案变得不再适合或根本没有意义。这时承包方可提出索赔。

（2）有经验的承包商难以合理预见的现场条件

在招标文件中根本没有提到，而且按该项工程的一般工程实践来说完全是出乎意料的不利的现场条件。这种意外的不利条件，是有经验的承包商难以预见的情况。处理方案导致承包商工程费用增加、工期增加时，承包方即可提出索赔。

2.业主违约索赔

业主未按工程承包合同规定的时间和要求向承包商提供施工场地、创造施工条件。业主未按工程承包合同规定的条件提供应有的材料、设备。业主所供应的材料、设备到货场、站与合同约定不符，单价、种类、规格、数量、质量等级与合同不符，到货日期与合同约定不符等。监理工程师未按规定时间提供施工图纸、指示或批复。业主未按规定向承包商支付工程款。监理工程师的工作不适当或失误。业主指定的分包商违约。

上述情况的出现，会导致承包商的工程成本增加和/或工期的增加，所以承包商可以提出索赔。

3.变更指令与合同缺陷索赔

（1）变更指令索赔

在施工过程中，监理工程师发现设计、质量标准或施工顺序等问题时，往往指令增加新工作，改换建筑材料，暂停施工或加速施工，等等。这些变更指令会使承包商的施工费用和/或工期的增加，承包商可就此提出索赔要求。

（2）合同缺陷索赔

合同缺陷是指所签订的工程承包合同进入实施阶段才发现的、合同本身存在的现时不能再做修改或补充的问题。

大量的工程合同管理经验证明，合同在实施过程中，经常发现有如下情况：

①合同条款中有错误、用语含糊、不够准确等，难以分清甲乙双方的责任和权益。

②合同条款中存在着遗漏，对实际可能发生的情况未作预料和规定，缺少某些必不可少的条款。

③合同条款之间存在矛盾。即在不同的条款或条义中，对同一问题的规定或要求不一致。

这时，按惯例要由监理工程师作出解释。但是，若此指示使承包商的施工成本和工期增加，则属于业主方面的责任，承包商有权提出索赔要求。

4.国家政策、法规变更索赔

由于国家或地方的任何法律法规、法令、政令或其他法律、规章发生了变更，导致承包商成本增加，承包商可以提出索赔。

5.物价上涨索赔

由于物价上涨的因素，带来人工费、材料费甚至机械费的增加，导致工程成本大幅上升，也会引起承包商提出索赔要求。

6.因施工临时中断和工效降低引起的索赔

业主和监理工程师原因造成的临时停工或施工中断，特别是根据业主和监理工程师不合理指令造成了工效的大幅降低，从而导致费用支出增加时，承包商可提出索赔。

7.业主不正当地终止工程而引起的索赔

由于业主不正当地终止工程，承包商有权要求补偿损失，其数额是承包商在被终止工程上的人工、材料、机械设备的全部支出，以及各项管理费用、保险费、贷款利息、保函费用的支出，并有权要求赔偿其盈利损失。

8.业主风险和特殊风险引起的索赔

由于业主承担的风险而导致承包商的费用损失增加时，承包商可据此提出索赔，根据国际惯例，战争、敌对行动、入侵、外敌行动；叛乱、暴动、军事政变或篡夺权位、内战；核燃料或核燃料燃烧后的核废物、核辐射、放射线、核泄漏；音速或超声速飞行器所产生的压力波；暴乱、骚乱或混乱；由于业主提前使用或占用工程的未完工交付的任何一部分致使破坏；纯粹是由于工程设计所产生的事故或破坏，并且这设计不是由承包商设计或负责的；自然力所产生的作用，而对于此种自然力，即使是有经验的承包商也无法预见、无法抗拒、无法保护自己和使工程免遭损失等属于业主应承担的风险。

许多合同规定，承包商不仅对由此造成工程、业主或第三方的财产的破坏和损失及人身伤亡不承担责任，而且业主应保护和保障承包商不受上述特殊风险后果的损害，并免于承担由此而引起的与之有关的一切索赔、诉讼及其费用；相反，承包商还应当可以得到由此损害引起的任何永久性工程及其材料的付款及合理的利润，以及一切修复费用、重建费用及上述特殊风险而导致的费用增加。如果由于特殊风险而导致合同终止，承包商除可以获得应付的一切工程款和损失费用外，还可以获得施工机械设备的撤离费用和人员遣返费用等。

（三）工程索赔的依据和程序

1.工程索赔的依据

合同一方向另一方提出索赔要求，都应该提出一份具有说服力的证据资料作为索赔的依据。这也是索赔能否成功的关键因素。由于索赔的具体事由不同，所需的论证资料也有所不同。索赔依据一般如下：

（1）招标文件

招标文件是承包商投标报价的依据，它是工程项目合同文件的基础。招标文件中一般包括通用条件、专用条件、施工图纸、施工技术规范、工程量表、工程范围说明、现场水文地质资料等文本，都是工程成本的基础资料。它们不仅是承包商参加投标竞争和编标报价的依据，也是索赔时计算附加成本的依据。

（2）投标书

投标书是承包商依据招标文件并进行工地现场勘察后编标计价的成果资料，是投标竞争中标的依据。在投标报价文件中，承包商对各主要工种的施工单价进行分析计算，对各主要工程量的施工效率和施工进度进行分析，对施工所需的设备和材料列出数量和价值，对施工过程中各阶段所需的资金数额提出要求，等等。所有这些文件，在中标及签订合同协议以后，都将成为正式合同文件的组成部分和索赔的基本依据。

（3）合同协议书及其附属文件

合同协议书是合同双方正式进入合同关系的标志。在签订合同协议书以前，合同双方对于中标价格、工程计划、合同条件等问题的讨论纪要文件，也是该工程项目合同文件的重要组成部分。在这些会议纪要中，如果对招标文件中的某个合同条款作了修改或解释，则这个纪要就是将来索赔计价的依据。

（4）来往信函

在合同实施期间，合同双方会有大量的来往信函。这些信函都具有合同效力，是结算和索赔的依据资料。这些信函可能繁杂零碎，而且数量巨大，因此应仔细分类存档。

（5）会议记录

在工程项目从招标到建成移交的整个期间，合同双方要召开许多次会议，讨论解决合同实施中的问题。所有这些会议的记录都是很重要的文件，工程和索赔中的许多重大问题都是通过会议反复协商讨论后决定的。

（6）施工现场记录

承包商的施工管理水平的一个重要标志，看他是否建立了一套完整的现场记录制度，并持之以恒地贯彻到底。这些资料的具体项目甚多，主要有施工日志、施工检查记录、工时记录、质量检查记录、施工设备使用记录、材料使用记录、施工进度记录等。有的重要记录文本，还应有工程师或其代表的签字认可。工程师同样要有自己完备的施工现场记录，以备核查。

（7）工程财务记录

在工程实施过程中，对工程成本的开支和工程款的历次收入，均应做详细的记录，并输入计算机备查，这些财务资料有工程进度款每月的支付申请表，工人劳动计时卡和工资单，设备、材料和零配件采购单，付款收据，工程开支月报等。在索赔计价工作中，财务单证十分重要，应注意积累和分析整理。

（8）现场气象记录

水文气象条件对工程实施的影响甚大，它经常引起工程施工的中断或工效降低，有时甚至造成在建工程的破损。许多工期拖延索赔均与气象条件有关。施工现场应注意记录气象资料。遇到地震、海啸、飓风等特殊自然灾害，更应注意随时详细记录。

（9）市场信息资料

大中型工程项目，一般工期长达数年，对物价变动等报道资料，应系统地收集整理。这些信息资料，不仅对工程款的调价计算是必不可少的，对索赔也同样重要。

（10）政策法令文件

政策法令文件是指工程所在国的政府或立法机关公布的有关工程造价的决定或法令，如货币汇兑限制指令、外汇兑换率的决定、调整工资的决定、税收变更指令、工程仲裁规则等。由于工程的合同条件是以适应工程所在国的法律为前提的，因此该国政府的这些法令对工程结算和索赔具有决定性意义，应该引起高度重视。对于重大的索赔事项，如涉及大宗的索赔款额，或遇到复杂的法律问题时，还需要聘请律师专门处理这方面的问题。

2.工程索赔程序

合同实施阶段，在每一个索赔事件发生后，承包商都应抓住索赔机会，并按合同条件的具体规定和工程索赔的惯例，尽快协商解决索赔事件。工程索赔程序，一般包括发出索赔意向通知、收集索赔证据并编制和提交索赔报告、评审索赔报告、举行索赔谈判、解决索赔争端等。

（1）发出索赔意向通知

按照合同条件的规定，凡是非承包商原因引起工程拖期或工程成本增加时，承包商有权提出索赔。当索赔事件发生时，承包商一方面用书面形式向业主或监理工程师发出索赔意向通知书，另一方面应继续施工，不影响施工的正常进行。索赔意向通知是一种维护自身索赔权利的文件。

索赔意向通知，一般仅仅是向业主或监理工程师表明索赔意向，所以应当简明扼要。通常说明以下几点内容即可：索赔事由的名称、发生的时间、地点、简要事实情况和发展动态；索赔所引证的合同条款；索赔事件对工程成本和工期产生的不利影响，进而提出自己的索赔要求即可。至于要求的索赔款额，或工期应补偿天数及有关的证据资料应在合同规定的时间内报送。

（2）索赔资料的准备及索赔文件的提交

在正式提出索赔要求后，承包商应抓紧时间准备索赔资料，计算索赔值，编写索赔报告，并在合同规定的时间内正式提交。如果索赔事件的影响具有连续性，即事态还在继续发展，则按合同规定，每隔一定时间监理工程师报送一次补充资料，说明事态发展情况。

在索赔事件的影响结束后的规定时间内报送此项索赔的最终报告，附上最终账目和全部证据资料，提出具体的索赔额，要求业主或监理工程师审定。

索赔的成功在很大程度上取决于承包商对索赔权的论证和充分的证据材料。即使抓住合同履行中的索赔机会，如果拿不出索赔证据或证据不充分，其索赔要求往往也难以成功或被大打折扣。因此，承包商在正式提出索赔报告前的资料准备工作极为重要。这就要求承包商注意记录和积累保存工程施工过程中的各种资料，并可随时从中索取与索赔事件有关的证明资料。

索赔报告的编写，应审慎、周密，索赔证据充分，计算结果正确。对于技术复杂或款额巨大的索赔事件，有必要聘用合同专家或技术权威人士担任咨询，以保证索赔取得较为满意的成果。

索赔报告书的具体内容，随该索赔事件的性质和特点而有所不同。但在一份完整的索赔报告书的必要内容和文字结构方面，它必须包括以下组成部分。至于每个部分的文字长短，则根据每一索赔事件的具体情况和需要来决定。

①总论部分。每个索赔报告书的首页，应该是该索赔事件的一个综述。它概要地叙述发生索赔事件的日期和过程，说明了承包商为减轻该索赔事件造成的损失而做过的努力，索赔事件给承包商的施工增加的额外费用或工期延长的天数，以及自己的索赔要求，并在上述论述之后附上索赔报告书编写人、审核人的名单，注明各人的职称、职务及施工索赔经验，以表示该索赔报告书的权威性和可信性。总论部分应简明扼要。对于较大的索赔事件，一般应以3~5页篇幅为限。

②合同印证部分。合同引证部分是索赔报告的关键部分之一，它的目的是承包商论述自己有索赔权，这是索赔成立的基础。合同引证的主要内容是该工程项目的合同条件以及有关此项索赔的法律规定，说明自己理应得到经济补偿或工期延长，或二者均应获得。因此，工程索赔人员应通晓合同文件，善于在合同条件、技术规程、工程量表以及合同函件中寻找索赔的法律依据，使自己的索赔要求建立在法律的基础上。

对于重要的条款引证，如不利的自然条件或人为障碍、合同范围以外的额外工程、特殊风险等，应在索赔报告书中做详细的论证叙述，并引用有说服力的证据资料。因为在这些方面经常会有不同的观点，对合同条款的含义有不同的解释，这些往往是工程索赔争议的焦点。

在论述索赔事件的发生、发展、处理和最终解决的过程时，承包商应客观地描述事实，避免采用抱怨或夸张的用词，以免使工程师和业主方面产生反感或怀疑。而且，这样的措辞，往往会使索赔工作复杂化。

③索赔金额计算部分。在论证索赔权以后，应接着计算索赔金额，具体分析论证合理的经济补偿款额。这也是索赔报告书的主要部分，是经济索赔报告的第三部分。

款额计算的目的，是以具体的计价方法和计算过程说明承包商应得到的经济补偿款额。如果说合同论证部分的目的是确立索赔权，则款额计算部分的任务就是决定应得的索赔款。

在款额计算部分中，索赔工作人员首先应注意采用合适的计价方法。至于采用哪一种计价法，应根据索赔事件的特点及自己掌握的证据资料等因素来确定。其次应注意每项开支的合理性，并指出相应的证据资料的名称及编号。只要计价方法合适，各项开支合理，则计算出的索赔总金额就有说服力。

索赔款计价的主要组成部分是由索赔事件引起的额外开支的人工费、材料费、设备费、工地管理费、总部管理费、投资利息、税收、利润等。每一项费用开支，都应附以相应的证据或单据。

款额计算部分在写法结构上，最好首先写出计价的结果，即列出索赔总款额汇总表。然后，再分项地论述各组成部分的计算过程，并指出所依据的证据资料的名称和编号。

在编写款额计算部分时，切忌采用笼统的计价方法和不实的开支款项。有的承包商对计价采取不严肃的态度，没有根据地扩大索赔款额，采取漫天要价的策略。这种做法是错误的，也是不能成功的，有时甚至增加了索赔工作的难度。

款额计算部分的篇幅可能较大。因为应论述各项计算的合理性，详细写出计算方法，引证相应的证据资料，并在此基础上累计出索赔款总额。通过详细的论证和计算，使业主和工程师对索赔款的合理性有充分的了解，这与索赔要求的迅速解决有很大的关系。

总之，一份成功的索赔报告应注意事实的正确性、论述的逻辑性，善于利用成功的索赔案例来证明此项索赔成立的道理。逐项论述，层次分明，文字简练，论理透彻，使阅读者感到清楚明了、合情合理、有理有据。

④工期延长论证部分。承包商在施工索赔报告中进行工期论证的，首先是获得施工期的延长，以免承担延期损害赔偿费的经济损失。其次，他可能在此基础上，探索获得经济补偿的可能性。因为如果他投入了更多的资源，就有权要求业主对他的附加开支进行补偿。

在索赔报告中论证工期的方法，主要有横道图表法、关键路线法、进度评估法、顺序作业法等。

在索赔报告中，应该对工期延长、实际工期、理论工期等工期的长短（天数）进行详细的论述，说明自己要求工期延长或加速施工费用的依据。

⑤证据部分。证据部分通常以索赔报告书附件的形式出现，它包括该索赔事件所涉及的一切有关证据资料以及对这些证据的说明。

证据是索赔文件的必要组成部分，因此，要保证索赔证据的翔实可靠，使索赔取得成功。索赔证据资料的范围甚广，它包括工程项目施工过程中所涉及的有关政治、经济、技术、财务等许多方面的资料。这些资料，合同管理人员应该在整个施工过程中持续不断地收集整理、分类储存，最好是存入计算机中以便随时提出查询、整理或补充。

所收集的各项证据资料，并不是都要放入索赔报告书的附件中，而是针对索赔文件中提到的开支项目，有选择、有目的地列入，并进行编号，以便审核查对。

在引用每个证据时，要注意该证据的效力或可信程度。为此，对重要的证据资料最好附以文字说明，或附以确认函件。除文字报表证据资料外，对于重大的索赔事件，承包商还应提供直观记录证据资料。

（3）索赔报告的评审

业主或监理工程师在接到承包商的索赔报告后，应当站在公正的立场，以科学的态度及时认真地审阅报告，重点审查承包商索赔要求的合理性和合法性，审查索赔值的计算是否正确、合理。对不合理的索赔要求或不明确的地方提出反驳和质疑，或要求作出解释和补充。监理工程师可在业主的授权范围内作出自己独立的判断。

监理工程师判定承包商索赔成立的条件：

①与合同相对照，事件已造成了承包商施工成本的额外支出，或直接工期损失。

②造成费用增加或工期损失的原因，按合同约定不属于承包商的行为责任或风险责任。

③承包商按合同规定的程序提交了索赔意向通知和索赔报告。

上述三个条件没有先后主次之分，应当同时具备。只有工程师认定索赔成立后，才能按一定程序处理。

（4）监理工程师与承包商进行索赔谈判

业主或监理工程师经过对索赔报告的评审后，由于承包商常常需要作出进一步的解释和补充证据，而业主或监理工程师也需要对索赔报告提出的初步处理意见作出解释和说明。因此，业主、监理工程师和承包商三方就索赔的解决要进行进一步的讨论、磋商，即谈判。这里可能有复杂的谈判过程。对经谈判达成一致意见的，作出索赔决定。若意见达不成一致，则会产生争执。

在经过认真分析研究与承包商、业主广泛讨论后，工程师应该向业主和承包商提出自己的“索赔处理决定”。监理工程师收到承包商送交的索赔报告和有关资料后，于合同规定的时间内给予答复，或要求承包商进一步补充索赔理由和证据。工程师在规定时间内未予以答复或未对承包商作出进一步要求，则视为该项索赔已经认可。

监理工程师在“索赔处理决定”中应该简明地叙述索赔事件、理由和建议给予补偿的金额及延长的工期。“索赔评价报告”则是作为该决定的附件提供的。它根据监理工程师所掌握的实际情况详细叙述索赔的事实依据、合同及法律依据，论述承包商索赔的合理方面及不合理方面，详细计算应给予的补偿。“索赔评价报告”是监理工程师站在公正的立场上独立编制的。

当监理工程师确定的索赔额超过其权限范围时，必须报请业主批准。

业主首先根据事件发生的原因、责任范围、合同条款审核承包商的索赔申请和工程师的处理报告，再依据工程建设的目的、投资控制、竣工投产日期要求以及针对承包商在施工中的缺陷或违反合同规定等的有关情况，决定是否批准监理工程师的处理意见，而不能超越合同条款的约定范围。索赔报告经业主批准后，监理工程师即可签发有关证书。

（5）索赔争端的解决

如果业主和承包商通过谈判不能协商解决索赔，就可以将争端提交给监理工程师解决，监理工程师在收到有关解决争端的申请后，在一定时间内要作出索赔决定。业主或承包商如果对监理工程师的决定不满意，可以申请仲裁或起诉。争议发生后，在一般情况下，双方都应继续履行合同，保持施工连续，保护好已完工程。只有当出现单方违约导致合同确已无法履行，双方协议停止施工；调解要求停止施工，且为双方接受；仲裁机关或法院要求停止施工等情况时，当事人方可停止履行施工合同。

（四）索赔值的计算

工程索赔报告最主要的两部分是合同论证部分和索赔计算部分，合同论证部分的任务是解决索赔权是否成立的问题，而索赔计算部分则确定应得到多少索赔款额或工期补偿，前者是定性的，后者是定量的。索赔的计算是索赔管理的一个重要组成部分。

1.工期索赔值的计算

（1）工期索赔的原因

在施工过程中，由于受各种因素的影响，使承包商不能在合同规定的工期内完成工程，造成工程拖期。造成拖期的一般原因如下。

①非承包商的原因：合同文件含义模糊或歧义；工程师未在合同规定的时间内颁发图纸和指示；承包商遇到一个有经验的承包商无法合理预见到的障碍或条件；处理现场发掘出的具有地质或考古价值的遗迹或物品；工程师指示进行未规定的检验；工程师指示暂时停工；业主未能按合同规定的时间提供施工所需的现场和道路；业主违约；工程变更；异常恶劣的气候条件。

②承包商原因：对施工条件估计不充分，制订的进度计划过于乐观；施工组织不当；承包商自身的其他原因。

（2）工程拖期的种类及处理措施

工程拖期可分为如下两种情况：

①将承包商的原因造成的工程拖期定义为工程延误，承包商须向业主支付误期损害赔偿费。工程延误也称为不可原谅的工程拖期。在这种情况下，承包商无权获得工期延长。

②由于非承包商原因造成的工程拖期定义为工程延期，则承包商有权要求业主给予工期延长。工程延期也称为可原谅的工程拖期。它是业主、监理工程师或其他客观因素造成

的，承包商有权获得工期延长，但是否能获得经济补偿要视具体情况而定。因此，可原谅的工程拖期又可分为可原谅并给予补偿的拖期和可原谅但不给予补偿的拖期。可原谅并给予补偿的拖期是承包商有权同时要求延长工期和经济补偿的延误，拖期的责任者是业主或工程师。可原谅但不给予补偿的拖期是指可给予工期延长，但不能对相应经济损失给予补偿的可原谅延误。这往往是客观因素造成的拖延。

（3）共同延误下工期索赔的处理方法

承包商、工程师或业主，或某些客观因素均可造成工程拖期。但在实际施工过程中，工程拖期经常是由上述两种以上的原因共同作用产生的，在这种情况下，称为共同延误。

主要有两种情况：在同一项工作上同时发生两项或两项以上延误，在不同的工作上同时发生两项或两项以上延误。

第一种情况比较简单。共同延误主要有以下几种基本组合：

①可补偿延误与不可原谅延误同时存在。在这种情况下，承包商不能要求工期延长及经济补偿，因为即便是没有可补偿延误，不可原谅延误也已经造成工程延误。

②不可补偿延误与不可原谅延误同时存在。在这种情况下，承包商无权要求延长工期，因为即便是没有不可补偿延误，不可原谅延误也已经导致施工延误。

③不可补偿延误与可补偿延误同时存在。在这种情况下，承包商可以获得工期延长，但不能得到经济补偿，因为即便是没有可补偿延误，不可补偿延误也已经造成工程施工延误。

④两项可补偿延误同时存在。在这种情况下，承包商只能得到一项工期延长或经济补偿。

第二种情况比较复杂。由于各项工作在工程总进度表中所处的地位和重要性不同，同等时间的相应延误对工程进度所产生的影响也就不同。因此对这种共同延误的分析就不像第一种情况那样简单。关于业主延误与承包商延误同时存在的共同延误，一般认为应该用一定的方法按双方过错的大小及所造成影响的大小按比例分担。如果该延误无法分解开，则不允许承包商获得经济补偿。

（4）工期补偿量的计算

①有关工期的概念。计划工期就是承包商在投标报价文件中申明的施工期，即从正式开工起至建成工程所需的施工天数。一般即为业主在招标文件中所提出的施工期。实际工期，就是在项目施工过程中，由于多方面干扰或工程变更，建成该项工程上所花费的施工天数。如果实际工期比计划工期长的原因不属于承包商的责任，则承包商有权获得相应的工期延长，即

工期延长量＝实际工期－计划工期

理论工期是指较原计划拖延了的工期。如果在施工过程中受到工效降低和工程量增加等诸多因素的影响，仍按照原定的工作效率施工，而且未采取加速施工措施时，该工程

项目的施工期可能拖延甚久，这个被拖延了的工期，被称为“理论工期”，即在工程量变化、施工受干扰的条件下，仍按原定效率施工，而不采取加速施工措施时，在理论上所需要的总施工时间。在这种情况下，理论工期就是实际工期。

②工期补偿量的计算方法。在工程承包实践中，对工期补偿量的计算有下面几种方法：

工期分析法。即依据合同工期的网络进度计划图或横道图计划，考察承包商按监理工程师的指示，完成各种原因增加的工程量所需用的工时，以及工序改变的影响，算出实际工期以确定工期补偿量。

实测法。承包商按监理工程师的书面工程变更指令，完成变更工程所用的实际工时。

类推法。按照合同文件中规定的同类工作进度计算工期延长。

工时分析法。某一工种的分项工程项目延误事件发生后，按实际施工的程序统计出所用的工时总量，然后按延误期间承担该分项工程工种的全部人员投入来计算要延长的工期。

2.费用索赔值的计算

（1）索赔款的组成

工程索赔时可索赔费用的组成部分，同工程承包合同价所包含的组成部分一样，包括直接费、间接费、利润和其他应补偿的费用。其组成项目如下：

①直接费。包括人工费、材料费、施工机械费。人工费包括人员闲置费、加班工作费、额外工作所需人工费用、劳动效率降低和人工费的价格上涨等费用。材料费包括额外材料使用费、增加的材料运杂费、增加的材料采购及保管费用和材料价格上涨费用等。施工机械费包括机械闲置费、额外增加的机械使用费和机械作业效率降低费等。

②间接费。包括现场管理费、上级管理费。现场管理费包括工期延长期间增加的现场管理费，如管理人员工资及各项开支、交通设施费以及其他费用等。上级管理费包括办公费、通信费、旅差费和职工福利费等。

③利润。一般包括合同变更利润、合同延期机会利润、合同解除利润和其他利润补偿。

④其他应予以补偿的费用。包括利息、分包费、保险费用和各种担保费等。

（2）索赔款的计价方法

根据合同条件的规定有权利要求索赔时，采用正确的计价方法论证应获得的索赔款数额，对顺利地解决索赔要求有着决定性意义。实践证明，如果采用不合理的计价方法，没有事实根据地扩大索赔款额，漫天要价，往往会使本来可以顺利解决的索赔要求搁浅，甚至失败。因此，客观地分析索赔款的组成部分，并采取合理的计价方法，是取得索赔成功的重要环节。

在工程索赔中，索赔款额的计价方法有很多。每个工程项目的索赔款计价方法，也往往因索赔事项的不同而相异。

①实际费用法。亦称为实际成本法，是工程索赔计价时最常用的计价方法，它实质上就是额外费用法。实际费用法计算的原则是，以承包商为某项索赔工作所支付的实际开支为根据，向业主要求经济补偿。每一项工程索赔的费用，仅限于由于索赔事项引起的、超过原计划的费用，即额外费用，也就是在该项工程施工中所发生的额外人工费、材料费和设备费，以及相应的管理费。这些费用即是施工索赔所要求补偿的经济部分。用实际费用法计价时，在直接费的额外费用部分的基础上，再加上应得的间接费和利润，即是承包商应得的索赔金额。因此，实际费用法客观地反映了承包商的额外开支或损失，为经济索赔提供了精确而合理的证据。由于实际费用法所依据的是实际发生的成本记录或单据，因此，在施工过程中，系统而准确地积累记录资料是非常重要的。这些记录资料不仅是施工索赔所必不可少的，也是工程项目施工总结的基础依据。

②总费用法。即总成本法，就是当发生多次索赔事项以后，重新计算出该工程项目的实际总费用，再从这个实际总费用中减去投标报价时的估算总费用，即为要求补偿的索赔总款额，即

索赔金额=实际总费用−投标报价估算费用

采用总成本法时，一般要有以下条件：

由于该项索赔在施工时的特殊性质，难以或不可能精准地计算出承包商损失的金额，即额外费用。承包商对工程项目的报价是比较合理的。已开支的实际总费用经过逐项审核，认为是比较合理的。承包商对已发生的费用增加没有责任。承包商有较丰富的工程施工管理经验和能力。

在施工索赔工作中，不少人对采用总费用法持批评态度。因为在实际发生的总费用中，可能包括由于承包商的原因而增加了的费用；同时，投标报价时的估算费用却因想竞争中标而过低。因此，这种方法只有在实际费用难以计算时才使用。

③修正的总费用法。是对总费用法的改进，即在总费用计算的原则上，对总费用法进行相应的修改和调整，去掉一些比较不确切的可能因素，使其更合理。用修正的总费用法进行的修改和调整内容，主要如下：

将计算索赔款的时段仅局限于受到外界影响的时间，而不是整个施工期。只计算受影响时段内的某项工作所受影响的损失，而不是计算该时段内所有施工工作所受的损失。在受影响时段内受影响的某项工程施工中，使用的人工、设备、材料等资源均有可靠的记录资料。与该项工作无关的费用，不列入总费用中。对投标报价时的估算费用重新进行核算。按受影响时段内对该项工作的实际单价进行计算，乘以实际完成的该项工作的工程量，得出调整后的报价费用。经过论述，各项调整修正后的总费用已相当准确地反映出了实际增加的费用，作为给承包商补偿的款额。据此，按修正后的总费用法支付索赔款的公式是：

索赔金额＝某项工作调整后的实际总费用—该项工作的报价费用

修正的总费用法，同未经修正的总费用法相比较，有了实质性的改进，使它的准确程度接近于“实际费用法”，容易被业主及工程师所接受。因为修正的总费用法仅考虑实际上已受到索赔事项影响的那一部分工作的实际费用，再从这一实际费用中减去投标报价书中的相应部分的估算费用。如果投标报价的费用是准确而合理的，则采用此修正的总费用法计算出来的索赔款额，很可能同采用实际费用法计算出来的索赔金额十分贴近。

④分项法。按每个索赔事件所引起损失的费用项目分别分析计算索赔值的一种方法。在实际中，绝大多数工程的索赔都采用分项法计算。

分项法计算通常分三步：

第一，分析每个或每类索赔事件所影响的费用项目，不得有遗漏。这些费用项目通常应与合同报价中的费用项目一致。

第二，计算每个费用项目受索赔事件影响后的数值，通过与合同价中的费用值进行比较即可得到该项费用的索赔值。

第三，将各费用项目的索赔值汇总，得到总费用索赔值。分项法中索赔费用主要包括该项工程施工过程中所发生的额外人工费、材料费、施工机械使用费、相应的管理费，以及应得的间接费和利润等。由于分项法所依据的是实际发生的成本记录或单据，因此在施工过程中，对第一手资料的收集整理就显得非常重要了。

⑤合理价值法。一种按照公正调整理论进行补偿的做法，也称为按价偿还法。在施工过程中，当承包商完成了某项工程但受到经济亏损时，他有权根据公正调整理论要求经济补偿。但是，或由于该工程项目的合同条款对此没有明确的规定，或者由于合同已被终止，在这种情况下，承包商按照合理价值法的原则仍然有权要求对自己已经完成的工作取得公正合理的经济补偿。对于合同范围以外的额外工程，或者施工条件完全变化了的施工项目，承包商亦可根据合理价值法的原则，得到合理的索赔款额。

一般认为，如果该工程项目的合同条款中有明确的规定，即可按此合同条款的规定计算索赔金额，而不必采用这个合理价值法来索取经济补偿。在施工索赔实践中，按照合理价值法获得索赔比较困难。这是因为工程项目的合同条款中没有经济亏损补偿的具体规定，而且工程已经完成，业主和工程师一般不会轻易地再予以支付。在这种情况下，一般是通过调解机构，或通过法律判决途径，按照合理价值法原则判定索赔金额，解决索赔争端。

在工程承包施工阶段的技术经济管理工作中，工程索赔管理是一项艰难的工作。若想在工程索赔工作中取得成功，需要具备丰富的工程承包施工经验，以及相当高的经营管理水平。在索赔工作中，要充分论证索赔权，合理计算索赔值，在合同规定的时间内提出索赔要求，编写好索赔报告并提供充分的索赔证据。力争友好协商解决索赔。在索赔事件发生后随时随地提出单项索赔，力争单独解决、逐月支付，把索赔款的支付纳入按月结算支付的轨道，同工程进度款的结算支付同步处理。必要时可采取一定的制约手段，促使索赔问题尽快解决。

四、工程承包合同的争议管理

工程承包合同争议是指工程承包合同自订立至履行完毕之前，承包合同的双方当事人因对合同的条款理解产生歧义或因当事人未按合同的约定履行合同，或不履行合同中应承担的义务等原因所产生的纠纷，产生工程承包合同纠纷的原因十分复杂，但一般归纳为合同订立引起的纠纷、在合同履行中发生的纠纷、变更合同而产生的纠纷、解除合同而发生的纠纷等几个方面。

当争议出现时，有关双方首先应从整体、全局利益的目标出发，做好合同管理工作。当事人可以通过和解或者调解解决合同争议。当事人不愿和解、调解，或者和解、调解不成的，可以根据仲裁协议向仲裁机构申请仲裁。当事人应当履行发生法律效力的判决、仲裁裁决、调解；拒不履行的，对方可以请求人民法院执行。从上述规定可以看出，在我国，合同争议解决的方式主要有和解、调解、仲裁和诉讼四种。在这四种解决争议的方式中，和解和调解的结果没有强制执行的法律效力，而要靠当事人的自觉履行。当然，这里所说的和解和调解是狭义的，不包括仲裁和诉讼程序中在仲裁庭和法院的主持下的和解和调解。这两种情况下的和解和调解属于法定程序，其解决方法有强制执行的法律效力。

（一）和解

1.和解的概念

和解是指在发生合同纠纷后，合同当事人在自愿、友好、互谅的基础上，依照法律法规的规定和合同的约定，自行协商解决合同争议的一种方式。

工程承包合同争议的和解，是由工程承包合同当事人双方自己或由当事人双方委托的律师出面进行的。在协商解决合同争议的过程中，当事人双方依照平等自愿原则，可以自由、充分地进行意思表达，弄清争议的内容、要求和焦点所在，分清责任是非，在互谅互让的基础上，使合同争议得到及时、圆满的解决。

2.工程承包合同争议采用和解方式解决的优点

合同发生争议时，当事人应首先考虑通过和解解决。合同争议的和解解决具有以下优点：

（1）简便易行，能经济、及时地解决纠纷

工程承包合同争议的和解解决不受法律程序约束，没有仲裁程序或诉讼程序那样有一套较为严格的法律规定，当事人可以随时发现问题，随时要求解决，不受时间、地点的限制，从而防止矛盾的激化、纠纷的逐步升级。既便于对合同争议的及时处理，又可以省去一笔仲裁费或诉讼费。

（2）有利于维护双方当事人团结和协作氛围，使合同更好地履行

合同双方当事人在平等自愿、互谅互让的基础上就工程合同争议的事项进行协商，气氛比较融洽，有利于缓解双方的矛盾，消除双方的隔阂和对立，加强团结和协作；同时，由于协议是在双方当事人统一认识的基础上自愿达成的，因此可以使纠纷得到比较彻底的解决，协议的内容也比较容易顺利执行。

（3）针对性强，便于抓住主要矛盾

工程合同双方当事人对事态的发展经过有亲身的经历，了解合同纠纷的起因、发展以及结果的全过程，便于双方当事人抓住纠纷产生的关键原因，有针对性地加以解决。因合同当事人双方一旦关系恶化，常常会在一些枝节上纠缠不休，使问题扩大化、复杂化，而合同争议的和解就可以避免走这些不必要的弯路。

（4）可以避免当事人把大量的精力、人力、物力放在诉讼活动上

工程合同发生纠纷后，往往合同当事人各方都认为自己有理，特别在诉讼中败诉的一方，会一直把官司打到底，牵扯巨大的精力，而且可能由此结下怨恨。如果和解解决，就可以避免这些问题，对双方当事人都有好处。

（二）调解

1.调解的概念

调解是指在合同发生纠纷后，在第三人的参加和主持下，对双方当事人进行说服、协调和疏导工作，使双方当事人互相谅解并按照法律的规定及合同的有关约定达成解决合同纠纷协议的一种争议解决方式。

工程合同争议的调解，是解决合同争议的一种重要方式，也是我国解决建设工程合同争议的一种传统方法。它是在第三人的参加与主持下，通过查明事实、分清是非、说服教育，促使当事人双方做出适当让步，平息争端，促使双方在互谅互让的基础上自愿达成调解协议，消除纷争。第三人进行调解必须实事求是、公正合理，不能压制双方当事人，而应促使他们自愿达成协议。

调解与和解的主要区别：前者有第三人参加，并主要是通过第三人的说服教育和协调来达成解决纠纷的协议；而后者则完全是通过当事人双方自行协商来达成解决合同纠纷的协议。

两者的相同之处：它们都是在诉讼程序之外所进行的解决合同纠纷的活动，达成的协

议都是靠当事人自觉履行来实现的。

2.调解解决建设工程合同争议的意义

（1）有利于化解合同双方当事人的对立情绪，迅速解决合同纠纷

当合同出现纠纷时，合同双方当事人会采取自行协商的方式去解决，当当事人意见不一致时，如果不及时采取措施，就极有可能使矛盾激化。在我国，调解之所以成为解决建设工程合同争议的重要方式之一，就是因为调解有第三人从中做说服教育和劝导工作，化解矛盾，增进理解，有利于迅速解决合同纠纷。

（2）有利于各方当事人依法办事

用调解方式解决建设工程合同纠纷，不是让第三人充当无原则的和事佬，事实上调解合同纠纷的过程是一个宣传法律、加强法治观念的过程。在调解过程中，调解人的一个很重要的任务就是使双方当事人懂得依法办事和依合同办事的重要性，它可以起到既不伤和气，又受到一定的法制教育的作用，有利于维护社会安定团结和社会经济秩序。

（3）有利于当事人集中精力干好本职工作

通过调解解决建设工程合同纠纷，能够使双方当事人在自愿、合法的基础上，排除隔阂，达成调解协议，同时可以简化解决纠纷的程序，减少仲裁、起诉和上诉所花费的时间和精力，争取到更多的时间迅速集中精力进行经营活动。这不仅有利于维护双方当事人的合法权益，而且有利于促进社会主义现代化建设的发展。

合同纠纷的调解往往是当事人经过和解仍不能解决纠纷后采取的方式，因此与和解相比，它面临的纠纷要大一些。与诉讼、仲裁相比，仍具有与和解相似的优点：它能够较经济、较及时地解决纠纷；有利于消除合同当事人的对立情绪，维护双方的长期合作关系。

（三）仲裁

1.仲裁的概念

仲裁，亦称“公断”，是当事人双方在争议发生前或争议发生后达成的协议，自愿将争议交给第三者做出裁决，并负有自动履行义务的一种解决争议的方式。这种争议解决方式必须是自愿的，因此必须有仲裁协议。如果当事人之间有仲裁协议，争议发生后又无法通过和解和调解解决，则应及时将争议提交仲裁机构仲裁。

2.仲裁的原则

（1）自愿原则

解决合同争议是否选择仲裁方式以及选择仲裁机构本身并无强制力。当事人采用仲裁

方式解决纠纷，应当贯彻双方自愿原则，达成仲裁协议。如有一方不同意进行仲裁的，仲裁机构则无权受理合同纠纷。

（2）公平合理原则

仲裁的公平合理，是仲裁制度的生命力所在。这一原则要求下仲裁机构要充分收集证据，听取纠纷双方的意见。仲裁应当根据事实。同时，仲裁应当符合法律规定。

（3）仲裁依法独立进行原则

仲裁机构是独立的组织，相互间无隶属关系。仲裁依法独立进行，不受行政机关、社会团体和个人的干涉。

（4）仲裁终局原则

由于仲裁是当事人基于对仲裁机构的信任做出的选择，因此其裁决是立即生效的。裁决做出后，当事人就同一纠纷再申请仲裁或者向人民法院起诉的，仲裁委员会或者人民法院不予以受理。

3.仲裁委员会

仲裁委员会可以在省、自治区、直辖市人民政府所在地的市设立，也可以根据需要在其他设区的市设立，不按行政区划层层设立。

仲裁委员会由主任1人、副主任2～4人和委员7～11人组成。仲裁委员会应当从公道正派的人员中聘任仲裁员。

仲裁委员会独立于行政机关，与行政机关没有隶属关系。仲裁委员会之间也没有隶属关系。

4.仲裁协议

（1）仲裁协议的内容

仲裁协议是纠纷当事人愿意将纠纷提交仲裁机构仲裁的协议。它应包括以下内容：

①请求仲裁的意思表示。

②仲裁事项。

③选定的仲裁委员会。

在以上三项内容中，选定的仲裁委员会具有特别重要的意义。因为仲裁没有法定管辖，如果当事人不约定明确的仲裁委员会，仲裁将无法操作，仲裁协议将是无效的。至于请求仲裁的意思表示和仲裁事项则可以通过默示的方式来体现。可以认为在合同中选定仲裁委员会就是希望通过仲裁解决争议，同时，合同范围内的争议也是仲裁事项。

（2）仲裁协议的作用

①合同当事人均受仲裁协议的约束。

②是仲裁机构对纠纷进行仲裁的先决条件。

③排除了法院对纠纷的管辖权。

④仲裁机构应按仲裁协议进行仲裁。

5.仲裁庭的组成

仲裁庭的组成有两种方式。

（1）当事人约定由3名仲裁员组成仲裁庭

当事人如果约定由3名仲裁员组成仲裁庭，应当各自选定或者各自委托仲裁委员会主任指定1名仲裁员，第3名仲裁员由当事人共同选定或者共同委托仲裁委员会主任指定，且第3名仲裁员是首席仲裁员。

（2）当事人约定由1名仲裁员组成仲裁庭

仲裁庭也可以由1名仲裁员组成。当事人如果约定由1名仲裁员组成仲裁庭的，应当由当事人共同选定或者共同委托仲裁委员会主任指定仲裁员。

6.开庭和裁决

（1）开庭

仲裁应当开庭进行。当事人协议不开庭的，仲裁庭可以根据仲裁申请书、答辩书以及其他材料做出裁决，仲裁不公开进行。当事人协议公开的，可以公开进行，但涉及国家秘密的除外。

申请人经书面通知，无正当理由不到庭或者未经仲裁庭许可中途退庭的，可视为撤回仲裁申请。被申请人经书面通知，无正当理由不到庭或者未经仲裁庭许可中途退庭的，可以缺席裁决。

（2）证据

当事人应当对自己的主张提供证据。仲裁庭对专门性问题认为需要鉴定的，可以交由当事人约定的鉴定部门鉴定，也可以由仲裁庭指定的鉴定部门鉴定。根据当事人的请求或者仲裁庭的要求，鉴定部门应委派鉴定人参加开庭。当事人经仲裁庭许可，可以向鉴定人提问。建设工程合同纠纷往往涉及工程质量、工程造价等专门性问题，一般需要进行鉴定。

（3）辩论

当事人在仲裁过程中有权进行辩论。辩论终结时，首席仲裁员或者独任仲裁员应当征询当事人的最后意见。

（4）裁决

裁决应当按照多数仲裁员的意见做出，少数仲裁员的不同意见可以记入笔录，仲裁庭不能形成多数意见时，裁决应当按照首席仲裁员的意见做出。仲裁庭仲裁纠纷时，其中一部分事实已经清楚，可以就该部分先行裁决。对裁决书中的文字、计算错误或者仲裁庭已经裁决但在裁决书中遗漏的事项，仲裁庭应当补正；当事人自收到裁决书之日起30天内，可以请求仲裁补正。裁决书自做出之日起发生法律效力。

7.申请撤销裁决

当事人提出证据证明裁决有下列情形之一的，可以向仲裁委员会所在地的中级人民法院申请撤销裁决：

①没有仲裁协议的。

②裁决的事项不属于仲裁协议的范围或者仲裁委员会无权仲裁的。

③仲裁庭的组成或者仲裁的程序违反法定程序的。

④裁决所根据的证据是伪造的。

⑤对方当事人隐瞒了足以影响公正裁决的证据的。

⑥仲裁员在仲裁该案时有索贿受贿、徇私舞弊、枉法裁决行为的。

人民法院经组成合议庭审查核实裁决有前款规定情形之一的，应当裁定撤销。当事人申请撤销裁决的，应当自收到裁决书之日起6个月内提出。人民法院应当在受理撤销裁决申请之日起2个月内做出撤销裁决或者驳回申请的裁定。

人民法院受理撤销裁决的申请后，认为可以由仲裁庭重新仲裁的，通知仲裁庭在一定期限内重新仲裁，并裁定中止撤销程序。仲裁庭拒绝重新仲裁的，人民法院应当裁定恢复撤销程序。

8.执行

在仲裁委员会的裁决做出后，当事人应当履行。由于仲裁委员会本身并无强制执行的权力，因此当一方当事人不履行仲裁裁决时，另一方当事人可以依照有关规定向人民法院申请执行且接受申请的人民法院应当执行。

第六章

水利工程项目档案管理

第一节　水利工程项目档案管理概述

一、项目档案的重要性和必要性

（一）项目档案概念

1.工程建设项目档案概念

工程建设项目档案是指项目在提出、立项、审批、招投标、勘察、设计、生产准备、施工、监理、验收等工程建设及工程管理过程中，经过鉴定、整理、归档后形成的对国家、社会和工程有保存价值的各种文字资料、图纸、图表、电子文件、声像等不同形式和载体的各种历史记录。

2.水利工程建设项目档案概念

水利工程建设项目档案是指水利工程建设项目在项目建议书、可行性研究报告、施工准备、初步设计、建设实施、生产准备、竣工验收、后评价8个阶段中形成的，具有保存价值并经过整理归档的文字、图表、音像、实物等形式的水利工程建设项目文件。

（二）项目档案的重要性

工程建设项目档案是整个工程最真实的见证和反映，真实地记录了工程建设全过程的原始完整信息。项目档案的实体存在和形成过程就决定了它具有原始记录性、信息性和知识性，具有唯一性、同步性。

1.工程建设项目全生命周期的基础信息资源

工程建设项目全生命周期一般包括立项、勘察设计、招投标、施工、验收、运维等阶段，工程建设项目档案包括从立项、勘察、设计、招投标、施工至竣工验收全过程中形成的应当归档保存的文件材料。工程项目档案作为记录工程建设全过程的真实反映，是行政管理人员、工程技术人员和档案管理人员等按照相关法律法规、政策、标准、规范的规定如实填写形成、妥善保存并归档的凭证和证据，它以自身真实、准确、完整、翔实的特色再现了整个工程建设和管理过程的全貌，可以起到追本溯源的作用，是工程建设项目全生命周期基础信息资源。

2.工程建设项目质量终身制和安全的重要凭证及依据

根据相关规定，工程建设项目的参建各方在工程设计使用年限内依法承担质量终身制。项目档案既能体现工程实体安全质量状况、项目过程管理与全面控制情况，也可以实现作为质量安全追溯社会责任的有效证据和反映工程实体最终成果的重要依据，是工程建设项目质量终身责任制的重要凭证。

工程质量管理的核心和工程建设安全的根本之一就是落实质量终身责任制，而项目档案是质量责任落实情况的全面记载，项目档案管理的过程，就是对工程质量实施记录、监测、监督、验收等具体过程的体现，是工程质量管理和安全管理的最基础、最有效的环节，是反映工程实体最终成果的重要依据。

3.工程建设项目运行管理的重要依据

工程建设项目档案为工程运行、管理提供最权威的参考资料，提供了工程运行、检查、维修、管理、鉴定、改建、扩建的重要参考、借鉴和依据，同时也为消防、应急预案和应急抢修等提供综合服务。在工程完成项目投入使用的过程中，工程运行管理的全过程都需要项目档案作为技术资料支撑，也为后期改扩建、拆除、设计、施工、管理以及科学技术研究提供借鉴，同时还是发生自然灾害造成建设物毁灭性与破坏性灾后重建或维修的重要参考依据。

4.工程建设项目纠纷与事故判定的重要依据

建设项目档案形成于工程建设过程中的各种文件、记录、签证等原始记录，原始记录是各个法律主体之间履行合同的凭证和证据，是分辨事实、查证疑案、处理问题的依据。因此，项目档案是维护自身合法权益的有力武器，是合同纠纷、索赔与反索赔的重要凭证和依据。通过有效的档案管理，可以完整保存与合同相关的证据材料。

工程建设项目质量安全事故调查，通常方法是查阅工程项目档案资料，查证责任主体是否合法合规履行岗位职责，追溯产生安全事故的直接原因的线索并结合其他方式，以此判定责任和采取补救措施。因此，工程建设项目档案促进了工程建设的规范管理，为全面鉴定工程质量安全、查明建设过程中的投入和使用后发生事故的原因，追究事故责任并进行科学补救提供重要依据。

（三）项目档案的必要性

1.执行档案法律法规与制度标准的强制性要求

在水利工程建设管理中，项目法人和各参建单位在管理体系中明确设置执行、检查档案管理有关强制性条文的环节和要求，并在项目实施中开展对照检查，水利工程监督机构在对项目开展质量安全等方面监督的同时，同步对项目档案管理强制性条文的情况开展监督，确保项目档案的质量标准要求。

2.促进工程建设质量和安全的需要

完整的项目档案是开展工程建设项目管理工作的必要条件，也是整个工程质量和安全的重要保障。项目档案包含工程项目建设的重要文件和相关信息，在项目法人或者施工单位等需要时可以随时查阅，同时档案中还保存了与工程建设的质量和安全相关的一系列评价体系，能够有效地促进工程项目的开展，从而满足项目法人对工程项目的要求。因此，工程档案与工程项目的安全质量关系密切，高质量开展项目档案，有利于推进工程建设进度，有利于保证工程质量安全，有利于有效控制工程投资，有利于提前发挥效益，建设优质工程。

二、项目档案管理工作机构

（一）项目档案管理工作机构的组成

项目法人对项目档案工作负总责，实行统一管理、统一制度、统一标准。业务上接受档案主管部门和上级主管部门的监督检查和指导。

1.工作机构

项目档案管理需要项目法人与参建单位共同完成，明确项目档案工作的负责人，设立或明确与项目建设管理相适应的档案管理机构。要建立以档案管理机构为核心，工程建设管理相关部门和参建单位参与的项目档案管理工作网络，并建立沟通协调机制。

2.人员组成

项目法人、工程建设管理相关部门、各参建单位应配备专人或指定人员负责项目文件和项目档案管理工作，在项目建设期间不得随意更换。

（二）项目档案管理工作的职责与任务

1.项目法人主要履行的职责任务

明确档案工作的分管领导，设立或明确与工程建设管理相适应的档案管理机构；建立档案管理机构牵头，工程建设管理相关部门和参建单位参与、权责清晰的项目档案管理工作网络。

制定项目文件管理和档案管理相关制度，包括档案管理办法、档案分类大纲及方案、项目文件归档范围和档案保管期限表、档案整编细则等。

在招标文件中明确项目文件管理要求。与参建单位签订合同、协议时，应设立专门章节或条款，明确项目文件管理责任，包括文件形成的质量要求、归档范围、归档时间、归档套数、整理标准、介质、格式、费用及违约责任等内容。监理合同条款还应明确监理单位对所监理项目的文件和档案的检查、审查责任。

建立项目文件管理和归档考核机制，对项目文件的形成与收集、整理与归档等情况进行考核。对参建单位进行合同履约考核时，应对项目文件管理条款的履约情况作出评价；在合同款完工结算、支付审批时，应审查项目文件的归档情况，并将项目文件是否按要求管理和归档作为合同款支付的前提条件。应将项目档案信息化纳入项目管理信息化建设，统筹规划、同步实施。

对档案主管部门和上级主管部门在项目档案监督检查工作中发现的问题要及时整改落实，对检查发现的档案安全隐患应及时采取补救措施予以消除。

2.项目法人档案管理机构主要履行的职责任务

组织协调工程建设管理相关部门和参建单位实施项目档案管理相关制度。负责制订项目档案工作方案，对参建单位进行项目文件管理和归档交底。负责监督、指导工程建设管理相关部门及参建单位项目文件的形成、收集、整理和归档工作。组织工程建设管理相关人员和档案管理人员开展档案业务培训。参加工程建设重要会议、重大活动、重要设备开箱验收、专项及阶段性检查和验收。负责审查项目文件归档的完整性和整理的规范性、系统性。负责项目档案的接收、保管、统计、编研、利用和移交等工作。

3.工程建设管理相关部门主要履行以下职责任务

负责对水利工程建设项目技术文件的规范性提出要求，负责对勘察、设计、监理、施工、总承包、检测、供货等单位归档文件的完整性、准确性、有效性和规范性进行审查，负责对本部门形成的项目文件进行收发、登记、积累和收集、整理、归档。

4.参建单位主要履行的职责任务

建立符合项目法人要求且规范的项目文件管理和档案管理制度，报项目法人确认后实施。负责本单位所承担的项目文件收集、整理和归档工作，接受项目法人的监督和指导。监理单位负责对所监理项目的归档文件的完整性、准确性、系统性、有效性和规范性进行审查，形成监理审核报告。

5.实行总承包的建设项目，总承包单位主要履行的职责任务

负责组织和协调总承包范围内项目文件的收集、整理和归档工作，履行项目档案管理职责和任务。各分包单位负责其分包部分文件的收集、整理，提交总承包单位审核，总承包单位应签署审查意见。

三、档案工作人员素质要求

档案工作人员的素质关系档案事业的发展，必须具备政治觉悟高、创新意识强、业务技能硬等基本素养。

作为水利工程项目档案人员更应树立正确的人生观、价值观，拥有高尚的职业道德，具备全心全意为水利事业和经济发展服务的理念。同时应具备以下能力：

（一）过硬的业务能力

水利工程档案管理人员是传播信息、储备知识链接应用的桥梁。必须具备以下两点业务素质：一是认真贯彻、严格遵守档案管理中的各项规章制度，依法治档的同时，还需掌握水利工程项目基本知识，有针对性地将工程项目的各阶段文件材料进行系统收集。二是要有熟练的计算机操作技能，重视网络知识学习，以适应新时期档案工作的需要。

（二）较强的创新能力

新时期实现现代化水利档案管理建设，关键要坚持改革创新、增强创新意识、积极探索，运用现代科学技术手段开展水利档案管理工作，不断提高档案管理工作实效。

（三）团队协作能力

在水利工程项目实施中，各部门工作人员应积极参与、有效地沟通，与团队积极配合协作方能保证工作顺利进行。

（四）业务学习能力

从事水利工程项目档案工作的人员，应具备文书档案、科技档案、水利工程相关专业类别档案的能力及不同类别档案的鉴别、分类、整理能力。因此，档案人员应具备较强的学习能力，加强专业性培训。

（五）工程项目全程掌控能力

水利工程项目档案人员参与工程项目规划、咨询、勘察、设计、招标投标等过程，并将形成的文件纳入归档范围，参与工程建设的检查、监测、取样、验收、会议等有关活

动，见证项目文件的形成过程，最终充分把握工程档案的质量。

四、项目档案的管理制度与业务规范

（一）制度规范建设

1.建设单位制度规范体系要求

在项目开工前，建设单位应遵循相关法律法规、规章制度和标准规范，按照职责明确、流程清晰、措施有效、要求具体的原则，建立覆盖项目各类文件、档案的管理制度和业务规范体系。

2.项目文件管理业务规范内容

项目文件管理业务规范中应包含但不限于下列内容：

项目文件的管理流程、文件格式、编号、归档要求等，竣工图的编制单位、编制要求、审查流程和责任等，照片和音视频文件摄录的责任主体、阶段、节点、部位、内容、技术参数、归档要求等。

3.档案管理业务规范内容

建设单位档案管理业务规范中应包含但不限于下列内容：

项目档案管理办法、档案分类方案、归档范围和档案保管期限表、整理编目细则。

4.纳入项目管理制度规范

建设单位在项目管理相关制度、规范中应提出档案管理的要求。

5.参建单位制定规范体系要求

参建单位项目部应制定与建设单位的要求相适应的项目文件管理制度和业务规范。

6.修订完善要求

建设单位和参建单位应适时对管理制度和业务规范进行修订完善。

（二）水利工程项目档案的管理制度

项目中的各级档案管理机构应建立健全该项目档案工作规章制度，成立档案工作领导机构，明确专兼职人员的岗位职责与要求，制度上墙，责任到人，实现档案管理现代化、规范化、标准化目标。具体业务随时接受上级的监督、指导与检查。

1.档案工作人员的岗位职责

认真贯彻执行有关档案工作的规定，建立健全本工程及本单位的档案管理办法与档案工作规章制度并组织实施，开展档案信息化建设，推行档案管理工作的标准化、规范化、现代化。负责组织、协调、督促、指导、检查各参建单位和所属机构档案工作及本单位各部门档案的收集、整理、归档工作，加强归档前文件材料的管理工作，会同工程技术人员对文件材料的归档情况进行定期检查，审核验收归档案卷，办理交接手续，确保归档档案齐全、准确、系统、完整。集中统一管理工程建设管理的各种载体全部档案，推行文档一体化管理。编制各类档案分类大纲、保管期限表及各种档案检索工具，做好档案文件的收集、接收、编研、保管、鉴定、统计、编目。熟悉室藏，做好档案文件的二次加工，为工程建设与管理提供优质服务。严格遵守保密制度，不得利用职务便利擅自扩大档案利用范围，不得泄露档案的秘密内容。做好档案防护工作，保证档案安全。搞好防水、防火、防盗、防虫、防高温、防潮、防强光、防尘、防鼠、防磁等工作，维护档案的完整与安全。对保管的档案应经常进行检查，发现问题及时汇报，对破损和字迹褪变的档案要及时修补和复制。

2.档案库房管理制度

档案库房管理应坚持“以防为主、防治结合”的原则，明确专人负责，注意及时通风、防水、防盗、防虫、防高温、防高光、防潮、防尘、防鼠、防磁、消毒，实行科学管理。档案库房钥匙要专门保管、专人使用，不准随身携带，库房门窗及时关闭上锁。非本室工作人员不得擅入库房，因工作需要进入时，须经领导批准后由本室人员陪同。保持档案装具整齐清洁，排放有序，便于查找利用。库房内配备专用消防器材，工作人员要掌握使用方法，定期检查、更换。库房内严禁吸烟，禁止存放易燃易爆物品及无关杂物。库房内的仪器设备要认真管理，定期进行检修、保养，定期除尘、消毒、杀虫，做好记录。对库房内档案的调出、归还要严格遵守登记检查制度，发现问题及时处理。

3.归档制度

归档范围：凡是反映工程建设与管理及其他具有查考利用价值的各种门类、各种载体的文件材料，均属归档范围。

归档时间：年度文书档案应在次年6月底前交档案部门归档；工程档案按工程项目、设备种类、科研课题分阶段或竣工验收后10个工作日内交档案部门归档；重大活动、专业、专题会议形成的声像档案，在会议结束后一周内由会议主办单位负责归档。

归档要求：归档的文件材料应齐全、完整、准确，其种类、份数以及每份文件页数与对应的电子版一致。文书档案及工程档案均需同步形成电子档案。

归档的文件材料应系统、条理、规范，符合文件自然形成规律，保管期限区分准确，分类科学，组卷合理，卷盒内的文件排列有序、条理清楚。

归档的档案案卷题名应简明确切，目录内容完整，统一打印；案卷线装，一律用A4纸，排列及编号符合规定。

4.档案借阅制度

借阅档案必须办理借阅手续。秘密级以上档案须经主管领导签字后，方可借阅。外单位人员借阅档案，应持有单位介绍信，写明利用者的情况、借阅目的、借阅档案的主要内容、借阅时限和利用方法，秘密级以上档案须经主管领导批准后方能借阅。借阅人员必须按要求填写利用效果。借阅人员，要爱护档案，不准擅自摘抄、拍照、复制和互相传阅，不准圈画、涂改、撕页和拆卷。对损坏档案者，要追究其责任。借阅档案必须按期归还，档案工作人员及时处理注销手续。借阅人员要严格遵守档案室的规章制度，室内禁止吸烟，不准大声喧哗，影响他人阅览；要注意阅览室内的卫生，爱护公共财物。档案工作人员要端正工作态度，提供优质服务，严格执行各项制度，确保档案的完整与安全。

5.档案保管制度

根据保存档案的数量，设置适用的专门档案库房、档案橱柜和档案用具。按国家档案库房的管理标准，配备相应的除湿机、微机、空调、复印机等设备，延长档案的使用寿命。接收档案必须认真验收，严格办理交接手续，移出档案要及时登记和统计，保证档案的完整。做好档案库房日常管理工作，确保库房的档案橱柜、档案排列合理有序，便于保管和利用。严禁在库房吸烟和存放易燃、易爆物品及其他杂物。保证库房内温湿度符合国家规定的标准。坚持检查制度，在加强日常管理的基础上每半年进行一次普查，年终进行全面检查，发现虫蛀、霉变、损坏、丢失档案等现象要及时向分管领导逐级报告，并积极采取措施予以处理。要定期对室藏档案进行清点核对，做到账物相符。对损坏和模糊不清的档案要及时修补和复制。

6.档案保密制度

做好档案的安全、保护、保密工作，做到不该说的不说、不该记的不记，不在任何地方和任何人面前谈论档案中涉及本工程建设与管理中机密的内容。

严格执行档案借阅制度，认真处理好保密与利用的关系，在保守国家秘密的前提下，为利用者提供便利、及时的服务。对不符合正当手续的借阅者，不查档不借档。涉及秘密内容的档案须经领导批准后，方可提供利用。

工作人员不准私自将档案带出档案室，非本室工作人员不得随意出入库房。工作阅档要坚持随用随调，下班时应及时入库，未使用完毕的可暂入橱柜或抽屉，严禁堆放在桌面上。对违反本制度者，视情节轻重给予相应的批评教育和行政处分；情节严重者，依法追究刑事责任。

五、项目文件与项目档案

（一）项目文件和项目档案的概念

项目文件是在项目建设全过程中形成的文字、图表、音像、实物等形式的文件材料。

项目档案是指经过鉴定、整理并归档的项目文件。

（二）项目文件与项目档案的关系

1.项目文件与项目档案的特性

项目档案的本源性与原始性特质决定了其具有不可后补及不可替代性，因此项目文件的形成和积累必须与工程建设同步进行、动态跟踪，从而体现项目文件真实、准确且与工程实际相符的本质属性。

2.项目文件是项目档案的基础

对于在工程建设过程中形成的大量文件材料，要先进行收集形成系统性的项目文件，再经鉴定、整理、归档形成项目档案。因此，在工程建设全过程中形成的各种载体的项目文件是项目档案的基础。

第二节　水利工程项目文件管理

一、项目文件的主要内容

建设项目在立项、审批、招投标、勘察、征地补偿、移民安置、设计、施工、监理及竣工验收全过程中形成的文字、图表、声像等形式的全部文件，包括项目前期文件、项目管理文件、项目竣工文件和项目竣工验收文件等。

二、项目文件的鉴别

为做好水利工程项目档案管理工作，在进行项目档案的收集和整理过程中，要正确鉴别哪些文件材料该归档，哪些不该归档。为了避免将不具有保存价值的纸质文件材料当成项目档案保存，首先要对工程建设过程中所产生的所有文件进行鉴别。

在工程建设过程中，除了竣工图、施工文件材料、监理文件等将来可能会查找利用的归档文件外，还有许多反映建设工程进行过程中的事务性文件，如关于节假日放假加强安全管理的通知、建设过程中消防部门对施工现场进行例行消防检查的通知或整改文件、变更作息时间的通知等，此类文件在工程实施后实际上已经失去了效力，这些文件就可以不归档。此外，多余的重复文件也属于不归档文件，建议把这种类型的项目文件移交相关部门进行处理，不进入归档范围。

三、项目文件的收集

项目文件的收集作为档案业务工作的基础，收集工作的好坏直接影响项目档案的齐全、完整。

（一）项目文件的形成

项目建设过程中会形成大量的项目文件，水利工程中形成的项目文件包括但不限于前期工作文件、征地补偿与移民安置文件、管理性文件、工程技术文件、竣工图、照片等。

1.一般纸质文件的编制

项目前期文件、管理性文件应符合国家有关法律法规、相关行业的规定。设计、施工、监理等工程技术文件应符合国家、行业有关技术规范和标准的规定。文件应格式规范、内容准确、清晰整洁、编号规范、签字及盖章手续完备并满足耐久性要求。归档文件应为原件，因故用复制件归档时，应加盖复制件原件存放部门印章或档案证明章，确保复制件内容与原件一致并具有同等效力。

2.竣工图的编制

竣工图是工程档案的重要组成部分，必须做到准确、清楚，真实反映工程竣工时的实际情况。项目法人应负责编制项目总平面图和综合管线竣工图，现场管理机构应负责编制辖区内工程项目总平面图和综合管线竣工图。施工单位应以单位工程为单位编制竣工图。

竣工图的编制依据：施工单位应将设计变更、工程联系单、技术核定单、洽商单、材料变更、会议纪要、备忘录、施工及质检记录等涉及变更的全部文件进行汇总，经监理审核后，作为竣工图编制的依据。竣工图应依据工程技术规范，按单位工程、分部工程、专业编制，并配有竣工图编制说明和图纸目录。竣工图编制应说明包括竣工图涉及的工程概况、编制单位、编制人员、编制时间、编制依据、编制方法、变更情况、竣工图张数和套数等。

竣工图编制基本要求：不同的建筑物、构筑物应分别编制竣工图。竣工图应完整、准确、规范、修改到位，真实反映项目竣工的实际情况，图面整洁，文字和线条清晰，纸张无破损。使用施工图编制竣工图的情况：使用施工图编制竣工图时，应使用新图纸，不得使用复印的白图编制竣工图。施工图没有变更的，由施工单位在施工图上逐张加盖并签署竣工图章。图纸变更不大且能在原施工图上修改补充的，可直接在原图上修改，并加盖竣工图章。修改处应注明修改依据文件的名称、编号和条款号，无法用图形、数据表达或标注清楚的，应在标题栏的上方或左边用文字简要说明。

有下述情形之一的均应重新绘制竣工图：

①涉及结构形式、工艺、平面布置、项目等重大改变的。

②图面变更面积超过20%的。

③合同约定对所有变更均需重绘或变更面积超过合同约定比例的。

重新绘制的竣工图按原图编号，图号末尾加注“竣”字，或在新图标题栏内注明“竣工阶段”。重新绘制的竣工图图幅、比例和文字大小及字体应与原施工图保持一致。施工单位重新绘制的竣工图，标题栏应包含施工单位名称、图纸名称、编制人、审核人、图号、比例尺、编制日期等标识项，并逐张加盖监理单位相关责任人审核签字的竣工图审核章。

竣工图的审核与签署：竣工图编制完成后，监理单位应对竣工图编制的完整、准确、系统和规范情况进行审核，并在竣工图章或竣工图审核章中签字确认。竣工图章、竣工图审核章中的内容应填写齐全、清楚，由相关负责人签字，不得代签。且应用红色印泥，盖在标题栏附近空白处。

其他要求：图纸幅面折叠后一般为A4或A3的规格，折叠后图纸的标题栏均应露在外面。应按规定统一折叠。竣工图档号章盖在标题栏附近空白处，图纸折叠后能够露在外面，便于查询利用。竣工图套数应满足项目法人、运行管理单位、有关部门或主管单位的需要，或按合同条款约定和有关规定执行。

（二）项目文件的收集范围

在项目建设过程中形成的、具有查考利用价值的各种形式和载体的项目文件均应收集齐全。项目法人应按照相关规定，并结合水利工程建设项目的实际情况，制定本项目文件归档范围和档案保管期限表。

（三）项目文件的收集要求

项目文件应完整，签署手续应完备，并实时收集。项目文件应为原件，因故无原件的可将具有凭证作用的文件归档。非承办、主送和抄送本单位的文件，可提供复制件，材料供应等重要文件可加盖供应单位印章。字迹易褪变的文件应复制后，与原件一并归档，且符合保存要求。

具体操作如下：

①归档的内容按工程实际过程形成、产生及归档范围表、达标投产考核所要求的应归档文件进行收集。

②项目文件应齐全、完整、准确、系统，签章手续完备，其内容真实、可靠，与工程实际相符合，即必须记录和反映建设项目的规划、设计、施工及竣工验收的全过程，图物相符、技术数据可靠、签字手续完备。

③项目文件应为原件。因故无原件归档的合法性、依据性、凭证性等永久保存的文件，提供单位应在复制件上加盖公章。

④项目文件应字迹清楚，图样清晰，图表整洁，其载体、书写及制成材料应符合相关规定。

⑤工程施工文件由项目承包商负责收集编制整理，监理单位负责审核合同工程项目竣工文件的系统性、完整性、准确性。

⑥项目法人内部各部门形成或收到的有关工程建设项目的前期文件、立项审批文件、招投标文件、工程概算预算文件、可行性研究报告阶段文件、土地征拨文件、红线图、移民补偿文件、施工许可文件、合同文件、完工结算及计量支付文件、设备和涉外文件、归口管理部门应注意收集、保管，在任务完成后，应根据文件的性质、内容、项目划分或单位工程由项目经办部门进行分类整理，及时移交归档。

⑦用于记录的专业施工与验收表格式文件，应符合现行水利行业标准的格式，没有填写内容的空白格应用“/”或加盖“以下空白”章，以示闭环。

⑧建设单位应保存全套项目文件，勘测、设计、施工、调试、监理等单位保存与承担任务相关的文件。

⑨由分承包单位形成的文件，发包单位应负责审核并签字；由劳务分包形成的文件，发包单位应对形成文件承担全部的质量责任并签字确认，否则视为无效文件。

（四）项目文件的收集时间

项目文件应与项目建设同步收集；前期阶段、施工准备阶段、竣工验收阶段等项目管理性文件，可在文件办理完毕或阶段性工作完成后及时收集；设备、仪器及物资文件，应在开箱验收后及时收集；施工、安装、调试单位形成的各专业项目文件，责任单位应在单位工程完工验收后及时收集；监理、设计等单位形成的项目文件，应在工作完成后及时收集。

（五）项目文件的预立卷

项目建设中要建立项目文件随时形成、及时收集归档的“预立卷”制度。预立卷主要是指在项目文件形成并办结后，立即对项目文件进行收集并进行预分类、预排列、预编号、预编目但可以不装订的过程。

1.预立卷的责任划分

根据“谁形成，谁整理”原则，项目文件的立卷责任主要在项目文件形成或办完的部门或单位，立卷单位负责职责范围内文件材料的预立卷，同时做好以下工作：

档案部门应不定期对在建项目的文件收集和预立卷进行检查、指导；项目法人应安排专人做好自身形成项目文件的预立卷，并制定适应自身业务范围的项目文件预立卷制度；向参建单位提出预立卷规范性要求，将预立卷工作的协调和检查分别纳入工程进度、质量、安全等专业管理中同步实施；参建单位安排专人做好各自形成的项目文件的预立卷，并制定适应自身业务范围的项目文件预立卷制度；监理单位负责审查所监理项目的预立卷进度、质量和安全。

2.预立卷的主要程序

预立卷可以分为内容鉴定、设置卷盒、集中文件、案卷整理四个步骤。

第1步：内容鉴定。鉴定文件是否办结、归档价值、保管期限、密级等。

第2步：设置卷盒。根据项目档案的分类方案设置临时卷盒，并在卷盒的封面和脊背上抄写类目名称和类目号等。一般来说，一个卷盒最多对应一个类目。

第3步：集中文件。将项目文件收集并分类放置在不同卷盒中，随时对项目文件按照有关要求加以排列。文件可不装订。

第4步：案卷整理。使用铅笔临时预编档号、件号和页号，编制临时卷内目录和案卷目录。

3.预立卷的工作标准

收集进度：项目文件的预立卷进度应该与项目建设进度基本同步，最多不能落后项目建设进度两个施工节点。

准确可靠：施工技术文件符合规章制度要求，项目文件签章手续完备、图物相符、数据可靠、真实准确。

系统科学：文件内容前后对应，反映同一问题的项目文件排列规范，临时卷合类目设置合理。

标准规范：临时卷合整齐划一，项目文件的预立卷符合项目文件收集整理的标准规定、基本原则和一般规律。

安全保密：卷盒质量合格，保管环境安全，在项目文件的立卷和使用过程中不发生破损、丢失，涉密文件内容不泄密。

四、项目文件的整理

“预立卷”已经对项目文件进行了初步鉴定、分类、组卷和编号，在项目文件收集齐全后，立卷单位需要再次对项目文件进行全面、系统的整理。

（一）组织案卷

1.组卷原则

案卷是由互有联系的若干文件组合而成的档案保管单位。组成案卷要遵循文件的形成规律，保持案卷内科技文件材料的有机联系和案卷的成套、系统，便于档案的保管和利用。做到组卷规范、合理，符合国家或行业标准要求。

2.组卷要求

案卷内的文件材料必须准确反映工程建设与管理活动的真实内容。案卷内的文件材料应是原件，要齐全、完整，并有完备的签字手续。案卷内文件材料的载体和书写材料应符合耐久性要求。不应用热敏纸及铅笔、圆珠笔、红墨水、纯蓝墨水、复写纸等书写。归档目录与归档文件关系清晰，各级类目设置清楚，能反映工程特征和工程实况。

3.组卷方法

根据水利工程建设项目文件归档范围，划分文件材料的类别，按文件种类组卷。应注意单位工程的成套性，分部工程的独立性，应在分部工程的基础上，做好单位工程的立卷归档工作。同一类型的文件材料以分部或单位工程组卷，如工程质量评定以分部工程组卷，竣工图以单位工程或不同专业组卷；管理性文件材料以标段或项目组卷。产品局部或零部件变更、建设项目和设备仪器在维修和维护中所形成的科技文件，宜采取插卷方式放入原案卷中；亦可单独组卷排列在原案卷之后，并在原案卷的备考表中予以说明和标注。

（二）案卷和案卷内文件材料的排列

卷内文件要排列有序，工程文件材料及各类专门档案材料的卷内排列次序，可先按不同阶段分别组成案卷，再按时间顺序排列案卷。

基建类案卷按项目依据性材料、基础性材料、工程设计、工程施工、工程监理、工程竣工验收、调度运行等排列。科研类案卷按课题准备立项阶段、研究实验阶段、总结鉴定阶段、成果和知识产权申报奖励、推广应用等阶段排列。设备类案卷按设备依据性材料、外购设备开箱验收、设备生产、设备安装调试、随机文件材料、设备运行、设备维护等排列。案卷内管理性文件材料按问题、时间或重要程度排列。并以件为单位装订、编号及编目，一般正文与附件为一件，且正文在前，附件在后；正本与定稿为一件，且正本在前，定稿在后，依据性材料放在定稿之后；批复与请示为一件，批复在前，请示在后；转发文与被转发文为一件，转发文在前，被转发文在后；来文与复文为一件，复文在前，来文在后；原件与复制件为一件，原件在前，复制件在后；会议文件按分类以时间顺序排序。科技文件按系统、成套性特点进行案卷或卷内文件排列。卷内文件一般应文字材料在前，图样在后。竣工图按专业、图号排列。

（三）案卷的编制

1.案卷封面编制

案卷封面应印制在卷盒正表面，亦可采用黄牛皮纸按照封面形式打印粘贴在卷盒封面。案卷题名应简明、准确地揭示卷内科技文件材料的内容。

立卷单位：填写负责文件材料组卷的部门。

起止日期：填写案卷内科技文件材料形成的最早和最晚的时间。

保管期限：应填写组卷时按照有关规定划定的保管期限，填写案卷内项目文件的最高保管期限。

密级：应填写卷内科技文件材料的最高密级。

档号：按档案的编号填写档案的分类号、项目号和案卷顺序号。

2.案卷脊背编制

案卷脊背印制在卷盒侧面。案卷脊背项目可根据需要选择填写。

3.案卷内科技文件材料页号的编写

案卷内的文件材料以件为单位编写页码，均以有书写内容的页面编写页号，逐页用打码机编号，不得遗漏或重号。

单面书写的文件材料在其右下角编写页号；双面书写的文件材料，正面在其右下角，背面在其左下角编写页号。

印刷成册的文件材料，自成一卷的，原目录可代替卷内目录，不必重新编写页号；与其他文件材料组成一卷的，应排在卷内文件材料最后，将其作为一份文件填写卷内目录，不必重新编写页号，但需要在卷内备考表中说明并注明总页数。卷内目录、卷内备考表不编写页号。

4.案卷内目录的编制

案卷内目录是登录案卷内文件题名及其他特征并固定文件排列次序的表格，排列在卷内文件首页之前。

序号：应依次标注案卷内文件排列顺序，用阿拉伯数字从“1”起依次标注。

文件编号：填写文件材料的文号或型号或图号或代字、代号等。

责任者：填写文件形成者或第一责任者。

文件材料题名：填写文件材料标题的全称，不要随意更改或简化；没有标题的应拟写标题外加“[ ]”；会议记录应填写主要议题。

日期：填写文件材料形成的时间。

页数：填写每件文件材料的总页数。

备注：填写对应文件材料PDF电子版的页码。

档号：各立卷单位经验收单位的接收人审核后，卷内目录由立卷单位用计算机统一打印。

5.案卷内备考表的编制

案卷内备考表是案卷内文件状况的记录单，排列在案卷内目录之后。

案卷内备考表要注明案卷内文件材料的总件数、总页数以及在组卷和案卷提供使用过程中需要说明的问题。

立卷人：应由立卷责任者签名。

立卷日期：应填写完成立卷的时间。

检查人：应由案卷质量审核者签名。

检查日：应填写案卷质量审核的时间。

互件号：填写反映同一内容不同载体档案的档号，并注明其载体类型。

各立卷单位经验收单位的接收人审核后，备考表由立卷单位用计算机统一打印。

6.案卷目录的编制

序号：应填写登录案卷的流水顺序号。

编制单位：填写负责文件组卷的部门。

案卷题名、保管期限、档号。

形成时间：填写案卷内文件形成的起止日期。

总页数：应填写案卷内全部文件的页数之和。

备注：可根据管理需要填写案卷密级、互件号或存放位置等信息。

（四）案卷的装订

1.案卷装订的基本要求

装订应尽量减少对文件本身的影响，原装订方式符合要求的，应维持不变。对于成套、成册的文件材料一般不改变其装订方式。案卷内文件可整卷装订或以件为单位装订。装订形式无特殊要求，根据实际情况合理选用，对于施工技术文件等为方便保持案件的有机联系，宜采用整卷装订的形式。文件装订前，应对不符合要求的文件进行修整。归档文件已破损的，应予以修复。字迹模糊的，应予以复制。超出卷盒幅面的应折叠。文件装订应牢固、安全、简便，做到文件不损页、不倒页、不压字，装订后文件平整，有利于档案的保护和管理。用于装订的材料，无论是其自身还是通过其他材料及环境之间的接触反应，不应包含或产生任何可能损害归档文件的物质。以件为单位装订的应在每件文件首页右上角加盖档号章，逐件编件号；填写卷内目录，顺序排列。

2.案卷的装订方式

纸质文件的装订，一般可以分为以下五种方式：

①永久保管。直角装订、缝纫机轧边装订、“三孔一线”装订。

②定期30年保管，需要移交档案馆直角装订、缝纫机轧边装订、“三孔一线”装订、不锈钢订书钉装订、糨糊装订。

③定期30年保管，不需要移交档案馆直角装订、缝纫机轧边装订、“三孔一线”装订、不锈钢订书钉装订、糨糊装订。

④定期10年保管，直角装订、缝纫机轧边装订、“三孔一线”装订、不锈钢订书钉装订。

⑤需永久或定期保管，需要临时固定。不锈钢夹装订、封套装订。

在建设项目档案整理中，“三孔一线”装订方式应用得最多。

“三孔一线”装订相关如下：

①装订材料：使用棉纱线进行装订。

②适用范围：用于装订永久保管、30年保管、10年保管的纸质文件，一般装订的页数较多时优先考虑。

③装订方法：一般采用挤压式打孔，打孔前先用夹子固定文件右侧，确定孔距后用锥子或“三孔一线”打孔机打孔。穿线时，先将装订绳对折，将两个绳头并齐后从文件背面穿入中间孔，再将绳头分别向下穿入两边的孔中，并从由装订绳对折形成的圈中交叉穿过。用力拉紧两个绳头，使装订绳紧贴文件，再将两个绳头在中间孔处打结。

（五）案卷装盒

纸质归档文件装盒前要按件编写页码。页码应逐页编制，项目档案页码分别标注在文件正面右下角或背面左下角的空白位置。文件材料已印制成册并编有页码的，拟编制页码与文件原有页码相同的，可以保持原有页码不变。将编码完成的归档文件按顺序装入档案盒。案卷内不同幅面的文件材料要折叠为同一幅面，幅面一般采用国际标准A4型。其中，图纸幅面统一按国际标准A4型以手风琴式正反来回折叠，标题栏露在右下角。并在图纸的标题栏框上空白处加盖档号章。档案盒内最前面放置卷内目录、最后面放置卷内备考表，再粘贴上档案盒的封面和脊背，就可以按项目档案分类顺序排列上架了。

五、项目档案的归档和移交

项目文件归档：建设项目的设计、施工、监理单位在项目完成时向建设单位或受委托的承包单位移交经整理的全部相应文件。

项目档案移交：项目建设单位各机构将项目各阶段形成并经过整理的文件定期报送档案管理机构。

（一）项目文件的归档时间

项目文件应及时归档。前期文件在相关工作结束时归档；管理性文件宜按年度归档，同一事项由产生的跨年度文件应在办结年度归档；施工文件应在项目完工验收后归档，建设周期长的项目可分阶段或按单位工程、分部工程归档；信息系统开发文件应在系统验收后归档；监理文件应在监理的项目完工验收后归档；科研项目文件应在结题验收后归档；生产准备、试运行文件应在试运行结束时归档；竣工验收文件应在验收通过后归档。

（二）归档文件的质量要求

档案必须完整、准确、系统。做到分类清楚，组卷合理。所有归档文件材料都应是原件，双面用纸，要做到数据真实一致，字迹清楚、图面整洁，签字手续完备；案卷线装，结实美观；图片、照片等要附以有关情况说明。卷内目录、备考表一律采用计算机打印。文件材料的载体和书写材料应符合耐久性要求，不应用圆珠笔、纯蓝墨水、红墨水、铅笔书写、复写以及热敏纸等。

（三）项目档案组卷审查

施工文件组卷完毕经施工单位自查后，依次由监理单位、建设单位工程管理部门、建设单位档案管理机构进行审查。信息系统文件组卷完毕后提交监理单位、建设单位信息化管理部门、档案管理机构进行审查；监理文件和第三方检测文件组卷完毕并自查后，依次由建设单位工程管理部门和档案管理机构进行审查。每个审查环节均应形成记录和整改闭环。建设单位各部门形成的文件组卷完毕，经部门负责人审查合格后，向建设单位档案管理机构归档。

（四）归档套数

勘测设计、施工、设备制造、监理、委托代理、质量监督与检测等归档单位所提交的各种载体的档案一般是一正两副，具体应根据各地档案馆藏要求及工程实际建设情况确定。只有一份原件时，原件由产权单位保存，多家产权的由投资多的一方保管原件，其他单位保管复印件。

（五）项目档案移交

归档单位应按项目法人档案管理机构要求，编制交接清册，双方清点无误后交接归档。档案移交必须填写档案移交表，必须编制档案交接案卷及卷内目录，交接双方应认真核对目录与实物，并由经办人、负责人签字，加盖单位公章确认。

应分以下情况，在规定的时间内办理交接手续：

①勘测设计单位及业务代理机构应归档的档案在提交设计成果和代理工作结束10个工作日内移交项目法人。

②合同工程的施工、监理、质量监督与检测档案在完工验收会议结束10个工作日内移交项目法人。

③设备生产单位档案在设备交货验收的10个工作日内移交项目法人。

④有尾工的应在尾工完成后及时归档。

六、项目电子文件与电子档案

（一）一般要求

项目电子文件归档与电子档案管理应遵循项目建设和信息系统运行规律，坚持统一管理、全程管理、规范标准、便于利用、安全保密的管理原则。

档案行政主管部门负责对项目电子文件归档与电子档案的保管、利用和移交工作进行监督、指导，将电子档案管理工作纳入档案专项验收内容。

项目档案管理机构应统筹领导项目电子文件管理工作，建立统筹协调机制，以推进项目电子文件管理工作有效开展。

项目法人应将项目电子文件归档与电子档案管理工作纳入项目建设计划和项目领导责任制，纳入招投标要求，纳入合同、协议，纳入验收要求。

项目法人应明确机构，具体负责本单位项目电子文件的归档和电子档案的保管、利用、移交等工作，并对各参建单位的项目电子文件归档和电子档案管理工作进行检查、指导。

项目法人应根据项目建设管理实际，制定项目电子文件归档和电子档案管理各项制度、规范、程序，并组织协调工程管理相关部门和参建单位实施。

项目电子文件形成部门负责电子文件的收集、整理、检测、归档等工作；项目电子文件应采用符合国家标准或能够转换成国家标准的文件格式，利于信息共享和长期保存；项目电子文件归档保存的格式，应当符合国家规定的电子档案长期保存的要求。

其他参建单位采用电子签名等技术手段时，应符合国家相关法律、法规和标准要求，并得到项目法人的认可。

（二）电子文件过程管理

各参建单位应对项目电子文件形成、流转过程中形成的重要变更依据性文件材料、过程稿进行保存，对有关处理操作进行登记，并对其留存作出明确规定。

项目电子文件形成时的数据格式不能被项目档案信息管理系统读取时，应转换为项目档案信息管理系统可读取的数据格式，原格式与转换后的格式同时存放在文件信息包中。

项目电子文件在办理完毕后，应按照归档要求实时收集；整理项目电子文件时，应按照项目电子档案分类体系，组成文件信息包，包含项目电子文件及过程信息、版本信息、背景信息等元数据。

（三）电子文件归档

归档范围：电子文件形成单位应根据业务范围和工作性质，制定本单位电子文件归档范围和保管期限。

项目电子文件完成整理后，由形成部门负责对文件信息包进行鉴定和检测，电子档案与纸质档案的内容应一致。鉴定和检测后，由相关责任人确认归档，赋予归档标志。归档标志中应当含有归档责任人、归档时间、文件信息包名称等信息。

1.归档文件格式

归档的电子文件和专用软件产生的其他格式的电子文件应转换的格式参照电子文件归档格式的要求。对于无法转换的电子文件，应记录足够的技术环境元数据，详细说明电子文件的使用环境和条件。有条件的电子文件形成单位，应同步归档原始格式的电子文件。

2.归档移交要求

电子文件形成单位应定期将电子文件整理后归档。电子文件归档包括在线式归档和离线式归档两种方式，可根据实际情况选择其中一种或两种方式进行归档。

采取离线方式归档时，应将带有归档标识的电子文件复制至耐久性好的存储介质上，按优先顺序，可采用移动硬盘、闪存盘、光盘、磁盘等存储，存储介质应设置成禁止操作的状态。电子文件归档光盘技术要求应符合规定；专业软件产生的工程电子文件转换成通用格式后归档保存，如无法转换，应将专业软件一并归档。存储电子文件的介质或装具上应贴有标签，标签上应注明载体的序号、类别号、案卷起止号、密级、保管期限、存入日期等。项目电子文件归档时应由项目档案管理机构进行检验，检验合格后填写相关移交用表，办理交接手续。

（四）项目档案数字化

1.基本要求

档案数字化扫描、图像处理、图像存储、目录建库、数据挂接等应符合相关的规定。数字化范围应包括但不限于以下内容：项目立项审批文件、地质勘察文件、质量验收文件、系统及设备测试文件、竣工验收文件、竣工图等。委托第三方进行数字化加工的建设项目，委托单位应当与数字化加工单位签订保密协议，明确保密要求及失泄密的处罚措施。并采取建立安防系统、加强数字化存储设备管理和数字化人员管理等措施，确保档案信息安全。扫描分辨率应不低于300dpi，扫描模式宜采用彩色模式，文字图像清晰。扫描图像应为双层PDF格式。数字化扫描文件的排列顺序应与纸质文件的顺序相同，必须扫描原件。扫描图像不缺页、不重页、图像内容完整，不可折角、遮字。经数字化扫描所产生的图像文件，宜使用相应软件进行逐页纠偏、去污、裁边等图像优化处理。纠偏以视觉上不感觉偏斜为标准，允许的图像倾斜度不得大于0.1°　。方向不正确的图像，应旋转还原，以符合阅读习惯。

2.归档要求

归档的项目档案数字化成果应使用不可擦除型优质档案级DVD光盘；无病毒、划伤，能正常被计算机识别、运行，并能准确输出。合同、文字、照片、录像等载体档案应刻录光盘各3张。光盘标签制作要求如下几点。

①用专业喷墨打印机制作。

②标签的内容包括题名、制作单位、有关人员姓名、合同编号、扫描及刻录日期。

③题名和制作单位应与合同一致。

④刻录时间据实填写。

⑤字体和字号为题名：宋体3号；制作单位：宋体2号；

其他内容：宋体4号；若字数较多可根据实际情况调整。

（五）电子档案管理

项目法人应根据相关要求，结合项目实际情况，确定项目电子文件的归档范围和保管期限，确定项目电子档案分类体系。

除合同或协议中另有约定外，其他各参建单位应当在项目竣工验收通过后的3个月内，将项目电子档案向项目法人移交。

对于停建、缓建的项目，建设单位应及时收集各参建单位形成的项目电子档案，并由建设单位暂时保管。

项目电子档案保存实行备份制度，重要电子档案应当异地异质备份。

项目电子档案载体应按照国家和相关行业有关磁性载体、光盘载体等保管和保护的要求进行管理和存放。

接入内部网的项目档案信息管理系统，应配备防火墙、入侵检测等相应技术设备，建立操作日志，通过身份认证、访问控制、信息加密、信息完整性校验、入侵检测等技术手段和管理方法确保档案数据得到有效保护，防止因偶然或恶意的原因使网络数据遭到破坏、更改、泄露，杜绝网络系统上的信息丢失、篡改、失泄密、系统破坏等事故发生。

第三节 水利工程项目业务管理

一、项目档案的分类

档案分类是依据一定的标准，按照档案来源、时间、内容和形式特征的异同点，对档案进行有层次的区分，并形成相应的体系。建设项目档案的分类应遵循文件的自然形成规律，保持卷内文件的有机联系，便于档案的保管和利用。

因工程类别及规模不同，工程建设单位应结合工程项目本身的建设内容，制定相应的文件材料归档范围和保管期限，并划分类目，工程开工前组织各参建单位培训学习，对归档内容、表格形式、文字材料等提出具体要求，使其在工程建设过程中对文件材料的收集和整理有章可循、有据可依。

（一）编制分类方案

分类方案是用文字或图表的形式列举档案分类的类和属类的系列，概括各个类和属类所包括的档案的归档范围、保管期限、分类方法的类目表。

1.分类方案的编制原则

能够充分反映工程从立项到竣工验收期间整个工程建设活动的全过程。依据工程档案的内容、特点和形成规律，在保持其不可分割的自然联系的原则下，把产生于同一活动领域、具有相同内容的，归入同一档案类别。类目设置具有唯一性和相对稳定性，并有充分的扩展余地，在今后的工程建设过程中，若遇有所列类目之外的文件材料，可在各级类目中增设新的类目，且不会对原档案的完整性产生任何影响。类目符合从总到分、从一般到具体的逻辑原则，同级类目之间界限清楚，不互相交叉和包容。类目名称力求做到准确、简明、易懂、好记。

2.分类方案的编制方法

分类方案一般由项目法人编制，由各参建单位依据此分类方案对项目文件进行组卷归档。合理选择分类方法，在很大程度上决定了分类的质量。在项目档案整理过程中，一般工程建设项目档案的分类，主要有以下两种：

（1）按工程项目分类

按工程项目分类，就是按照建设工程项目，包括水库、电站、桥梁等独立工程项目的全部档案为单位划分类别，其特点是同一个工程项目将其设计或施工建设中形成的全部的档案集中在一起，反映了一个工程项目的全貌，便于按工程项目查找和利用档案，不属于同一个工程项目的档案要严格区分开。

（2）按专业性质分类

按专业性质分类，是指根据建设工程项目档案内容所反映的不同专业性质来划分档案的类别。按专业性质分类的方法，其特点是将同一专业性质的项目档案集中在一起，便于从专业角度查找和利用项目档案。

当归档文件数量较多时，单纯采用一种分类方法的情况是比较少见的，较多的是将几种分类方法结合使用，称为复式分类法。复式分类法的分类方案是依据确定的分类法，分层标列类目名称，以固定全宗内归档文件类别的分类体系。具体到不同单位和不同建设项目，需要结合工程建设的实际情况进行归档分类。

（二）编制档号

档号应依据档案分类方案和归档文件排列顺序进行编制。国家档案局发布的规定明确了编制档号的结构、原则和方法，建设项目档案档号编制可参照执行。

1.基本术语

档号是档案馆在整理和管理档案的过程中，以字符形式赋予档案的一组代码。档号是存取档案的标记，起着档案案卷排列后的固定作用，便于保管和查阅利用，并具有统计监督作用。

档号一般由全宗号、类别号、项目号、案卷号、文件号等代号中的全部或某几种组成。

全宗号：档案馆给定每个全宗的代码。

类别号：馆藏档案类别的代码，或称为分类号。

项目号：建设项目档案的代字或代号，或称为项目代号。

案卷号：案卷排列的顺序号。

文件号：案卷内文件的顺序号。

页号码：案卷内文件每页的顺序号。

代码：一个或一组有序的、易于计算机和人识别与处理的数字、字母、汉字及其他符号。

2.档号结构

归档文件应依分类方案和排列顺序编写档号，因此档号是档案分类号和案卷顺序号的组合。一般规定为以下三种结构。

第一种结构：全宗号—案卷目录号—案卷号—件、页号。

第二种结构：全宗号—类别号—案卷号—件、页号。

第三种结构：类别号—项目号—案卷号—件、页号。

在很多情况下，建设项目档案的档号采用第二种或第三种结构，或将第二种和第三种相结合。

3.档号编制方法

①全宗号应根据建设项目产权归属单位确定，由保管建设项目档案的档案馆提供。

②类别号的主要目的是标识案卷的分类，可以由汉字、汉语拼音字母或阿拉伯数字等符号组成，一般不应超过三级。

③项目号的主要目的是区分不同建设项目，可引用有关管理部门编制的项目代号。项目档案数量较多时，可增加阶段类别号或者标段号。

④案卷号一般由三位阿拉伯数字组成，独立项目从立项到竣工的案卷按分类和排列顺序流水编号，不得空号。

二、项目档案的编目与排列

（一）案卷编目

编制案卷目录，即指将案卷题名和其他特征登记造册，以固定案卷排列次序的工作。

它标志着档案整理工作基本完成，通过这种形式可以固定全宗内档案的分类体系和案卷的排列顺序。案卷目录是查找利用案卷最基本和必备的检索工具，是编制其他检索工具的重要依据。

1.编目的形式

编目，一般有两种形式。一种是以“卷”为单位登记编目；另一种是以“件”为单位登记编目。

以“卷”为单位编目：以“卷”为单位编制的案卷目录，一般包括封面、案卷说明、目次、案卷目录表等项目。封面，即案卷目录封面，主要包括全宗号、案卷目录号、目录名称、编制单位以及形成案卷时间等，其中全宗号是档案馆分配给立档单位的代号。

案卷说明，即案卷目录序言，放在案卷目录的开头，对案卷数量、分类和立卷原则、档案整理情况以及案卷内容、特点、存放情况等做简要说明，为档案查找利用提供了方便。

目次，是案卷目录的索引，主要是写明各个类、项、目的名称及其所在页码，对于案卷数量多的大全宗尤为必要。

案卷目录表，是案卷目录的主体部分，应该认真逐项填好。它以表格形式直接登记案卷封面上的各项内容。主要项目包括序号、档号、编制单位、案卷题名、形成时间、总页数、保管期限、备注。

以“件”为单位编目：归档文件整理编目要以“件”为单位进行，归档文件目录推荐由系统生成或使用电子表格进行编制。归档文件目录除保存电子版本外，还应打印后装订成册。归档文件应逐件编目，设置序号、档号、文件编号、责任者、文件材料题名、日期、页数、备注等项目。在工程项目档案中，为方便归档文件的检索利用，应依照档案分类方案和档号排列方法，形成两种编目。一是案卷目录级以“卷”为单位登记编目；二是卷内目录级以“件”为单位登记编目。

2.编目的注意事项

编目一般按照工程项目来编。一般来讲，一个项目编一本案卷目录。如果该项目案卷过多，可以分成若干个案卷目录。卷内目录及检索目录，可以按工程阶段类别号或者合同工程、标段号分别装订成册。

编目工作一般由项目法人档案工作人员负责编制。目录编制应能准确反映工程项目档案的分类方案和排列方法。

案卷目录应一式多份。一份存档，一份备用，各单位根据档案性质与利用情况确定具体份数和用途，同时确保纸质目录与电子版目录双套并行。

案卷目录表装订成册后，在脊背上粘贴标签，上架竖放于检索工具装具内，以备查阅利用。

（二）排列上架

排架应整齐有序，库位标识清楚，上架排列方法应与项目档案分类方案一致，避免频繁倒架。排架顺序应统一，案卷一般应按从上到下、从左到右的顺序排列，案卷间保持适宜的饱和度，避免排放过挤增加案卷摩擦或排放太松影响库位的有效利用。

第七章

水利工程项目资源管理

第一节　水利工程施工项目资源管理计划

一、人力资源管理计划

（一）人力资源需求计划

人力资源需求计划是施工单位根据工程项目进度计划的实施而采取的劳动力需求量。

①确定劳动力投入量。根据劳动力的生产效率和各分部分项工程量，即可计算出劳动力投入的总工时。

②人力资源需求计划编制。人力资源需求计划是围绕着施工项目总进度计划的实施进行编制的。施工项目总进度计划决定了各个单项（位）工程的施工顺序、延续时间和人数。经过组织流水作业，在消减劳动力高峰及低谷，反复进行综合平衡调整以后得出的劳动力需要量计划，反映了计划期内应调入、补充、调出的各种人员变化情况。在编制劳动力需要量计划时，要注意工程量、劳动力投入量、持续时间、班次、劳动效率，每班工作时间之间的相互调节。同时，在施工时也会经常安排混合班组承担一些工作包任务，此时，就要考虑整体劳动效率、设备能力和材料供应能力的制约，以及与其他班组工作的协调劳动力需要量计划中还应考虑现场其他人员的使用计划，如为劳动力服务的人员、工地保安、勤杂人员、工地管理人员等，其需求量可根据劳动力投入量计划按比例计算，或根据现场的实际需要安排。

（二）人力资源配置计划

人力资源配置计划应根据组织发展计划和组织工作方案，结合人力资源核查报告进行制订。

人力资源配置计划编制的内容：根据类型和施工过程特点，提出工作制度时间和班次方案；根据劳动定额配置员工数量，提出配备各岗位需求人员的数量、技术改造项目，优化人员配置；确定各类人员应具备的劳动技能和文化素质；测算职工工资和福利费用及劳动生产率，提出员工选聘等。

人力资源配置计划编制的方法：按设备、劳动定额、岗位、劳动效率等计算配置生产定员人数编制；按服务人数占职工总数或者生产人员数量的比例计算配置服务人员人数编制；按组织机构职责范围、业务分工计算管理定员人数编制。

（三）人力资源培训计划

人力资源培训计划的内容包括培训目标、培训方式、培训时间、培训人数、培训经费、师资保证等。培训计划的编制包括调查研究、计划起草和批准实施三个阶段。

（四）人力资源激励计划

常用的激励方法有行为激励法和经济激励法两种，在施工项目中，行为激励法高于一切激励，一般行为激励可创造出健康的工作环境、向上的工作精神，而经济激励法可以使参与者直接受益。应建立起人才资源的开发机制，使用人才的激励机制。这两个机制都很重要。如果只有人才开发机制，而没有激励机制，那么，人才就有可能外流。从内部培养人才，给有能力的人提供机会与挑战，造成紧张与激励气氛，是促成公司发展的动力。

经济激励计划的基础是按时间或任务设置可以达到的产出目标比率。对于直接劳动力来说，这些产出目标由生产率定额得到；对于间接劳动力来说，工作时间和利润共享可能是提供经济激励的唯一方法。

在工程施工过程中的经济激励计划，随着工程项目类型、任务和工人工作小组的性质而改变，大致上可采用按与基本小时工资成比例地付给超时工资的时间激励计划、按可以测量的完成工作量付给工人工资的工作激励计划、一次付清工作报酬和按利润分享奖金四种经济激励计划。

（五）其他人力资源计划

对于一个完整的水利工程施工项目，人力资源计划还应有项目运行阶段的人力资源计划，包括项目施工操作的人力资源、管理人员的招雇、调遣、培训的安排。如对于引进的设备和工艺项目，常常还要将操作人员和管理人员送出去进行行业的专业、职业资格培训和国际培训等安排，使他们时刻了解和掌握专业发展趋势，提高爱岗敬业的职业道德。

二、材料管理计划

（一）材料需用量计划编制

由于各项需要的特点不同，其确定需要量的方法也不同，通常用以下三种方法确定。

1.直接计算法

直接计算法是指用直接资料计算材料需要量的方法，直接计算法主要有定额计算法及万元比例法两种形式。

（1）定额计算法

定额计算法是指依据计划任务量和材料消耗定额来确定材料需要量的方法。

计划需要量＝计划任务量×材料消耗定额

在计划任务量一定的情况下，影响材料需要量的主要因素就是定额，如果定额不准确，计算出的需要量就难以准确。

（2）万元比例法

万元比例法是指根据基本建设投资总额和每万元投资额平均消耗材料来计算需要量的方法。这种方法主要是在综合部分中使用。

计划需要量＝某项工程总投资额（万元）×万元消耗材料数量

用这种方法计算出的材料需要量误差较大，但用于概算基建用料，审查基建材料计划指标，是简便有效的。

2.间接计算法

间接计算法是运用一定的比例、系数和经验来估算材料需要量的方法。间接计算法分为动态分析法、类比计算法及经验统计法等。

间接计算法的计算结果往往不够准确，在执行中要加强检查分析，及时进行调整。

（1）动态分析法

动态分析法是指对历史资料进行分析、研究，找出计划任务量与材料消耗量变化的规律从而计算材料需要量的方法。

计划需要量＝计划期任务量/上期预计完成任务量×上期预计所消耗材料总量×（1±材料消耗增减系数）

或

计划需要量＝计划任务量×上期预计单位任务材料消耗量×（1±材料消耗增减系数）

公式中的材料消耗增减系数，一般根据上期预计材料消耗量的增减趋势，结合计划期的可能性来决定。

（2）类比计算法

类比计算法是指生产某项产品时，在既无消耗定额，也无历史资料参考的情况下，参照同类产品的消耗定额计算需要量的方法。

计划需要量＝计划任务量×类似产品的材料消耗量×（1±调整系数）

公式中的调整系数应根据两种产品材料消耗量不同的因素来确定。

（3）经验统计法

经验统计法是指凭借工作经验和调查资料，经过简单计算来确定材料需要量的方法经验。统计法常用于确定维修、各项辅助材料及不便制定消耗定额的材料的需要量。

3.核算实际需用量，编制材料需用计划

根据计算的材料需用量，进一步核算材料实际需用量。核算的依据有以下三个方面：

（1）对于通用性材料，在工程进行初期，考虑到可能出现的施工进度超期因素，一般都略加大储备，因此其实际需用量略大于计划需用量。

（2）在工程竣工阶段，应考虑到工完、料清、场地净，防止工程竣工材料积压，一般利用库存控制进料，实际需用量要略小于计划需用量。

（3）对于一些特殊材料，为保证工程质量，往往要求一批进料，计划需用量虽然只是一部分，但在申请采购中往往是一次购进，这样实际需用量就要增加。其实际需用量的计算公式为：

实际需用量=计划需用量±调整因素量

（二）材料申请编制计划

需要上级供应的材料，应编制材料申请计划材料申请量的计算公式：

材料申请量=实际需用量+计划储备量—期初库存量

（三）材料供应计划编制

材料供应计划是材料计划的实施计划，材料供应部门应根据用料单位提报的申请计划及各种资源渠道的供货情况、储备情况，进行总需用量与总供应量的平衡，在此基础上编制对各用料单位或项目的供应计划，并明确供应措施，如利用库存、市场采购、加工订货等。

（四）材料供应措施计划编制

材料供应计划中必须明确供应措施及相应的实施计划，如市场采购，须编制相应的采购计划；加工订货，须有加工订货合同及进货安排计划，以切实确保供应工作的完成。

材料管理计划是对施工项目所需材料的预测、部署和安排，是降低成本、加速资金周转、节约资金的一个重要因素，更是指导与组织施工项目材料的订货、采购、加工、储备和供应的依据。

熟悉已审批项目的施工组织设计，了解工程工期安排和施工机械设备使用计划；根据企业资源和库存情况，对工程所需物资的供应进行策划，确定采购或租赁的范围；根据企业和地方主管部门的有关规定确定供应方式，并在了解当前市场价格的情况下，按相关要求进行具体编制。

（五）材料计划期需求计划编制

编制依据。主要是项目施工组织设计和年度施工计划、企业现行材料消耗定额、计划期内的施工进度计划等。

确定计划期材料需用量，常用定额计算法和卡段法。卡段法是根据计划期施工进度的形象部位，从施工项目材料计划中摘出与施工进度相应部分的材料需用量，然后汇总，求得计划期各种材料的总需用量。

计划编制。月度需求计划也称备料计划。它是由项目技术部门依据施工方案和项目月度计划编制的下月备料计划。

三、施工机械设备管理计划

（一）施工机械设备需求计划

施工机械设备需求计划主要用于确定施工机械设备的类型、数量、进场时间，可据此落实施工机械设备来源，组织进场。其编制方法：将工程施工进度计划表中的每一个施工过程每天所需的机械设备类型、数量和施工日期进行汇总。

（二）施工机械设备使用计划

项目经理部应根据工程需要编制施工机械设备使用计划，其编制依据是施工组织设计。同样的工程采用不同的施工方法、生产工艺及技术安全措施，选配的施工机械设备也不同。因此，编制施工组织设计，应在考虑合理的施工方法、工艺、技术安全措施时，同时考虑用什么设备去组织施工生产，才能最合理、最有效地保证工期和质量，降低生产成本。

施工机械设备使用计划一般由项目经理部施工机械管理员或施工准备员负责编制。中小型施工机械设备一般由项目经理部主管经理审批。大型设备经主管项目经理审批后，报有关职能部门审批，方可实施动作。租赁大型起重施工机械设备，主要考虑施工机械设备配置的合理性以及是否符合资质要求。

（三）施工机械设备保养计划

施工机械设备保养的目的是保持施工机械设备的良好技术状态，提高设备运转的可靠性和安全性，减少零件的磨损，延长使用寿命，降低能耗，提高经济效益。通常有例行保养和强制保养两种。

（四）施工机械设备修理计划

企业施工机械管理部门按年、季度编制施工机械设备大修、中修计划。编制修理计划时，要结合企业施工生产需要，尽量利用施工淡季，优先安排生产急需的重点施工机械设备的修理。

四、资金管理计划

（一）资金流动计划

项目资金流动计划就是项目收入与支出计划。要做到收入有规定、支出有计划、追加按程序，做到在计划范围内一切开支有审批、主要工料大宗支出有合同，使项目资金运营始终处于受控状态。

1.资金支出计划

不管是建设单位还是承包商，都很重视项目的现金流量，并将其纳入计划的范围。对建设单位来说，项目的建设期主要是资金支出。现金流量计划主要表现为资金支出计划。该计划与工程进度和合同所确定的付款方式有关，对承包商来说，项目的费用支出和收入常常在时间上不平衡，对于付款条件苛刻的项目，承包商常常垫资承包。

2.工程款收入计划

承包商工程款收入计划，即建设单位工程款支付计划，它也与工程进度和合同确定的付款方式有关，具体体现在四个阶段：①工程预付款及扣除；②工程进度收款的支付；③竣工结算；④保修金返还。

3.现金流量计划

在工程款支付计划和工程款收入计划的基础上可以得到工程的现金流量。它可以通过表或图的形式反映出来。对于工程承包商来说，工程项目现金流量计划有利于项目资金的安排，保证工程项目的正常施工，也可以根据工程现金流量计划，制订工程款借贷计划。同时，也为承包商提供了工程投入资金的风险分析情况。

4.项目融资计划

由于工程款收入计划与工程款支付计划之间的不平衡性，可能出现正现金流量，即承包商占用他人的资金进行施工，但这种情况是很少见的，而且现在工程款的支付条件也越来越苛刻，承包商很难占用他人的资金进行施工。在现实中，工程款收入计划与工程款支付计划之间经常出现负现金流量，承包商为了保证项目的顺利施工，必须自己首先垫付这部分资金。因此，要取得项目的成功，就必须有财务支持，而现实中要解决这类问题，往往采取融资这类方式。

（二）年、季、月度资金管理计划

年度资金管理计划的编制要根据施工合同工程款支付的条款和年度生产计划安排，预测年内可能达到的资金收入，结合施工方案，安排工、料、机费用等分阶段投入的资金，做好收入与支出在时间上的平衡。编制年度资金管理计划，主要是摸清工程款的到位情况，测算筹集资金的额度安排资金分期支付，平衡资金，确立年度资金管理工作的总体安排。

季度、月度资金管理计划的编制要结合生产计划的变化，安排好季度、月度资金收支。特别是月度资金收支计划，要结合施工月度作业计划，计算出主要工、料、机费用及分项收入，结合材料月末库存，由项目经理部各用款部门分别编制材料、人工、施工机械、管理费用及分包单位支出等分项用款计划，报项目财务部门汇总平衡。然后，由项目经理主持召开计划平衡会，确定整个部门用款数，经平衡确定的资金收支计划报公司审批后，项目经理部作为执行依据，组织实施。

公司的相关证书有安全生产许可证、营业执照、税务登记证、资质证书、组织机构代码证、诚信记录。

第二节　水利工程施工各项资源管理

一、人力资源管理

（一）人力资源的选择

人力资源的选择是根据项目需求确定人力资源的性质、数量、标准，并根据工作岗位的需求，提出人员补充计划；对有资格的求职人员提供均等的就业机会；根据岗位要求和条件，确定合适人选。

1.人力资源的优化配置

人力资源的优化配置是指在考虑相关因素变化的基础上，根据施工项目的施工进度计划和劳动力需要量计划合理配置人力资源，使得劳动者之间、劳动者与生产资料和生产环境之间达到最佳的组合，使得人尽其才，事半功倍，不断地提高劳动生产率，降低工程成本。

2.劳动定额

劳动定额是指在正常生产条件下，在充分发挥工人生产积极性的基础上，为完成一定产品或一定产值所规定的必要劳动消耗量的标准。施工单位的劳动定额有两种基本形式，即时间定额和产量定额。根据各自单位的长期施工统计，制定切实可行的劳动定额是施工单位实行内部考核、计件工资、劳动竞赛的依据。

3.劳动定员管理

劳动定员管理是指在一定生产技术组织条件下，为保证企业生产经营活动的正常进行，按一定素质要求，对配备各类人员所规定的限额。

4.施工项目的劳动定员应坚持先进合理的原则

各类人员结构适当，劳动生产率高；定员人数切实可行，能保证施工生产正常进行；人人有事做，事事有人做。

劳动定员的编制方法：按劳动效率定员，按设备定员，按岗位定员，按比例定员，按组织机构、职责范围、业务分工定员等。

（二）人力资源的培训

人力资源的培训主要是指对拟使用的人力资源进行岗前教育和业务培训，其内容包括管理人员的培训和施工人员的培训。

管理人员的培训包括岗位培训、继续教育、学历教育等。岗位培训包括施工员、材料员、资料员、质检员、安全员水利施工技术管理岗位“五大员”和造价员培训，以及继续教育培训，项目经理、安全管理人员的B、C安全考核，合格证培训以及继续教育培训，建造师执业资格继续教育培训等。

施工人员的培训包括：班组长培训，技术工人等级（高级工、中级工）职业技能鉴定，对从事电工、起重工、爆破工、登高架子工等特种作业人员应通过按照国家有关部门规定的培训，方能持证上岗；对新进施工单位的人员应进行进企业、进项目、进班组的“三级安全教育”，以及对分包施工队伍的岗前培训等。

（三）人力资源的动态管理

人力资源的动态管理是指根据生产任务和施工条件的变化对劳动力进行跟踪平衡协调，以解决劳务失衡、劳务与生产要求脱节的动态过程。其目的是实现劳动力动态的优化组合。人力资源动态管理应包括下列内容：

①项目经理部对进场的劳务队伍进行入场教育、过程管理、经济结算、队伍评价。

②凡进场的劳务人员都应了解工程施工要求，进行技术交底，组织安全考试。

③对施工现场的劳动力进行跟踪平衡，及时向企业劳动管理部门提出劳动力补充与减

员申请计划。

④向进入施工现场的作业班组下达施工任务书，进行考核并兑现费用支付和奖惩。

⑤施工过程中，项目经理部的管理人员应加强对劳务分包队伍的管理，严格执行合同条款，对不符合技术规范要求的操作应及时纠正，对严重违约的按合同规定处理。工程结束后，由项目经理部对分包劳务队伍进行评价，并将评价结果报企业有关管理部门。

⑥施工现场实行经济承包责任制。

二、材料管理

材料供应与管理的主要内容是两个领域、三个方面和八项业务。

两个领域是指材料流通领域和生产领域。流通领域的材料管理是指在企业材料计划指导下，组织货源，进行订货、采购、运输和技术保管，以及对企业多余材料向社会提供资源等活动的管理。生产领域的材料管理是指在生产消费领域中，实行定额供料，采取节约措施和奖励办法，鼓励降低材料单耗，实行退料回收和修旧利废活动的管理。水利水电工程企业的施工队伍，是材料供、管、用的基层单位，它的材料工作重点是管和用。工作的好与坏，对管理的成效有明显作用，可以提高企业经济效益。

三个方面是指材料的供、管、用。它们是紧密结合的。

八项业务是指材料计划、组织货源、运输供应、验收保管、现场材料管理、工程耗料核销、材料核算和统计分析。

（一）材料供应管理

工程材料供应管理工作的基本任务：本着供应管理材料必须坚持“管供、管用、管节约和管回收、修旧利废”的原则，把好供、管、用三个主要环节，以最低的材料成本，按质、按量、及时、配套供应施工生产所需的材料，并监督和促进材料的合理使用。

1.材料采购管理

（1）材料采购模式

水利水电工程施工企业在材料采购管理中一般有三种管理模式：一是分散采购管理；二是集中采购管理；三是既集中又分散的采购管理。采购采用什么模式应由材料市场、企业管理体制及所承包的工程项目的具体情况等综合考虑。

分散采购管理的优点：①分散采购可以调动各级部门积极性，有利于各部门、各项经济指标的完成。②可以及时满足施工需要，采购工作效率较高。③就某一采购部门来说，流动资金量小，有利于部门内资金管理。④采购价格一般低于多级多层次采购的价格。

分散采购管理难以形成采购批量，不易形成企业经营规模，从而影响企业整体经济效益。局部资金占用少，但资金分散，其总体占用额度往往高于集中采购资金占用，资金总体效益和利用率下降。机构人员重叠，采购队伍素质相对较弱，不利于建筑企业材料采购供应业务水平的提高。

集中采购管理模式用于工程承包项目或承揽工程项目较多的企业。集中采购有利于减少采购工作量，且有利于提高企业的管理水平和经济效益。

既集中又分散采购管理模式的特点是以上两种模式的综合。

（2）材料采购的原则

要遵守国家和地方的有关方针、政策、法律法规和规定。

必须以实际需要的材料品种、规格、数量和时间要求的材料采购计划为依据进行采购。贯彻“以需采购”的材料采购原则，同时要结合材料的生产、市场、运输和储备等因素，进行综合平衡。

坚持材料质量第一，把好材料采购质量关。不符合质量要求的材料不得进入生产车间、施工现场。要随时深入生产厂、市场，以督促生产厂提高产品质量和择优采购：采购人员必须熟悉所采购的材料质量标准，并做好验收鉴定工作，不符合质量要求的物资绝不采购。

降低采购成本。材料采购中，应开展“三比一算”。市场供应的材料，由于材料来自各地，生产手段不同，产品成本不同，质量也有差别。为此，在采购时，一定要注意同样的材料比质量，同样的质量比价格，同样的价格比运距，进行综合计算，以降低材料采购成本。

选择材料运输畅通方便的材料生产单位。由于生产建设企业尤其是施工企业所需用材料的数量大、地区分散，必须使用足够的运输工具，才能按时运输到现场。如果运输力量不足，即使有了资源，也无法运出。为了将所需的材料及时、安全地运输到使用现场，必须选择运输力量充足、地理和运输条件良好的地区及单位的材料，以保证材料采购和供应任务的完成。

（3）材料采购合同管理

材料采购合同是指供需双方就材料买卖协商达成一致的协议，这种协议常以书面的形式表达。在实施材料采购时，必须重视材料采购合同管理，并注意以下几点。

谈判内容一般为供需双方对权利、义务、价格、供货时间、供货条件等事关双方切身利益的探讨，是影响企业利益的重要因素，因此必须重视签约前的谈判。

合同内容必须准确、详细，因为协议、合同一旦签订，就必须履行。材料采购协议或合同一般包括如下内容：材料名称、品种、规格、型号、等级；质量标准及技术标准；数量和计量；包装标准、包装费及包装物品的使用方法；交货单位、交货方式、运输方式、到货。

地点、收货单位；交货时间；验收地点、验收方法和验收工具要求；单价、总价及其他费用；结算方式以及双方经协商同意的其他事项等。

协议、合同的履行过程，是完成整个协议、合同规定任务的过程，因此必须严格履行。在履行过程中如有违反就要承担经济、法律责任，同时违约行为往往会影响建筑产品生产。

及时提出索赔。索赔是合法的正当权利要求，根据法律规定，对并非由于自己过错所造成的损失或者承担了协议、合同规定之外的工作付出了额外支出，就有权向承担责任方索赔必要的损失。

（4）材料采购质量的控制

凡由承包单位负责采购的原材料、半成品或构配件、设备等，在采购订货前应向工程项目业主、监理工程师申报；对于重要的材料，还应提交样品，供试验或鉴定，有些材料则要求供货单位提交理化试验单，经审查且发出书面认可证明后，方可进行订货采购。

对于永久设备、构配件，应按经过审批认可的设计文件和图纸组织采购订货，即设备、构配件等的质量应满足有关标准和设计的要求，交货期应满足施工及安装进度安排的需要。

优选良好的供货厂家是保证采购、订货质量的前提。对于供货厂家的制造材料、半成品、构配件以及永久设备的质量应严格控制。为此，对于大型的或重要的设备，以及大宗材料的采购应当实行招投标采购的方式，对于设备、构配件和材料的采购、订货，需方可以通过制订质量保证计划，详细提出要达到的质量保证要求，质量保证计划的主要内容：采购的基本原则及所依据的技术规范或标准；设备或材料性能所依据的标准或规范；应进行的质量检验项目及要求达到的标准；技术协议，包括一般技术规定、技术参数、特性及保证值，以及有关技术说明、检验、试验和验收等；对设备制造过程中所使用的材料的标记、识别和追踪的要求，以及是否需要权威性的质量认证等。

供货方应提供质量保证文件：供货方应向需方提供质量保证文件，用以表明其提供的货物能够完全达到需方在质量保证计划中提出的要求。此外，质量保证文件也是施工单位将来在工程竣工时应提供的竣工文件的一个组成部分，用以证明工程项目所用的设备、材料质量符合要求。

质量保证文件的主要内容：供货总说明；产品合格证及技术说明书；质量检验证明；检测与试验者的资质证明；关键工艺操作人员的资格证明及操作记录；不合格品或质量问题处理的说明及证明；有关图纸及技术资料；必要时，还应附有权威性认证资料。

（5）材料采购批量管理

材料采购批量是指一次采购材料的数量。其数量的确定以施工生产需用为前提，按计划分批进行采购。采购批量直接影响着采购次数、采购费用、保管费用和资金占用、仓库占用。在某种材料的总需用量中，每次采购的数量应选择各项费用综合成本最低的批量，即经济批量或最优批。

经济批量的确定受多种因素影响，按照所考虑主要因素的不同一般有以下三种方法：

①按照商品流通环节最少的原则选择最优批量。从商品流通环节看，向生产厂直接采购，所经过的流通环节最少、价格最低。不过，生产厂的销售往往有最低销售量限制，采购批量一般要符合生产厂的最低销售批量。商品流通环节最少，既减少了中间流通环节的费用，又降低了采购价格，而且能得到适用的材料，降低采购成本，但受销售量限制。

②按照运输方式选择经济批量。在材料运输中有铁路运输、公路运输、水路运输等不同的运输方式。每种运输中一般又分为整车运输和零散运输。在中、长途运输中，铁路运输和水路运输较公路运输价格低、运量大。而在铁路运输和水路运输中，又以整车运输费用较零散，运输费用低。因此，一般采购应尽量就近采购或达到整车托运的最低限额，以降低采购费用。

③按照采购费用和保管费用支出最低的原则选择经济批量。材料采购批量越小，材料保管费用支出越低，但采购次数越多，采购费用越高；反之，采购批量越大，保管费用越高，但采购次数越少，采购费用越低。因此，采购批量与保管费用成正比例关系，与采购费用成反比例关系。应按照采购费用和保管费用得到的总费用最低选择经济批量。

2.材料运输管理

（1）材料运输的方式

我国有多种基本运输方式，它们各有特点，采用各种不同的运输工具，能适应不同情况的材料运输。在组织材料运输时，应根据各种运输方式的特点，结合材料的性质、运输距离的远近、供应任务的缓急及交通地理位置等来选择使用。

铁路运输、公路运输、水路运输、航空运输、管道运输等运输方式各有优缺点和适用范围。在选择运输方式时，要根据材料的品种、数量、运距、装运条件、供应要求和运费等因素综合考虑，择优选用。

（2）材料运输的组织

合理组织运输的途径，主要有以下四个方面：

①选择合理的运输路线。根据交通运输条件与合理流向的要求，选择里程最短的运输路线，最大限度地缩短运输的平均里程，消除各种不合理运输，如对流运输、迂回运输、重复运输、倒流运输等，以及违反国家规定的物资流向的运输方式。组织工程材料运输时，要采用分析、对比的方法，结合运输方式、运输工具和费用开支进行选择。

②采取直达运输，“四就直拨”，减少不必要的中转运输环节。直达运输就是把材料从交货地点直接运到用料单位或用料地点，减少中转环节的运输方法。“四就直拨”是指四种直拨的运输形式，指在大中城市和地区性的短途运输中采取“就厂直拨、就站直拨、

就库直拨、就船过载”的办法，把材料直接拨给用料单位或用料工地，可以减少中转环节，节约转运费用。

③选择合理的运输方式。根据材料的特点、数量、性质、需用的缓急、里程的远近和运价的高低，选择合理的运输方式，以充分发挥其效用。例如，大宗材料运距在100km以上的远程运输，应选用铁路运输。沿江、沿海大宗材料的中、长距离运输宜采用水运。一般中距离材料运输以汽车运输为宜，条件合适也可以使用火车运输。短途运输、现场转运，使用民间群运的运输工具，则比较合算。

④合理使用运输工具。合理使用运输工具，是指充分利用运输工具的载重量和容积，发挥运输工具的效能，做到满载、快速、安全，以提高经济效益。其主要方法如下：

提高装载技术，保证车船满载。不论采取哪一种运输工具，都要考虑其载重能力，保证装够吨位，防止空吨运输。铁路运输有棚车、敞车、平车等，要使车种适合货种，车吨配合货吨。做好货运的组织、准备工作。做到快装、快跑、快卸，加速车船周转。事先要配备适当的装卸力量、机具，安排好材料堆放位置和夜间作业的照明设施。实行经济责任制，将装卸运输作业责任到人，以快装、快卸促满载、快跑，缩短车船停留时间，提高运输效率。改进材料包装，加强安全教育，保证运输安全。一方面，根据材料运输安全的要求，进行必要的包装和采取安全防护措施；另一方面，对装卸运输工作加强管理，防止野蛮装卸，加强对责任事故的处理，加强企业自有运输力量管理。

（二）材料的验收与现场管理

现场材料管理的好坏，是衡量施工企业经营管理水平和实现文明施工的重要标志，也是保证工程进度和工程质量、提高劳动效率、降低工程成本的重要环节，对企业的社会声誉和投标承揽任务都有极大影响，加强现场材料管理，是提高材料管理水平、克服施工现场混乱和浪费现象、提高经济效益的重要途径之一。

①全面规划。开工前应编制现场材料管理规划，参与施工组织设计的编制，规划材料存放场地、道路，做好材料预算，制定现场材料管理目标。全面规划是使现场材料管理全过程有序进行的前提和保证。

②计划进场。按施工进度计划，组织材料分期分批有秩序地入场。一方面，保证施工生产需要；另一方面，防止形成大批剩余材料。计划进场是现场材料管理的重要环节和基础。

③严格验收。按照各种材料的品种、规格、质量、数量要求，严格对现场材料进行检验，办理收料。验收是保证进场材料品种正确、规格对路、质量完好、数量准确的第一道关口，是保证工程质量、降低成本的重要保证。

④合理存放。按照现场平面布置要求，做到合理存放材料。在方便施工、保证道路畅通、安全可靠的原则下，尽量减少二次搬运。合理存放是妥善保管的前提，是生产顺利进

行的保证，是降低成本的有效措施。

⑤妥善保管。按照各项材料的自然属性，依据物资保管技术要求和现场客观条件，采取各种有效措施进行维护、保养，保证各项材料不降低使用价值。妥善保管是物尽其用、实现成本降低的保证条件。

⑥控制领发。按照操作者所承担的任务，依据定额及有关资料进行严格的数量控制。控制领发是控制工程浦耗的重要关口，是实现节约的重要手段。

⑦监督使用。按照施工规范要求和用料要求，对已转移到操作者手中的材料，在使用过程中进行检查，督促班组合理使用、节约材料。监督使用是实现制约，防止超耗的主要手段。

⑧准确核算。用实物量形式，通过对消耗活动进行记录、计算、控制、分析、考核和比较，反映材料消耗水平，准确核算既是对本期管理结算的反映，又为下期改进提供了依据。

1.材料验收与现场管理的内容

（1）收料前准备

现场材料人员接到材料进场的预报后，要做好以下五项准备工作：

①检查现场施工便道有无障碍及是否平整通畅，车辆进出、转弯、调头是否方便，还应适当考虑回车道，以保证材料能顺利进场。

②按照施工组织设计的场地平面布置图的要求，选择好堆料场地，堆料场地要求平整、没有积水。

③必须进入现场临时仓库的材料，按照“轻物上架，重物进门，取用方便”的原则，准备好库位：防潮、防霉材料要事先铺好垫板。易燃易爆材料，要准备好危险品仓库。

④夜间进料时，要准备好照明设备在道路两侧及堆料场地，应有足够的亮度，以保证安全生产。

⑤准备好装卸设备、计量设备、遮盖设备等。

（2）材料的验收

现场材料的验收主要是检验材料的品种、规格、数量和质量。验收步骤如下：

①查看送料单，看是否有误送。

②核对实物的品种、规格、数量和质量，看是否和凭证一致。

③检查原始凭证是否齐全正确。

④做好原始记录，逐项详细填写收料日记，其中对于验收情况登记栏，必须将验收过程中发现的问题填写清楚。

（3）材料的堆放与保管

不同材料有不同的堆放与保管要求。

2.材料、设备进场的质量控制

凡运到施工现场的材料、半成品或构配件，应有产品出厂合格证及技术说明书，并由施工单位按规定要求进行检验，向监理工程师提出检验或试验报告，经审查并确认其质量合格后，方准进场。凡是没有产品出厂合格证及检验不合格者，均不得进场。

工地交货的机械或设备到场，也应有产品出厂合格证及技术说明书。设备到场后，订货方应在合同规定的时间内开箱检验，并按供方提供的技术说明书和质量保证文件进行检查验收，检验人员对其质量检查确认合格后，方予以签署验收单。若发现供方的质量保证文件与实物不相符，或者对文件资料的正确性有怀疑，或者设计及验收规程规定必须复检合格后才可使用时，还应由有关部门进行复检。

若检验发现设备质量不符合要求，不予以验收，应由供方予以更换或进行处理，合格后再行检查、验收。由于供方供货质量不合格而造成的损失，应及时向供方索赔。

对于工地交货的大型设备，通常是由厂方运至工地后进行组装、调整和试验，经过其自检合格后，再由订货方复检，复检合格后方予以验收。

进口的材料、设备的检查、验收，应会同国家商检部门进行。如在检验中发现质量问题或数据不符合规定要求，应取得供货方及商检人员签署的商务记录，在规定的索赔期内进行索赔。

3.材料、设备存放条件的控制

质量合格的材料、设备等进场后，到其使用或施工、安装时通常要经过一定的时间间隔，在此时间内，如果对材料、设备等的存放、保管不良，就可能导致质量状况的恶化，如损伤、变质、损坏，甚至不能使用。因此，施工单位对材料、半成品、构配件及永久性设备等的存放、保管条件及时间也应实行监控。

对于材料、半成品、构配件和永久性设备等，应当根据它们的特点、特性以及对防潮、防晒、防锈、防腐蚀、通风、隔热、温度、湿度等方面的不同要求，安排适宜的存放条件，以保证其存放质量。

对于按要求存放的材料、设备，存入后每隔一定时间检查一次，随时掌握它们的存放质量情况。此外，在材料、设备等使用前，也应对其质量再次检查确认后，方可允许使用。经检查质量不合要求者，不准使用，或降低等级使用。

4.当地天然材料试配

对于某些当地天然材料及现场配制的制品，一般要求施工单位事先进行试配，达到要求的标准后方准施工。除应达到规定的力学强度等指标外，还应注意以下方面的检验与控制。材料的化学成分的检验与控制。充分考虑到施工现场加工条件与设计、试验条件不同而可能导致的材料或半成品质量差异。

5.新材料、新设备应用前的管理工作

新材料、新设备应事先提交可靠的技术鉴定及有关试验和实际应用的报告，经工程项目业主、监理工程师审查确认和批准后，方可在工程中应用。

6.主要材料的验收与保管

（1）水泥的验收与保管

质量验收。以出厂质量保证书为凭证，进场时查验单据上水泥的品种、强度等级与水泥袋上印的标志是否一致，不一致的应分开码放，待进一步查清；检查水泥的出厂日期是否超过规定时间，超过的要另行处理；遇有两个单位同时到货的，应详细验收，分别码放，以防止品种不同而混杂使用。

数量验收。包装水泥在车上或卸入仓库后点袋计数，同时对包装水泥实行抽检，以防每袋重量不足破袋的要灌袋计数并过秤，防止重量不足而影响混凝土和砂浆强度，产生质量事故。

罐车运送的散装水泥，可按出厂秤码单计量净重，但注意卸车时要卸净，检查的方法是看罐车上的压力表是否为零及拆下的泵管是否有水泥压力表为零、管口无水泥即表明卸净。对怀疑重量不足的车辆，可单独存放，进行检查。

合理码放。水泥应入库管理，仓库地坪要高出室外地面20～30cm，四周墙面要有防潮措施，码垛时一般码放10袋，最高不得超过15袋。不同品种、强度等级和日期的，要分开码放，挂牌标明。

特殊情况下，水泥需在露天临时存放时，必须有足够的遮盖措施，做到防水、防雨、防潮。散装水泥要有固定的容器，既能用自卸汽车进料，又能人工出料。

保管。水泥的储存时间不能太短，出厂后超过3个月的水泥，要及时抽样检查，经化验后按重新确定的强度使用。如有硬化的水泥，要经处理后降级使用。

水泥应避免与石灰、石膏以及其他易于飞扬的粒状材料同储存，以防混杂，影响质量。包装如有损坏，应及时更换，以免散失。

水泥库房要保持清洁，落地灰及时清理、收集、灌装，并应另行收存使用。根据使用情况安排好进料和发料的衔接，严格遵守先进先发的原则，防止发生长时间不动的死角。

（2）砂、石料的验收与保管

质量验收：现场砂石一般先目测。

砂：颗粒坚硬洁净，一般要求中粗砂，除特殊需用外，一般不用细砂。黏土、泥灰、粉末等不超过3%～5%。

石：颗粒级配应理想，粒形以近似立方块的为好。针片状颗粒不得超过25%，在强度等级大于C30的混凝土中，不得超过15%。注意鉴别有无风化石、石灰石混入。含泥量一般混凝土不得超过2%，大于C30的混凝土中，不得超过1%。

砂石含泥量的外观检查，如砂子颜色灰黑，手感发黏，抓一把能成团，手放开后，砂团散开，发现有粘连小块，用手指捻开小块，指上留有明显泥污的，表示含泥量过高。石子的含泥量，用手握石子摩擦后无尘土黏于手上，表示合格。

数量验收：砂石的数量验收按运输工具不同、条件不同而采取不同方法。

量方验收：进料后先做方，即把材料做成梯形堆放在平整的地上。

过磅计量：发料单位经地秤，每车随附秤码单送到现场时，应收下每车的秤码单、记录车号，在最后一车送到后，核对收到车数的秤码单和送货凭证是否相符。

其他：水运码头接货无地秤，堆放又无场地时，可在车船上抽查，一种方法是利用船上载重水位线表示的吨位计量；另一种方法是在运输路上快速将砂在车上拉平，量其装载高度，按照车型固定的长、宽度计算体积。

合理堆放：一般应集中堆放在混凝土搅拌机和砂浆机旁，不宜过远；堆放要成堆，避免成片。平时要经常清理，并督促班组清底使用。

（3）木材的验收与保管

质量验收：木材的质量验收包括材种验收和等级验收。木材的品种很多，首先要辨认材种及规格是否符合要求，对照木材质量标准，查验其腐朽、弯曲、钝棱、裂纹以及斜纹等缺陷是否与标准规定的等级相符。

数量验收：木材的数量以材积表示，要按规定的方法进行检尺，按材积表查定材积，也可按计算式算得。

保管木材：应按材种规格等级码放，要便于抽取和保持通风，板材、方材的垛顶部要遮盖，以防日晒雨淋，经过烘干处理的木材，应放进仓库。

木材表面由于水分蒸发，常常容易干裂，应避免日光直接照射，采用狭而薄的衬条或用隐头堆积，或在端头设置遮阳板等。木材存料场地要高、通风要好，应随时清除腐木、杂草和污物，必要时用5%的漂白粉溶液喷洒。

（4）钢材的验收与保管

质量验收：钢材质量验收分外观质量验收和内在化学成分、力学性能的验收。外观质量验收中，由现场材料验收人员，通过眼看、手摸，或使用简单工具，如钢刷、木棍等，检查钢材表面是否有缺陷。钢材的化学成分、力学性能均应经有关部门复试，与国家标准对照后，判定其是否合格。

数量验收：钢材数量可通过称重、点件、检尺换算三种方式，验收中应注意的是，称重验收可能产生磅差，其差量在国家标准容许范围内的，即签认送货单数量；若差量超过国家标准容许范围，则应找有关部门解决。检尺换算所得重量与称重所得重量会产生误差，特别是国产钢材的误差量可能较大，供需双方应统一验收方法，当现场数量检测确实有困难时，可到供料单位监磅发料，保证进场材料数量准确。

保管：施工现场存放材料的场地狭小，保管设施较差。钢材中的优质钢材、小规格钢材，如镀锌管、薄壁电线管等，最好入库、入棚保管，若条件不允许，只能露天存放时，应铺好苫垫。

钢材在保管中必须分清品种、规格、材质，不能混淆，保持场地干燥，地面不积水，并清除污物。

（5）成品、半成品的验收与保管

成品、半成品主要是指工程使用的混凝土构件以及成形钢筋等。这些成品、半成品占材料费用很大；也是构成工程实体的重要材料，因此搞好成品、半成品的现场验收与保管，对加快施工进度、保证工程质量、降低工程成本，起着重要作用。

混凝土构件一般在工厂生产，再运到现场安装。由于混凝土构件有笨重、量大和规格型号多的特点，验收时一定要对照加工计划，分层分段配套码放，码放在吊车的悬臂回转半径范围内。要认真核对品种、规格、型号，检验外观质量，及时登记台账，掌握配套情况。构件存放场地要平整，垫木规格一致且位置上下对齐，保持平整和受力均匀。混凝土构件一般按工程进度进场，防止过早进场阻塞施工场地。

成形钢筋是指由工厂加工成型后运到现场绑扎的钢筋。一般会同生产班组按照加工计划验收规格和数量，且交班组管理使用钢筋的存放场地要平整，没有积水，分规格码放整齐，用垫木垫起，防止水浸锈蚀。

（6）现场包装品的保管

现场材料的包装容器，一般都有利用价值。现场必须建立回收制度，保证包装品的成套、完整，提高回收率和完好率。对拆开包装的方法要有明确的规章制度，如铁桶不开大口、盖子不离箱、线封的袋子要拆线等。要健全领用和回收的原始记录，对回收率、完好率进行考核，用量大、易损坏的包装品可实行包装品的回收奖励制度。

7.周转材料的管理

周转材料是指能够多次应用于施工生产，有助于产品形成，但不构成产品实体的各种材料，是有助于建筑产品的形成而必不可少的手段。如浇捣混凝土所需的模板和配套件、施工中搭设的脚手架及其附件等。

从材料的价值周转方式来看，材料的价值是一次性全部转移到施工中，而周转材料却不同，它能在几个施工过程中多次地反复使用，并不改变其本身的实物形态，直至完全丧失其使用价值，损坏报废时为止。它的价值转移是根据其在施工过程中的损耗程度，逐渐地分别转移到产品中去，成为建筑产品价值的组成部分，并从建筑物的价值中逐渐得到价值补偿。

在一些特殊情况下，由于受施工条件限制，有些周转材料也是一次性消耗的，其价值也就一次性转移到工程成本中去，如大体积混凝土浇捣时所使用的钢支架等在浇捣完成后无法取出，钢板桩由于施工条件限制无法拔出、个别模板无法拆除等。也有些因工程的特殊要求而加工制作的非规格化的特殊周转材料，只能使用一次。这些情况虽然核算要求与材料性质相同，实物也做销账处理，但必须做好残值回收，以减少损耗，降低工程成本。因此，搞好周转材料的管理，对施工企业来讲是一项至关重要的工作。

（1）周转材料管理的内容

①使用。指为了保证施工生产正常进行或有助于产品的形成而对周转材料进行拼装、支搭以及拆除的作业过程。

②养护。指例行养护，包括除去灰垢、涂刷防锈剂或隔离剂，使周转材料处于随时可投入使用的状态。

③维修。指修复损坏的周转材料，使之恢复或部分恢复原有功能。

④改制，指对损坏且不可修复的周转材料，按照使用和配套的要求进行大改小、长改短的作业。

⑤核算。包括会计核算、统计核算和业务核算三种核算方式。会计核算主要反映周转材料投入和使用的经济效果及其摊销状况，它是资金的核算；统计核算主要反映数量规模、使用状况和使用趋势，它是数量的核算；业务核算是材料部门根据实际需要和业务特点而进行的核算，它既有资金的核算，又有数量的核算。

（2）周转材料的管理方法

租赁管理应根据周转材料的市场价格变化及摊销额度要求测算租金标准，并使之与工程周转材料费用收入相适应。

租用：项目确定使用周转材料后，应根据使用方案制订需求计划，由专人向租赁部门签订租赁合同，并做好周转材料进入施工现场的各项准备工作，如存放及拼装场地等。租赁部门必须按合同保证配套供应并登记“周转材料租赁台账”。

验收和赔偿：租赁部门应对退库周转材料进行外观质量验收。如有丢失、损坏，应由租用单位赔偿。验收及赔偿标准一般按以下原则掌握：对丢失或严重损坏按原值的50%赔偿；一般性损坏按原值的30%赔偿；轻微损坏按原值的10%赔偿。租用单位退租前必须清除租赁的周转材料上的混凝土等灰垢，为验收创造条件。

结算：租金的结算期限一般自提运的次日起至退租之日止，租金按日历天数逐日计取，按月结算，租用单位实际支付的租赁费用包括租金和赔偿费两项。

（3）承包管理

周转材料的费用承包是适应项目管理的一种管理形式，或者说是项目管理对周转材料管理的要求。它是指以单位工程为基础，按照预定的期限和一定的方法测定一个适当的费用额度交由承包者使用，实行节奖超罚的管理。

承包费用的收入：承包费用的收入即承包者所接受的承包额有以下两种确定方法，一种是扣额法，另一种是加额法。扣额法是指按照单位工程周转材料的预算费用收入，扣除规定的成本降低额后的费用；加额法是指根据施工方案所确定的费用收入，结合额定周转次数和计划工期等因素所限定的实际使用费用，加上一定的系数额作为承包者的最终费用收入。所谓系数额，是指一定历史时期的平均耗费系数与施工方案所确定的费用收入的乘积。

承包费用的支出是指承包期限内所支付的周转材料使用费、赔偿费、运输费、二次搬运费以及支出的其他费用之和。

在实际工作中，通常是不同品种的周转材料分别进行承包，或只承包某一品种的费用，这就需要对承包效果进行预测，并根据预测结果提出有针对性的管理措施。

承包期满后要对承包效果进行考核、结算和奖罚。

承包的考核和结算指承包费用的收、支对比，出现盈余为节约，反之亏损。如实现节约，应对参与承包的有关人员进行奖励。可以按节约额进行金额奖励，也可以扣留一定比例后再予以奖励。如出现亏损，则应按与奖励对等的原则对有关人员进行罚款。费用承包管理方法是目前普遍实行项目经理责任制中较为有效的方法，企业管理人员应不断探索有效管理措施，提高承包经济效果。

提高承包经济效果的基本途径有以下两条：

①在使用数量既定的条件下，努力提高周转次数。

②在使用期限既定的条件下，努力减少占用量。同时，应减少丢失和损坏数量，积极实行和推广组合钢模的整体转移，以减少停滞、加速周转。

（4）材料的仓储管理

仓储管理是材料从流通领域进入企业的“监督关”，是材料投入施工生产消费领域的“控制关”；材料储存过程又是保质、保量、完整无缺的“监护关”。所以，仓储管理工作负有重大的经济责任。

①按储存材料的种类可划分为综合性仓库和专业性仓库。综合性仓库建有若干库房，储存各种各样的材料。专业性仓库只储存某一类材料，如钢材库、木料库、电料库等。

②按保管条件可划分为普通仓库和特种仓库。普通仓库是指储存没有特殊要求的一般性材料。特种仓库是指某些材料对库房的温度、湿度、安全有特殊要求，需按不同要求设保温库、燃料库、危险品库等，水泥由于粉尘大、防潮要求高，因此水泥仓库也是特种仓库。

③按建筑结构可划分为封闭式仓库、半封闭式仓库、露天料场。封闭式仓库是指有屋顶、墙壁和门窗的仓库。半封闭式仓库是指有顶无墙的料库、料棚。露天料场主要储存不易受自然条件影响的大宗材料。

④按管理权限可划分为中心仓库、总库、分库。中心仓库指大中型企业设立的仓库。这类仓库材料吞吐量大，主要材料由公司集中储备，也叫一级储备，除远离公司独立承担任务的工程处核定储备资金控制储备外，公司下属单位一般不设仓库，以避免层层储备，分散资金。总库指公司所属项目部或工程处所设施工备料仓库。分库是指施工队及施工现场所设的施工用料准备库，业务上受项目部或工程处直接管辖，统一调度。

（三）仓库规划

1.材料仓库位置的选择

材料仓库的位置是否合理，直接关系仓库的使用效果。仓库位置选择的基本要求是“方便、经济、安全”，仓库位置选择的条件如下：

①交通方便，材料的运送和装卸都要方便。材料中转仓库最好靠近公路；以水运为主的仓库要靠近河道码头；现场仓库的位置要适中，以缩短到各施工点的距离。

②地势较高，地形平坦，便于排水、防洪、通风、防潮。

③环境适宜，周围无腐蚀性气体、粉尘和辐射性物质。危险品库和一般仓库要保持一定的安全距离，与民房或临时工棚也要有一定的安全距离。

④有合理布局的水电供应设施，有利于消防、作业、安全和生活之用。

2.材料仓库的合理布局

材料仓库的合理布局，能为仓库的使用、运输、供应和管理提供方便，为仓库各项业务费用的降低提供条件。合理布局的要求如下：

①适应企业施工生产发展的需要。

②纳入企业环境的整体规划，按企业的类型来考虑。

③企业所属各级各类仓库应合理分工，根据供应范围、管理权限的划分情况来进行仓库的合理布局。

④根据企业耗用材料的性质、结构、特点和供应条件，并结合新材料、新工艺的发展趋势，按材料品种及保管、运输、装卸条件等进行布局。

3.仓库面积的确定

仓库和料场面积的确定，是规划和布局时需要首先解决的问题。可根据各种材料的最高储存数量、堆放定额和仓库面积利用系数进行计算。

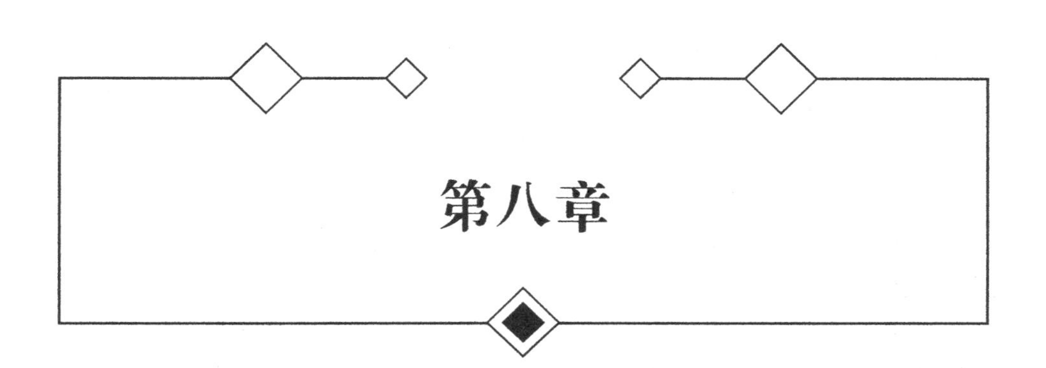

水利水电工程施工质量管理

第一节　水利水电工程项目质量管理内容

一、水利水电工程建设各方的职责

为规范和加强水电建设工程质量管理工作，我国有关部门颁布实施了相关水利水电建设工程质量管理办法，包括总则、建设各方职责、设计质量管理、施工质量管理、施工质量检查与工程验收、质量监督、工程质量事故、经济奖罚、附则等。

根据水利水电工程建设必须遵守国家有关质量管理的法律、法规和政策，并应在有关文件、合同中予以具体体现。建设各方均应按合同约定的质量标准履行自己的义务。合同中有关质量约定不明确、按照合同条款内容不能确定，当事人又不能通过协商达成协议的，按国家质量标准履行；没有国家质量标准的，按同行公认标准履行。

根据相关规定，除可行性研究及以前阶段的勘测、规划设计等前期工作中的工程质量由设计单位负责，设计审查单位负审查责任外，在工程实施过程中，建设各方质量管理的职责如下：

①工程建设实施过程中的工程质量由项目法人负总责，监理、设计、施工、材料和设备的采购、制造等单位按照合同及有关规定对所承担的工作质量负责。项目法人组建的建设单位在质量工作方面的职责，由项目法人予以明确。

②项目法人应认真履行职责：建立健全有效的工程质量保证体系。进行资格审查，选择有质量保证能力的监理、设计、施工、材料和设备的采购、制造等单位。在招标文件及合同文件中，明确工程、材料、设备等的质量标准以及合同双方的质量责任。组织或委托专门机构负责设备监造、出厂验收和设备运输监督。按有关规定组织或参加工程安全鉴定、工程质量检查、工程质量事故调查和处理、工程验收工作。负责向质监总站报告工程质量工作。组织好资金供应，保证合同规定的工程款到位，不得因资金短缺降低工程质量标准和影响工程安全。

③监理单位对工程建设过程中的设计与施工质量负监督与控制责任，对其验收合格项目的施工质量负直接责任。监理单位应认真履行以下职责：

审批施工单位的施工组织设计、施工技术措施、施工详图，签发设计单位的施工设计文件，组织设计交底，按规定负责进行施工质量监督与控制，协助项目法人进行施工单位资格审查，组织或参加工程安全鉴定、工程质量检查、工程质量事故调查和处理、工程验收工作，设计单位对设计质量负责。

施工单位对所承包项目的施工质量负责，在监理单位验收前对施工质量负全部责任，在监理单位验收后，对其隐瞒或虚假部分负直接责任。施工单位应认真履行以下职责：

建立健全质量保证体系，建立健全权责相称的质量检测、质量管理机构；在施工组织设计中，制定保证质量的技术措施；组织本单位职工的技术培训，增强职工的质量意识和保证施工质量的能力；对本单位的分包单位及使用的临时合同工进行管理和监督，并对其承担工程的施工质量负责。

④工程主要材料、设备，应由合同规定的采购单位负责招标采购，选定材料、设备的供货厂家，并负责材料、设备的检验、监造工作，对其质量负责；其他单位不得干预采购单位按规定进行自主采购的权利而指定供货厂家或产品。

⑤建设项目的项目法人，监理、设计、施工单位的行政正职，对本单位的质量工作负领导责任。各单位在工程项目现场的行政负责人对本单位在工程建设中的质量工作负直接领导责任。监理、设计、施工单位的工程项目技术负责人对质量工作负技术责任。具体工作人员为直接责任人。各单位的行政正职和现场行政负责人，应采取措施，保证其质量的检测、控制和管理。部门能独立行使职能。

⑥水电建设工程质量监督总站负责水电建设工程的质量监督归口管理工作，并直接负责大型水电工程的质量监督。质监总站对工程质量的监督属监察性质，不代替项目法人和监理单位的工作，不参与日常质量管理。质量监督的主要内容如下：

根据电力工业部授权制定有关质量管理规章；监督有关质量管理办法、规定的实施；监督、指导工程安全鉴定工作和质量事故的调查、处理工作；组织重大、特大事故调查，向有关部门提出有关事故责任的处理意见；参加重要工程的蓄水验收和竣工验收。

二、水利水电工程施工质量管理的具体内容

施工单位必须按其资质等级及业务范围承担相应的水利工程施工任务。施工单位必须接受水利工程质量监督单位对其施工资质等级以及质量保证体系的监督检查。施工单位质量管理的主要内容如下：

招标时，项目法人应对投标施工单位的以下方面进行详细了解、审查、分析判断，以确保施工单位的能力满足保证工程质量的要求。

①施工单位的资质及质量保证体系。

②施工单位以往的相关工程业绩。

③施工单位以往的施工质量情况。

④施工单位对本工程所作的施工组织设计、施工方法和措施，投入本工程的项目经理人选、主要技术力量及设备的情况。

施工单位在近5年内工程发生重大及以上质量事故的，应视其整改情况决定取舍；在

近一年内工程发生特大质量事故的，不得独立中标承建大型水电站主体工程的施工任务。

非水电专业施工单位，不能独立或作为联营体责任方承担具有水工专业特点的工程项目。

施工单位的质量保留金依合同按月进度付款的一定比例逐月扣留。因施工原因造成工程质量事故的，项目法人有权扣除部分或全部保留金。

禁止转包。

施工单位进行分包时，必须经监理单位同意并审查分包施工单位保证工程质量的能力，出具书面意见报项目法人批准。分包部分不宜超过合同工作量的30%。分包施工单位不得再次进行分包。项目法人不得违反合同和有关规定强令施工单位进行分包。

临时合同工应作为劳务由施工单位统一管理。临时合同工一般应用于承担非技术工种；需用于承担技术工种的，施工单位应对其进行质量教育和技能培训，持证上岗，并报监理单位备案。

施工质量检查与工程验收，主要内容：施工准备工程质量检查，由施工单位负责进行，监理单位应对关键部位的施工准备情况进行抽查。单元工程的检查验收，施工单位应按“三级检查制度”的原则进行自检，在自检合格的基础上，由监理单位进行终检验收。经监理单位同意，施工单位的自检工作分级层次可以适当简化。监理单位对隐蔽工程和关键部位进行终检验收时，设计单位应参加并签署意见。监理单位签署终检验收结论时，应认真考虑设计等单位的意见。分部分项工程验收签证，应在施工单位进行一次系统的整体检查验收的基础上，由监理单位组织进行联合检查验收。设计、运行等单位均应在分部分项工程验收签证上签字或签署意见，监理单位签署验收结论。在工程阶段验收和竣工验收时，项目法人、监理、设计、施工、运行等单位应在提供的文件中，对工程质量进行翔实的介绍和评价，并对存在的质量问题提供自检资料。水库蓄水验收及工程竣工验收前，应按有关规定进行工程安全鉴定。

三、水利水电工程施工质量控制

水利水电工程施工质量控制的目的是使施工的环境更加美好，适宜施工，减少建设外界的环境问题给施工造成的不利影响。水利水电工程必须做到合理地规划施工步骤，设计施工方案，保证质量的施工和严格有度的管理，建立一套完善的施工建设管理制度。从施工的项目论证可行性、方案设计、建设单位的资质、监理的管理等细节做起，严格监控工程质量。

（一）水利水电工程施工质量控制的要点分析

1.施工前对施工测量的质量控制

水利水电建设工程施工的测量放线工作是工程开工象征的第一步。在这当中，施工测量工作做的好与坏和测量的准确度，直接影响水利水电工程的效果和整体质量。正式的施工前测量工作的质量控制内容：有专业的测量人员组织，并且确定施工测量的方案。使用的仪器和设备要有必须能满足工程对测量精准度的要求，按照国家的规定设置和校对测量仪器；施工场地的原始基准线和基准线要按照原先设计的控制网点严格控制；已经设置好的施工测量控制网，必须和施工单位和施工监理一起复测校对，三方都要认同；对于施工中的特殊点或者需要加密的控制网点，应明确测量的方法，通过实际的确认进行标点的埋设；如果雨季结束后，要对测量中的控制网点进行复测；对已建设中的建筑物的定位当下应多次复测。

2.工程原材料的质量控制

由于水利水电建设工程所需要的原材料数量多，品种杂，此时的原材料的质量控制就显得尤为关键。认真做到严格检查原材料的材质、证明，以及是否按照国家规范和标准进行过实验。尤其是炸药的质量检验更要严格，涉及所有人的人身安全。炸药的存放处也要按照当地公安部门的要求进行存储、运输。没有经过严格审批，炸药是不允许放在施工现场的。

3.混凝土的浇筑质量控制

混凝土浇筑是水利工程最关键的地方，混凝土浇筑失误会导致整体的建设施工完全失败。混凝土材料的配比问题、混凝土的运输问题、振捣的设备、工艺、浇筑的模板、工艺手段、施工人员的数量、施工人员的施工水平都要进行严格的检查，规定混凝土浇筑的每一段的长度，在分缝的位置，施工缝的处理方法，在钢筋连接位置的施工事项。在施工方案里还要有专门的混凝土浇筑施工技术方案。

（二）混凝土施工检查

在施工基础面上，参考开挖混凝土断面的资料，由监理和工程设计的一方共同确认开挖面是否达到要求的建基面。保证混凝土浇筑面上的清洁，要做到没有流水，没有积水，没有油污，没有岩石屑。在施工的断层，裂隙和软夹层的清理要满足设计的需要。混凝土避免粗糙，没有污染，在浇筑前被混凝土覆盖要保持12小时以上的潮湿状态；混凝土模板的要求，模板加工车间或者施工现场要对模板的制作误差再次确认，应符合国家的规范要求；模板要平整，上面无其他异物。保护模板，在模板上涂上模板油来保证模板的密封性，保证模板不漏浆，保证施工的顺利；再次检查模板是否坚固，确保模板在施工中不变形，满足浇筑中发挥作用，模板与基础面的接缝要严密；对施工的钢筋也是有质量控制的。钢筋应光滑不剥落，无锈蚀，不结垢，没有污渍和其他异物损坏钢筋。钢筋的规格，柔韧度、焊接点必须满足施工的要求。在使用钢筋的时候，钢筋的间距、单位面积使用数量都要满足施工要求，偏差也不能大于图纸设计中对偏差的限制，钢筋的支撑方式必须获得足够强度，保证不变形。

第二节　水利水电工程项目质量事故分类及处理

一、水利水电工程质量问题和质量事故的分类

（一）工程质量不合格

1.质量不合格和质量缺陷

凡工程产品没有满足某个规定的要求，均称为质量不合格；而未满足某个与预期或规定用途有关的要求，称为质量缺陷。

2.质量问题和质量事故

凡是工程质量不合格，影响使用功能或工程结构安全，造成永久质量缺陷或存在重大质量隐患，甚至直接导致工程倒塌或人身伤亡，必须进行返修、加固或报废处理的，按照由此造成人员伤亡和直接经济损失的大小区分，小于规定限额的为质量问题，在限额以上的为质量事故。

（二）水利水电工程质量事故

为了加强水利工程质量管理，规范水利工程质量事故处理行为，水利工程质量事故是指在水利工程建设过程中，由于建设管理、监理、勘测、设计、咨询、施工、材料、设备等原因造成工程质量不符合规程规范和合同规定的质量标准，影响工程使用寿命与对工程安全运行造成隐患和危害的事件。需要注意的问题是，水利工程质量事故可以造成经济损失，也可以同时造成人身伤亡。这里主要是指没有造成人身伤亡的质量事故。

由于工程项目建设不同于一般的工业生产活动，其实施的一次性、生产组织特有的流动性、综合性，劳动的密集性及协作关系的复杂性，均是造成工程质量事故更具有复杂性、严重性、可变性及多发性的特点。

1.质量事故的复杂性

为了满足各种特定使用功能的需要，以及适应各种自然环境的需要，建设工程产品的

种类繁多，特别是水利水电工程，可以说没有一个工程是相同的。此外，即使是同类型的工程，由于地区不同、施工条件不同，也可以引起诸多复杂的技术问题。尤其需要注意的是，造成质量事故的原因错综复杂，同一形态的质量事故，其原因有时截然不同，因此处理的原则和方法也不同。同时还要注意，建筑物在使用中也存在各种问题。所有这些复杂的因素，必然导致工程质量事故的性质、危害和处理都很复杂。

2.质量事故的严重性

工程质量事故，有的会影响施工的顺利进行，有的会给工程留下隐患或缩短建筑物的使用年限，有的会影响安全甚至不能使用。在水利水电工程中，最为严重的是会使大坝崩溃，即垮坝，造成严重人员伤亡和巨大的经济损失。因此，对已发现的工程质量问题，绝不能掉以轻心，务必及时进行分析，得出正确的结论，采取恰当的处理措施，以确保安全。

3.质量事故的可变性

工程中的质量问题多数是随时间、环境、施工情况等而发展变化的，一旦发现工程的质量问题，就应及时调查、分析，对那些不断变化，可能发展成引起破坏的质量事故，要及时采取应急补救措施，对一些表面的质量问题，要进一步查清内部情况，确定问题性质是否会转化；对那些随着时间、水位和温度等条件变化的质量问题，要注意观测、记录，并及时分析，找出其变化特征或规律，必要时及时进行处理。

4.质量事故的多发性

事故的多发性有两层意思，一是有些事故像“常见病”“多发病”一样经常发生，而成为质量通病；二是有些同类事故一再重复发生。

（三）水利水电工程质量事故的分类

水利水电工程质量事故具有成因复杂、后果严重、种类繁多的特点，往往与安全事故共生，因此水利水电工程质量事故的分类有以下三种方法：

1.按事故造成损失的程度分类

工程质量事故按直接经济损失的大小，检查、处理事故对工期的影响时间长短，以及对工程正常使用的影响，分为一般质量事故、较大质量事故、重大质量事故、特大质量事故。

一般质量事故是指对工程造成一定经济损失，经处理后不影响正常使用也不影响使用寿命的事故。

较大质量事故是指对工程造成较大经济损失或延误较短工期，经处理后不影响正常使用但对工程使用寿命有一定影响的事故。

重大质量事故是指对工程造成重大经济损失或延误较长时间工期，经处理后不影响正常使用但对工程使用寿命有较大影响的事故。

特大质量事故是指对工程造成特大经济损失或延误长时间工期，经处理仍对正常使用和工程使用寿命有较大影响的事故。

事故处理后对工程功能和寿命的影响，影响工程正常使用，需限制条件使用不影响工程正常使用。但对工程寿命有较大影响而不影响工程正常使用，但对工程寿命有一定影响，不影响工程正常使用。

2.按事故责任分类

（1）指导责任事故

指导责任事故是指由于工程实施指导或领导失误而造成的质量事故，包括由于工程负责人片面追求施工进度，放松或不按质量标准进行控制和检验，降低施工质量标准等。

（2）操作责任事故

操作责任事故是指在施工过程中，由于实际操作者不按规程和标准实施操作而造成的质量事故，如浇筑混凝土时随意加水或振捣疏漏造成混凝土质量事故等。

（3）自然灾害事故

自然灾害事故是指由于突发的严重自然灾害等不可抗力造成的质量事故，如地震、台风、暴雨、雷电、洪水等对工程造成破坏甚至倒塌。这类事故虽然不是人为责任直接造成，但灾害事故造成的损失程度也往往与人们是否在事前采取了有效的预防措施有关，相关责任人员也可能负有一定责任。

3.按事故原因分类

①设计计算原因造成的事故。由于设计失误、计算错误造成的事故。

②勘测失误造成的事故。由于地质情况估计错误、勘测失误等原因造成的质量事故。

③施工技术原因造成的质量事故。由于施工方法、施工工艺不正确，采用了不成熟的新技术、新工艺等原因造成的质量事故。

④社会、经济原因造成的事故。施工单位盲目追求利润、偷工减料、层层转包、压低标价等原因造成的质量事故。

⑤管理原因造成的事故。由于管理不善、管理制度不严、管理失误、检测制度不严、质量控制放松、质量体系不完善等原因造成的质量事故。

二、水利水电工程质量事故的调查及处理

（一）水利水电工程施工质量事故原因分析

工程质量事故的分析处理，通常先要进行事故原因分析。在查明原因的基础上，一方面要寻找处理质量事故方法和提出防止类似质量事故发生的措施；另一方面要明确质量事故的责任者，从而明确由谁来承担处理质量事故的费用。

1.质量事故原因概述

（1）质量事故原因要素

质量事故的发生往往是由多种因素构成的，其中最基本的因素有人、材料、机械、工艺和环境。人的最基本的问题是知识、技能、经验和行为特点等。材料和机械的因素更为复杂和繁多。由于工程建设往往涉及设计、施工、监理和使用管理等许多单位或部门，因此分析质量事故时，必须对这些基本因素以及它们之间的关系进行具体的分析探讨，找出引起事故的一个或几个具体原因。

（2）引起事故的直接和间接原因

引发质量事故的原因，常可分为直接原因和间接原因两类。

直接原因主要有人的行为不规范和材料、机械的不符合规定状态，包括设计人员不遵照国家规范设计、施工人员违反规程作业等，都属人的行为不规范。

间接原因是指质量事故发生场所外的环境因素。事故的间接原因，将会导致直接原因的发生。

（3）质量事故链及其分析

工程质量事故，特别是重大质量事故，原因往往是多方面的，由单纯一种原因造成的事故很少。如果把各种原因与结果联系起来，就会形成一条链条，通常称为事故链，由于原因与结果、原因与原因之间逻辑关系不同，则形成的事故链的形状也不同，主要有下列三种：

①多因致果集中型。各自独立的几个原因，共同导致事故发生，称为“集中型”。

②因果连锁型。某一原因促成下一要素的发生，这一要素又引发另一要素的出现，这些因果连锁发生而造成的事故，称为“连锁型”事故。

③复合型。从质量事故的调查发现，单纯的集中型或单纯的连锁型均较少，常见的往往是某些因果连锁，又有一些原因集中，最终导致事故的发生，称为“复合型”。

在质量事故的调查与分析中都涉及人和物，开始接触的大多数是直接原因，如果不深入分析和进一步调查，就很难发现间接和更深层的原因，不能找出事故发生的本质原因，就难以避免同类事故的再次发生，因此对一些重大的质量事故，应采用逻辑推理法，通过

事故链的分析，追寻事故的本质原因。

2.质量事故一般原因分析

造成工程质量事故的原因多种多样，但从整体上考虑，一般原因大致可以归纳为下列七个方面。

（1）违反建设程序

建设程序是建设项目建设活动的先后顺序，是客观规律的反映，是工程建设正反两个方面经验的总结，是工程建设活动必须遵循的先后次序。违反基本建设程序而直接造成工程质量事故的问题如下：

①可行性研究不充分。依据资料不充分或不可靠，或根本不做可行性研究。

②违章承接建设项目。如越级设计工程和施工，由于技术素质差，管理水平达不到标准要求。

（2）工程地质勘察失误或地基处理失误

工程地质勘察失误或勘测精度不足，导致勘测报告不详细、不准确，甚至错误，不能准确反映地质的实际情况，因而导致严重的质量事故。

（3）设计方案和设计计算失误

在设计过程中，忽略了该考虑的影响因素，或者设计计算错误，是导致质量重大事故的祸根。

（4）人的原因

施工人员的问题，表现在以下两个方面：

①施工技术人员数量不足、技术业务素质不高或使用不当。

②施工操作人员培训不够、素质不高，对持证上岗的岗位控制不严，违章操作。

（5）建筑材料及制品不合格

不合格的工程材料、半成品、构配件或建筑制品的使用，必然导致质量事故或留下质量隐患。常见建筑材料或制品不合格的现象有以下几种。

水泥：安定性不合格；强度不足；水泥受潮或过期；水泥标号用错或混用。

钢材：强度不合格；化学成分不合格；可焊性不合格。

砂石料：岩性不良；粒径、级配与含泥量不合格；有害杂质含量多。

外加剂：外加剂本身不合格；混凝土和砂浆中掺用外加剂不当。

（6）施工方法问题

施工方法的问题主要有不按图施工、施工方案和技术措施不当。

（7）环境因素影响

环境因素影响主要有以下两个方面：

①施工项目周期长、露天作业多，受自然条件影响大，地质、台风、暴雨等都能造成重大的质量事故，施工中应特别重视，采取有效措施予以预防。

②施工技术管理制度不完善。没有建立完善的各级技术责任制；主要技术工作无明确的管理制度；技术交底不认真，又不做书面记录或交底不清。

（二）水利水电工程施工质量事故调查

事故调查的基本程序如下：

①发生质量事故，要按照规定的管理权限组织调查组进行调查，查明事故原因，提出处理意见，提交事故调查报告；事故调查组成员实行回避制度。

②事故调查管理权限按以下原则确定。

一般事故由项目法人组织设计、施工、监理等单位进行调查，调查结果报项目主管部门核备；较大质量事故由项目主管部门组织调查组进行调查，调查结果报上级主管部门批准并报省级水行政主管部门核备；重大质量事故由省级以上水行政主管部门组织调查组进行调查，调查结果报水利部核备；特别重大质量事故由水利部组织调查。

③事故调查的主要任务：查明事故发生的原因、过程、经济损失情况和对后续工程的影响；组织专家进行技术鉴定；查明事故的责任单位和主要责任人应负的责任；提出工程处理和采取措施的建议；提出对责任单位和责任人的处理建议；提出事故调查报告。

④事故调查报告应当包括：发生事故的工程基本情况；调查中查明的事实；事故原因分析及主要依据；事故发展过程及造成的后果分析、评估；采取的主要应急响应措施及其有效性；事故结论；事故责任单位、事故责任人及其处理建议；调查中尚未解决的问题；经验教训和有关水利工程建设的质量与安全建议；各种必要的附件等。

⑤事故调查组有权向事故单位、各有关单位和个人了解事故的有关情况；有关单位和个人必须实事求是地提供有关文件或材料，不得以任何方式阻碍或干扰调查组正常工作。

⑥事故调查组提出的事故调查报告经主持单位同意后，调查工作即宣告结束。

（三）水利水电工程施工质量事故的处理

1.工程质量事故处理的依据

（1）质量事故的实况资料

质量事故的实况资料包括质量事故发生的时间、地点；质量事故状况的描述；质量事故发展变化的情况；有关质量事故的观测记录、事故现场状态的照片或录像；事故调查研究所获得的第一手资料。

（2）有关合同及合同文件

有关合同及合同文件包括工程承包合同、设计委托合同、设备与器材购销合同、监理合同及分包合同等。

（3）有关的技术文件和档案

有关的技术文件和档案主要包括有关的设计文件、与施工有关的技术文件、档案和资料，包括施工方案、施工计划、施工记录、施工日志、有关建筑材料的质量证明资料、现场制备材料的质量证明资料、质量事故发生后对事故状况的观测记录、试验记录或试验报告等。

2.工程质量事故分析处理程序

（1）下达停工指示

事故发生后，总监理人首先向施工单位下达“停工通知”。事故发生后，施工单位要严格保护现场，采取有效措施抢救人员和财产，防止事故扩大。因抢救人员、疏导交通等原因需移动现场物件时，应当作出标志、绘制现场简图并作出书面记录，妥善保管现场重要痕迹、物证，并进行拍照或录像。发生或发现较大、重大和特大质量事故，事故单位要在48h内向有关单位写出书面报告；突发性事故，事故单位要在4h内通过电话向有关单位报告。

质量事故的报告制度：发生质量事故后，项目法人必须将事故的简要情况向项目主管部门报告。项目主管部门接到事故报告后，按照管理权限向上级水行政主管部门报告。

一般质量事故向项目主管部门报告。

较大质量事故逐级向省级水行政主管或流域机构报告。

重大质量事故逐级向省级水行政主管或流域机构报告并抄报水利部。

特大质量事故逐级向水利部和有关部门报告。

事故报告内容：工程名称、建设规模、建设地点、工期、项目法人、主管部门及负责人的电话；事故发生的时间、地点、工程部位以及相应的参建单位名称；事故发生的简要经过、伤亡人数和直接经济损失的初步估计；事故发生原因初步分析；事故发生后采取的措施及事故控制情况；事故报告单位、负责人及联系方式。

有关单位接到事故报告后，必须采取有效措施，防止事故扩大，并立即按照管理权限向上级部门报告或组织事故调查。

（2）事故调查

发生质量事故，要按照规定的管理权限组织调查组进行调查，查明事故原因，提出处理意见，提交事故调查报告；事故调查组的主要任务：查明事故发生的原因、过程、财产损失情况和对后续工程的影响；组织专家进行技术鉴定；查明事故的责任单位和主要责任者应负的责任；提出工程处理和采取措施的建议；提出对责任单位和责任者的处理建议；提交事故调查报告。

事故调查组提交的调查报告经主持单位同意后，调查工作即告结束。

（3）事故处理

发生质量事故，必须针对事故原因提出工程处理方案，经有关单位审定后实施。一般质量事故由项目法人负责组织有关单位制订处理方案并实施，报上级主管部门备案。较大质量事故由项目法人负责组织有关单位制订处理方案，经上级主管部门审定后实施，报省级水行政主管部门或流域机构备案。重大质量事故由项目法人负责组织有关单位提出处理方案，征得事故调查组意见后，报省级水行政主管部门或流域机构审定后实施。特大质量事故由项目法人负责组织有关单位提出处理方案，征得事故调查组意见后，报省级水行政主管部门或流域机构审定后实施，并报水利部备案。

事故处理需要进行设计变更的，需原设计单位或有资质的单位提出设计变更方案；需要进行重大设计变更的，必须经原设计审批部门审定后实施。

（4）检查验收

事故处理完成后，必须按照管理权限经过质量评定与验收后，方可投入使用或进入下一阶段施工。

（5）下达复工通知

事故处理经过评定和验收后，总监理工程师下达复工通知。

3.工程质量事故处理方案的确定

（1）修补处理

这是最常用的一类处理方案，通常当工程的某个检验批、分项或分部的质量虽未达到规定的规范、标准或设计要求时，即使存在一定缺陷，但通过修补或更换器具、设备后还可达到要求的标准，又不影响使用功能和外观要求，在此情况下，可以进行修补处理。

属于修补处理这类具体方案的有很多，如封闭保护、复位纠偏、结构补强、表面处理等。某些混凝土结构表面的蜂窝、麻面，经调查分析，可进行剔凿、抹灰等表面处理，一般不会影响其使用和外观。

对较严重的质量问题，可能影响结构的安全性和使用功能，必须按一定的技术方案进行加固补强处理，这样往往会造成一些永久性缺陷。

（2）返工处理

当工程质量未达到规定的标准和要求，存在严重质量问题，对结构的使用和安全构成重大影响，且又无法通过修补处理的情况下，可对检验批、分项、分部甚至整个工程返工处理。在实际工作中，防洪堤坝填筑压实后，其压实土的干密度未达到规定值，经核算将影响土体的稳定且不满足抗渗能力要求，可挖除不合格土，重新填筑，进行返工处理。对某些存在严重质量缺陷，且无法采用加固补强等修补处理或修补处理费用比原工程造价还高的工程，应进行整体拆除，全面返工。

（3）不做处理

施工项目的质量问题并非都要处理，即使有些质量缺陷虽已超出国家标准及规范要求，但也可以针对工程的具体情况，经过分析、论证作出无须处理的结论。总之，对质量问题的处理，也要实事求是，既不能掩饰，又不能扩大，以免造成不必要的经济损失和延误工期。

无须做处理的质量问题常有以下四种情况：

①不影响结构安全、生产工艺和使用要求。有的建筑物在施工中发生了错位，若要纠正，困难较大，或将造成重大的经济损失。经分析论证，只要不影响工艺和使用要求，可以不作处理。

②检验中的质量问题，经论证后可不做处理。混凝土试块强度偏低，而实际混凝土强度经测试论证已达到要求，就可不做处理。

③某些轻微的质量缺陷，通过后续工序可以弥补的，可不作处理。

④对出现的质量问题，经复核验算，仍能满足设计要求者，可不作处理。

第三节　水利水电工程项目质量监督

一、水利工程质量监督机构的设置及职责

（一）水利工程质量监督机构的设置

水行政主管部门主管水利工程质量监督工作。水利工程质量监督机构按总站、中心站、站三级设置。

①水利部设置全国水利工程质量监督总站，办事机构设在建设司。水利水电规划设计管理局设置水利工程设计质量监督分站，各流域机构设置流域水利工程质量监督分站作为总站的派出机构。

②各省、自治区、直辖市水利（水电）厅（局）。

③各地（市）水利（水电）局设置水利工程质量监督站。

各级质量监督机构隶属于同级水行政主管部门，业务上接受上一级质量监督机构的指导。水利工程质量监督项目站（组），是相应质量监督机构的派出单位。

（二）水利工程质量监督机构的主要职责

全国水利工程质量监督总站负责全国水利工程的监督和管理，其主要职责包括：贯彻执行国家和水利部有关工程建设质量管理的方针、政策；制定水利工程质量监督、检测有关规定和办法，并监督实施；归口管理全国水利工程的质量监督工作，指导各分站、中心站的质量监督工作；对部直属重点工程组织实施质量监督；参加工程的阶段验收和竣工验收；监督有争议的重大工程质量事故的处理；掌握全国水利工程质量动态；组织交流全国水利工程质量监督工作经验，组织培训质量监督人员；开展全国水利工程质量检查活动。

水利工程设计质量监督分站受总站委托承担的主要任务：归口管理全国水利工程的设计质量监督工作；负责设计全面质量管理工作；掌握全国水利工程的质量动态，定期向总站报告设计质量监督情况。

各流域水利工程质量监督分站对本流域内下列工程项目实施质量监督：总站委托监督的部属水利工程；中央与地方合资项目，监督方式由分站和中心站协商确定；省（自治区、直辖市）界及国际边界河流上的水利工程。

市（地）水利工程质量监督站的职责，由各中心站进行制定；项目站（组）职责应根据相关规定及项目实际情况进行制定。

二、水利工程质量监督机构的监督程序及主要工作内容

国家实行建设工程质量监督管理制度；国务院建设行政主管部门对全国的建设工程质量实施统一监督管理；铁路、交通、水利等有关部门按照国务院规定的职责分工，负责对全国的有关专业建设工程质量的监督管理；县级以上地方人民政府建设行政主管部门对本行政区域内的建设工程质量实施监督管理；县级以上地方人民政府交通、水利等有关部门在各自的职责范围内，负责对本行政区域内的专业建设工程质量的监督管理。

水利工程质量由项目法人负全面责任，监理、施工、设计单位按照合同及有关规定对各自承担的工作负责。质量监督机构履行政府部门的监督职能，不代替项目法人、监理、设计、施工单位的质量管理工作。

为了加强水行政主管部门对水利工程质量的监督管理，保证工程质量，确保工程安全，发挥投资效益。在我国境内新建、扩建、改建，加固各类水利水电工程和城镇供水、滩涂围垦等工程及其技术改造，包括配套与附属工程，均必须由水利工程质量监督机构负责质量监督。工程建设、监理、设计和施工单位在工程建设阶段，必须接受质量监督机构的监督。

水行政主管部门主管质量监督工作。水利工程质量监督机构是水行政主管部门对工程质量进行监督管理的专职机构，对水利工程质量进行强制性的监督管理。工程质量监督的依据如下：

①国家有关的法律、法规。

②水利水电行业有关技术规程、规范及质量标准。

③经批准的设计文件等。

水利工程按照分级管理的原则，由相应水行政主管部门授权的质量监督机构实施质量监督。水利部主管全国水利工程质量监督工作，水利工程质量监督机构按总站、中心站、站三级设置。其中，水利部设置全国水利工程质量监督总站，其主要职责如下：

①贯彻执行国家和水利部有关工程建设质量管理的方针和政策。

②制定水利工程质量监督、检测有关规定和办法，并监督实施。

③归口管理全国水利工程质量监督工作，指导各分站、中心站的质量监督工作。

④对部直属重点工程组织实施质量监督，参加工程阶段验收和竣工验收。

⑤监督有争议的重大工程质量事故的处理。

⑥掌握全国水利工程质量动态。

各流域机构设置水利工程质量监督分站作为总站的派出机构。其主要职责如下：

①对本流域内总站委托监督的部属水利工程、中央与地方合资项目、省界及国际边界河流上的水利工程实施监督。

②监督受监督水利工程质量事故的处理。

③参加受监督水利工程的阶段验收和竣工验收。

④掌握本流域水利工程质量动态。

各省、自治区、直辖市水利厅（局）设置水利工程质量监督中心站，其主要职责如下：

①贯彻执行国家、水利部和省、自治区、直辖市有关工程建设质量管理的方针和政策。

②管理辖区内水利工程质量监督工作，指导本省、自治区、直辖市的市（地）质量监督站的质量监督工作。

③对辖区内除总站以及分站已经监督的水利工程外的其他水利工程实施质量监督，参加受监督工程阶段验收和竣工验收。

④协助配合由总站和流域分站组织监督的水利工程的质量监督工作；掌握辖区内水利工程质量动态。

各市（地）水利水电局设置水利工程质量监督站，其具体职责由各中心站根据水利工程质量监督相关规定制定。

水利工程建设项目质量监督方式以抽查为主。大型水利工程应设置项目站，中小型水利工程可根据需要建立质量监督项目站，或进行巡回监督。从工程开工前办理质量监督手续开始，到工程竣工验收委员会同意工程交付使用为止，为水利工程建设项目的质量监督期。各级质量监督机构的质量监督人员由专职质量监督员和兼职质量监督员组成。其中，兼职质量监督员为工程技术人员，凡从事该工程监理、设计、施工、设备制造的人员不得担任该工程的兼职质量监督员。工程质量监督的主要内容如下：

①对监理、设计、施工和有关产品制作单位的资质及其派驻现场的项目负责人的资质进行复核。

②对由项目法人、监理单位的质量检查体系和施工单位的质量保证体系以及设计单位现场服务等实施监督检查。

③对工程项目的单位工程、分部工程、单元工程的划分进行监督检查和认定。

④监督检查技术规程、规范和质量标准的执行情况。

⑤检查施工单位和建设、监理单位对工程质量检验和质量评定情况，并检查工程实物质量。

⑥在工程竣工验收前，对工程质量进行等级核定，编制工程质量评定报告，并向工程竣工验收委员会提出工程质量等级的建议。

工程质量监督机构的质量监督权限如下：

①对监理、设计、施工等单位的资质等级、经营范围进行核查，发现越级承包工程等不符合规定要求的，责成项目法人限期改正，并向水行政主管部门报告。

②质量监督人员须持“水利工程质量监督员证”进入施工现场执行质量监督。对工程有关部位进行检查，调阅建设、监理单位和施工单位的检测试验成果、检查记录和施工记录。

③对违反技术规程、规范、质量标准或设计文件的施工单位，通知项目法人、监理单位采取纠正措施。问题严重时，可向水行政主管部门提出整顿的建议。

④对使用未经检验或检验不合格的建筑材料、构配件及设备等，责成项目法人采取措施纠正。

⑤提请有关部门奖励先进质量管理单位及个人。

⑥提请有关部门或司法机关追究造成重大工程质量事故的单位和个人的行政、经济、刑事责任。

工程质量检测是工程质量监督、质量检查、质量评定和验收的重要手段。水利工程质量检测是指水利工程质量检测单位对水利工程施工质量或用于水利工程建设的原材料、中间产品、金属结构、机电设备等进行的测量、检查、试验或度量，并将结果与规定要求进行比较以确定质量是否合格所进行的活动。

三、进一步提升水利工程质量监督管理水平的途径

（一）建立健全质量管理制度

水利考核制度通过建立一个完整的制度来考核质量管理，可确保相关部门、职员对水利工程进行认真监督。①职责必须分明，监督管理人员应充分利用手上的权利，部门人员

必须清楚自身要履行哪些监督责任；②合理运用先进的施工技术，有效控制水利工程现有的施工技术；③将施工技术落实到实际工程中，若发现意外必须立即调整施工技术，以使工程达到较高的施工质量。

（二）提高相关工作人员的综合素质

引进一些较强的技术人才、经验比较丰富的管理人员，建设一支强大的人才队伍；定期组织员工参加与水利工程有关的监督培训，使职员树立一种相互帮助的协作精神，确保每位职员拥有较高的专业技能，进而使水利工程取得良好的监督质量。

（三）加大对水利工程项目质量监督管理的资金投入

水利工程建设需要投入较多的管理资金，这样才能提高整体的监督质量，同时水利工程也可实行强制性监督，监督管理机构应树立自身的权威性。只有政府、相关部门对经费进行合理预算，才能改变企业以往收取资金的方式，通过对资金进行有效管理，可采用全额拨款的方式，为水利工程提供所需的监管经费。

第四节　水利水电工程项目质量检验与评定

一、水利水电工程质量检验

（一）质量检验的作用

要保证和提高建设项目的施工质量，除了检查施工技术和组织措施外，还要采用质量检验的方法，来检查施工者的工作质量。归纳起来，工程质量检验有以下作用：

（1）质量检验的结论可作为产品验证及确认的依据。通过客观证据的提供和检查，来验明已符合规定的要求叫“验证”。只有通过质量检验，才能得到工程产品的质量特征值，才有可能和质量标准相比较，进而得到合格与否的判断。

（2）质量问题的预防及把关。严禁不合格的原材料、构配件进入施工现场或投入生产；尽早发现存在质量问题的零、组部件，避免成批不合格事件的发生；禁止出现不合格产品。

（3）质量信息的反馈。通过检验，把产品存在的质量问题反馈给相应部门，找到出现质量问题的原因，在设计、施工、管理等方面采取具有针对性的措施，改进产品质量。

（二）质量检验的职能

质量把关。确保不合格的原材料、构配件不投入生产；不合格的半成品不转入下一工序，不合格的产品不出厂。

预防质量问题。通过质量检验获得的质量信息有助于提前发现产品的质量问题，及时采取措施，制止其不良后果蔓延，防止其再次发生。

对质量保证条件的监督。质量检验部门按照质量法规及检验制度、文件的规定，不仅对直接产品进行质量检验，还要对保证生产质量的条件进行监督。不仅被动地记录产品质量信息，还应主动地从质量信息分析质量问题、质量动态、质量趋势，反馈给有关部门作为提高产品质量的决策依据。

（三）质量检验的类型

按质量检验的内容及方式，质量检验可分为以下五种。

1.施工预先检验

施工预先检验是指工程在正式施工前所进行的质量检验。这种检验是防止工程发生差错、造成缺陷和不合格品出现的有力措施。

2.工序交接质量检验

工序交接质量检验主要时指工序施工中或上道工序完工即将转入下道工序时所进行的质量检验，它是对工程质量实行控制，进而确保工程质量的一种重要检验，只有做到一环扣一环，环环不放松，整个施工过程的质量才能得到有力的保障；一般来说，它的工作量最大。其主要作用为评价施工单位的工序施工质量；防止质量问题积累或下流；检验施工技术措施、工艺方案及其实施的正确性；为工序能力研究和质量控制提供数据。因此，工序质量交接检验必须坚持上道工序不合格就不能转入下道工序的原则。在混凝土进行浇筑之前，要对模板的安装、钢筋的架立绑扎等进行检查。

3.原材料、中间产品和工程设备质量确认检验

原材料、中间产品和工程设备质量确认检验是指根据合同规定及质量保证文件的要求，对所有用于工程项目的器材的可信性及合格性作出有根据的判断，从而决定其是否可以投入使用。原材料、中间产品和工程设备质量确认检验的主要目的是判定用于工程项目的原材料、中间产品和工程设备是否符合合同中规定的状态，同时，通过原材料、中间产品和工程设备质量确认检验，能及时发现质量检验工作中存在的问题，反馈质量信息。对进场的原材料、中间产品、工程设备的质量检验。

4.隐蔽工程验收检验

隐蔽工程验收检验是指将被其他工序施工所隐蔽的工序、分部工程，在隐蔽前所进

行的验收检验。基础施工前对地基质量的检验，混凝土浇筑前对钢筋、模板工程的质量检验，大型钢筋混凝土基础、结构浇筑前对钢筋、预埋件、预留孔、保护层、模内清理情况的检验等。实践证明，坚持隐蔽工程验收检验，是防止质量隐患、确保工程质量的重要措施。隐蔽工程验收检验后，要办理隐蔽工程检验签证手续，列入工程档案。施工单位要认真处理监理人在隐蔽工程检验中发现的问题。处理完毕后，还需经监理人复核，并写明处理情况。未经检验或检验不合格的隐蔽工程，不能进行下道工序施工。

5.完工验收检验

完工验收检验是指工程项目竣工验收前对工程质量水平所进行的质量检验。它是对工程产品的整体性能进行全方位的一种检验。完工验收检验是进行正式完工验收的前提条件。

（四）水利水电工程质量检验程序

工程质量检验包括施工准备检查，中间产品与原材料质量检验，水工金属结构、启闭机及机电产品质量检查，单元工程质量检验，质量事故检查及工程外观质量检验等程序。

施工准备检查。主体工程开工前，施工单位应组织人员对施工准备工作进行全面检查，并经建设单位确认合格后才能进行主体工程施工。

中间产品与原材料质量检验。施工单位应按有关技术标准对中间产品与水泥、钢材等原材料质量进行全面检验，不合格产品不得使用。

水工金属结构、启闭机及机电产品质量检查。安装前，施工单位应检查是否有出厂合格证、设备安装说明书及有关技术文件，对在运输和存放过程中发生的变形、受潮、损坏等问题应做好记录，并进行妥善处理。无出厂合格证或不符合质量标准的产品不得用于工程中。

单元工程质量检验。施工单位应严格按检验工序及单元工程质量，做好施工记录，并填写《水利水电工程施工质量评定表》。建设单位根据自己抽检的资料，核定单元工程质量等级。发现不合格单元工程，应按设计要求及时进行处理，合格后才能进行后续单元工程施工。对施工中的质量缺陷要记录备案，进行统计分析，并记入相应单元工程质量评定表“评定意见”栏内。

施工单位应按月将中间产品质量及单元工程质量等级评定结果报建设单位，由建设单位汇总后报质量监督机构。

工程外观质量检验。单位工程完工后，由质量监督机构组织建设、设计及施工等单位组成工程外观质量评定组，进行现场检验评定。参加外观质量评定的人员，必须具有工程师及其以上技术职称。评定组人数不应少于5人，大型工程不应少于7人。

二、水利水电工程质量评定

工程质量评定是依据某一质量评定的标准和方法，对照施工质量的具体情况，确定质量等级的过程。为了提高水利水电工程的施工质量水平，保证工程质量符合设计和合同条件的规定，同时也是为了衡量施工单位的施工质量水平，全面评价工程的施工质量，对水利水电工程进行评优和创优工作，在工程交工和正式验收前，应按照合同要求和国家有关的工程质量评定标准和规定，对工程质量进行评定，以鉴定工程是否达到合同要求，能否进行验收，以此作为评优的依据。

（一）工程质量评定的依据

依据一：国家及水利水电行业有关施工规程、规范及技术标准。

为了加强水利水电工程的质量管理，开展质量评定和评优工作，使有关的规程、规范和技术标准得到有效的贯彻落实，提高水利水电建设工程质量，制定了相应的评定标准。主要适用于单机容量为3MW及以上；水轮机为轴流式、斜流式、贯流式，转轮名义直径在1.4级以上；水轮机为混流式、冲击式时，转轮名义直径在1.0m及以上的水轮发电机组安装工程。这部分内容主要包括立式反击式水轮机安装、贯流式水轮机安装、冲击式水轮机安装、调速器及油压装置安装、立式水轮发电机安装、卧式水轮发电机安装、灯泡式水轮发电机组安装、主阀及附属设备安装、机组管路安装及水轮机组试运行检查试验等。

有的标准适用于总装机容量在25MW及以上，单机容量为3MW及以上的水力机械辅助设备安装工程。总装机容量在25MW以下的水利机械辅助设备安装工程可参照执行。这部分内容主要包括辅助设备安装及系统管路安装工程。

有的标准适用于大、中型水电站电气设备安装。小型电站同类设备安装可参照执行。这部分内容主要包括电气一次设备和电气二次设备安装工程。

有的标准适用于大、中型电站主变压器及户外高压电气设备安装工程。小型电站同类设备安装也可参照执行。这部分内容主要包括主变压器安装和其他电气设备安装工程。

有的标准适用于大、中型碾压土石坝和浆砌石坝工程。小型工程也可参照执行。这部分内容主要包括碾压土石坝工程的坝基及岸坡处理、防渗体工程、坝体填筑工程、细部工程以及浆砌石坝的砌筑体、防渗体、砂浆勾缝、溢流面砌筑和浆砌石墩墙工程等。

有的标准的适用范围是1、2、3级堤防工程，4、5级堤防工程可参照执行。但水利水电工程中厂房道路生活设施等工程应参照国家和其他行业的质量检验评定标准进行评定。

水利水电建设工程施工质量的质量检验和评定标准的法规体系为加强水利水电工程施工质量管理、搞好工程质量控制、提高工程质量奠定了良好的基础。

依据二：经批准的设计文件、施工图纸、金属结构设计图样与技术条件、设计修改通知书、厂家提供的设备安装说明书及有关技术文件。

依据三：工程承发包合同中采用的技术标准。

依据四：工程试运行期的试验及观测分析成果。

（二）工程质量评定

质量评定时，应按低层到高层的顺序依次进行，这样可以从微观上按照施工工序和有关规定，在施工过程中把好质量关，由低层到高层逐级进行工程质量控制和质量检验。其评定的顺序是单元工程、分部工程、单位工程、工程项目。

1.单元工程质量评定标准

单元工程质量分为合格和优良两个等级。

单元工程质量等级标准是进行工程质量等级评定的基本尺度。由于工程类别不一样，单元工程质量评定标准的内容、项目的名称和合格率标准等也不一样。

工程质量检查内容分为主要检查项目、检测项目和其他检查项目、其他检测项目，并在说明中把单元工程质量等级标准分为土建工程、金属结构和机电设备安装工程三类。

（1）土建工程

合格：主要检查项目、检测项目全部符合要求，其他检查项目基本符合要求，其他检测项目70%及以上符合要求。

优良：主要检查项目、检测项目全部符合要求，其他检查项目符合要求，其他检测项目90%及以上符合要求。

（2）金属结构工程

合格：主要检查项目、检测项目全部符合要求，其他检查项目符合要求，其他检测项目80%及以上符合要求。

优良：主要检查项目、检测项目全部符合要求，其他检查项目符合要求，其他检测项目95%及以上符合要求。

（3）机电设备安装工程

各检查项目全部符合质量标准，实测点的偏差符合规定者评为合格；重要检测点的偏差小于规定者评为优良。

质量检查内容分为主要检查项目和一般检查项目，对单元工程质量等级评定标准的规定也基本相同。

合格：主要项目必须全部符合标准规定，一般检查项目的实测点有90%及以上符合标准，其余基本符合标准。

优良：在合格的基础上，优良项目占全部项目的50%及以上。

2.单位工程外观质量评定

外观质量评定工作是在单位工程完成后，由项目法人组织、质量监督机构主持，项目法人、监理、设计、施工及管理运行等单位组成外观质量评定组，进行现场检验评定。参加外观质量评定组的人员，必须具有中级工程师及以上技术职称。评定组人数不应少于5人，大型工程不应少于7人。

（1）确定检测数量

全面检查后，抽测25%，且各项不少于10点。

（2）评定等级标准

测点中符合质量标准的点数占总测点数的百分率为100%，评为一级。合格率为90%～99.9%时，评为二级。合格率为70%～89.9%时，评为三级。合格率小于70%时，评为四级。

（3）混凝土表面缺陷

混凝土表面缺陷是指混凝土表面的蜂窝、麻面、挂帘、裙边、小于3cm的错台、局部凸凹表面裂缝等。如无上述缺陷，该项得分率为100%，缺陷面积超过总面积5%者，该项得分为0。

带括号的标准按工作量大时的标准分。

3.分步工程质量评定等级标准

合格标准：

①单元工程质量全部合格。

②中间产品质量及原材料质量全部合格，金属结构及启闭机制造质量合格、机电产品质量合格。

优良标准：

①单元工程质量全部合格，其中有50%以上达到优良，主要单项工程、重要隐蔽工程及关键部位的单元工程质量优良，且未发生过质量事故。

②中间产品质量全部合格，其中混凝土拌和物质量达到优良。原材料质量、金属结构及启闭机制造质量合格，机电产品质量合格。

重要隐蔽工程指主要建筑物的地基开挖、地下洞室开挖、地基防渗、加固处理和排水工程等。

工程关键部位：指对工程安全或效益有显著影响的部位。

中间产品：指需要经过加工生产的土建类工程的原材料及半成品。

4.单位工程质量评定标准

合格标准：

①分部工程质量全部合格。

②中间产品质量及原材料质量全部合格，金属结构及启闭机制造质量合格，机电产品质量合格。

③外观质量得分率达到70%以上。

④施工质量检验资料基本齐全。

优良标准：

①分部工程质量全部合格，其中有50%以上达到优良，主要分部工程质量优良，且施工中未发生过重大质量事故。

②中间产品质量全部合格，其中混凝土拌和物质量达到优良，原材料质量、金属结构及启闭机制造质量合格，机电产品质量合格。

③外观质量得分率达到85%以上。

④施工质量检验资料齐全。

外观质量得分率，指单位工程外观质量实际得分占应得分数的百分数。

5.工程项目质量评定标准

合格标准：单位工程质量全部合格。

优良标准：单位工程质量全部合格，其中有50%以上的单位工程优良，且主要建筑物单位工程为优良。

6.质量评定工作的组织与管理

①单位工程质量由施工单位质检部门组织评定，建设单位复核。

②重要隐蔽工程及工程的关键部位在施工单位自评合格后，由建设、质量监督、设计、施工单位组成联合小组，共同核定其质量等级。

③分部工程质量评定在施工单位质检部门自评的基础上，由建设单位复核，报质量监督机构审查核备。大型枢纽主体建筑物的分部工程质量等级，报质量监督机构审查核定。

④单位工程质量评定在施工单位自评的基础上，由建设单位复核，报质量监督机构核定。

⑤工程项目的质量等级由该项目质量监督机构在单位工程质量评定的基础上进行核定。

⑥质量监督机构应在工程竣工验收前提出工程质量评定报告，并向工程竣工验收委员会提出工程质量等级的建议。

第五节 水利水电工程验收管理

一、水利水电工程验收的意义和依据

工程验收是工程建设进入某一阶段的程序，借以全面考核该阶段工程是否符合批准的设计文件要求，以确定工程能否继续进行、进入下一阶段施工或投入运行，并履行相关的签证和交接验收手续。

水利水电工程建设项目验收的依据如下：

①国际有关法律、法规、规章和技术标准。

②有关主管部门的规定。

③经批准的工程立项文件。

④初步设计文件、调整概算文件。

⑤经批准的设计文件及相应的工程变更文件。

⑥施工图纸及主要设备技术说明书等。

法人验收还应当以施工合同为验收依据。

通过对工程的验收工作可以检查工程是否按照批准的设计进行建设；检查已完工程在设计、施工、设备安装等方面的质量，并对验收遗留问题提出处理要求；检查工程是否具备运行或进行下一阶段建设的条件；总结工程建设中的经验教训，并对工程作出评价，及时移交工程，尽早发挥投资效益。

二、水利水电工程验收

为加强水利工程建设项目验收管理，明确验收责任，规范验收行为，结合水利工程建设项目的特点，验收的基本要求有以下几点。

工程验收工作的主要内容：

①检查工程是否按照批准的设计进行建设。

②检查已完工程在设计、施工、设备制造安装等方面的质量及相关资料的收集、整理和归档情况。

③检查工程是否具备运行或进行下一阶段建设的条件。

④检查工程投资控制和资金使用情况。

⑤对验收遗留问题提出处理意见。

⑥对工程建设作出评价和结论。

政府验收：应由验收主持单位组织成立的验收委员会负责；法人验收应由项目法人组织成立的验收工作组负责；验收委员会由有关单位代表和有关专家组成；验收的成果性文

件是验收鉴定书，验收委员会成员应在验收鉴定书上签字；对验收结论持有异议的，应将保留意见在验收鉴定书上明确记载并签字。

工程验收结论应经2/3以上验收委员会成员同意；对于验收过程中发现的问题，其处理原则应由验收委员会协商确定；主任委员对争议问题有裁决权；若1/2以上的委员不同意裁决意见时，法人验收应报请验收监督管理机关决定；政府验收应报请竣工验收主持单位决定；工程项目中需要移交非水利行业管理的工程，验收工作宜同时参照相关行业主管部门的有关规定；当工程具备验收条件时，应及时组织验收；未经验收或验收不合格的工程不应交付使用或进行后续工程施工。验收工作应相互衔接，不应重复进行。工程验收应在施工质量检验与评定的基础上，对工程质量提出明确结论意见。

验收资料制备由项目法人统一组织，有关单位应按要求及时完成并提交。项目法人应对提交的验收资料进行完整性、规范性检查；验收资料分为应提供的资料和需备查的资料；有关单位应保证其提交资料的真实性并承担相应责任；工程验收的图纸、资料和成果性文件应按竣工验收资料要求制备；除图纸外，验收资料的规格宜为国际标准；文件正本应加盖单位印章且不应采用复印件；验收资料应具有真实性、完整性和历史性；真实性是指如实记录和反映工程建设过程的实际情况；完整性是指建设过程应有及时、完整、有效的记录；历史性是指对未来有可靠和重要的参考价值；验收时所需提供资料与备查资料的区别主要是，备查资料是原始的且数量有限不可再制，提供资料是对原始资料的归纳和建立在实践基础上的经验总结。

水利工程建设项目验收，按验收主持单位性质不同分为法人验收和政府验收两类：法人验收是指在项目建设过程中由项目法人组织进行的验收；政府验收是指由有关人民政府、水行政主管部门或者其他有关部门组织进行的验收，包括专项验收、阶段验收和竣工验收。法人验收是政府验收的基础。

（一）项目法人验收

工程建设完成分部工程、单位工程、单项合同工程，或者中间机组启动前，应当组织法人验收，项目法人可以根据工程建设的需要增设法人验收的环节。

项目法人应当在开工报告批准后60个工作日内，制订法人验收工作计划，报法人验收监督管理机关和竣工验收主持单位备案。

施工单位在完成相应工程后，应当向项目法人提出验收申请。项目法人经检查认为建设项目具备相应的验收条件的，应当及时组织验收。

法人验收由项目法人主持。验收工作组由项目法人、设计、施工、监理等单位的代表组成；必要时可以邀请工程运行管理单位等参建单位以外的代表及专家参加。项目法人可以委托监理单位主持分部工程验收，有关委托权限应当在监理合同或者委托书中明确。

分部工程验收的质量结论应当报该项目的质量监督机构核备；未经核备的，项目法人不得组织下一阶段的验收。单位工程以及大型枢纽主要建筑物的分部工程验收的质量结论应当报该项目的质量监督机构核定；未经核定的，项目法人不得通过法人验收；核定不合格的，项目法人应当重新组织验收。质量监督机构应当自收到核定材料之日起20个工作日内完成核定。

项目法人应当自法人验收通过之日起30个工作日内，制作法人验收鉴定书，发送参加验收单位并报送法人验收监督管理机关备案。法人验收鉴定书是政府验收的备查资料。单位工程投入使用验收和单项合同工程完工验收通过后，项目法人应当与施工单位办理工程的有关交接手续。工程保修期从通过单项合同工程完工验收之日算起，保修期限按合同约定执行。

当具备了下列3个条件时，承包人可以向发包人和监理人提出验收申请。

承包人完成了合同范围的全部单位工程以及有关的工作项目。

备齐了符合合同要求的完工资料：工程实施概况和大事记；已完工程移交清单；永久工程竣工图；列入保修期继续施工的尾工工程项目清单；未完成的缺陷修复清单；施工期的观测资料；监理人指示应列入完工报告的各类施工文件、施工原始记录以及其他应补充的完工资料。

按照监理基本要求编制了在保修期内实施的尾工工程项目清单和未修补的缺陷项目清单，以及相应的施工措施计划。

验收程序：承包人提交完工验收申请报告，并附完工资料。监理人收到承包人提交的完工验收申请报告后审核其报告。

当监理人审核后发现工程尚有重大缺陷时，可拒绝或推迟进行完工验收，这时应在收到申请报告后14天内通知承包人，指出完工验收前应完成的工程缺陷修复和其他的工作内容和要求，并将申请报告退还，待承包人具备条件后重新提交申请报告。

当监理人审核后发现对上述报告和报告中所列的工作项目与工作内容持有异议时，应在收到申请报告后的14天内将意见通知承包人，承包人应在收到上述通知后的14天内重新提交修改后的完工验收申请报告，直到监理人满意为止。

监理人审核报告后认为工程已具备完工验收条件时，应在收到申请报告后28天内提请发包人进行工程完工验收。发包人应在收到完工验收申请报告后的56天内签署工程移交证书，颁发给承包人。移交证书中应写明经监理人与发包人和承包人协商核定工程的实际完工日期，此日期也是工程保修期的开始日。

当监理人确认工程已具备完工验收条件，但由于发包人的原因或发包人雇用的其他人的责任等非承包人原因使完工验收不能进行时，应由发包人或授权监理人进行初步验收，并签发临时移交证书。由此增加的费用由发包人承担。当正式完工验收发现工程不符合合同要求时，承包人有责任按监理人指示完成其缺陷修复工作，并承担修复费用。

若因发包人或监理人的原因不及时进行验收，或在验收后不颁发工程移交证书，则发包人应从承包人发出申请报告56天后的次日起承担工程保管费用。

（二）政府专项、竣工、阶段验收

1.专项验收

枢纽工程导流、水库下闸蓄水等阶段验收前，涉及移民安置的，应当完成相应的移民安置专项验收。

工程竣工验收前，应当按照国家有关规定，进行环境保护、水土保持、移民安置以及工程档案等专项验收。经有关部门同意，专项验收可以与竣工验收一并进行。

专项验收主持单位依照国家有关规定执行。

项目法人应当自收到专项验收成果文件之日起 10 个工作日内，将专项验收成果文件报送竣工验收主持单位备案。专项验收成果文件是阶段验收或者竣工验收成果文件的组成部分。

2.阶段验收

根据工程建设需要，当工程建设达到一定关键阶段时，应进行阶段验收。

阶段验收的验收委员会由验收主持单位，该项目的质量监督机构和安全监督机构，运行管理单位的代表以及有关专家组成，必要时，应当邀请项目所在地的地方人民政府以及有关部门参加。工程参建单位是被验收单位，应当派代表参加阶段验收工作。

大型水利工程在进行阶段验收前，可以根据需要进行技术预验收，按照有关竣工技术预验收的规定进行；水库下闸蓄水验收前，项目法人应当按照有关规定完成蓄水安全鉴定。

验收主持单位应当自阶段验收通过之日起 30 个工作日内，制作阶段验收鉴定书，发送参加验收的单位，并报送竣工验收主持单位备案。阶段验收鉴定书是竣工验收的备查资料。

3.竣工验收

竣工验收应当在工程建设项目全部完成并满足一定运行条件后1年内进行；不能按期进行竣工验收的，经竣工验收主持单位同意，可以适当延长期限，但最长不得超过6个月；逾期仍不能进行竣工验收的，项目法人应当向竣工验收主持单位作出专题报告。

竣工财务决算应当由竣工验收主持单位组织审查和审计。竣工财务决算审计通过15天后，方可进行竣工验收。

工程具备竣工验收条件的，项目法人应当提出竣工验收申请，经法人验收监督管理机关审查后报竣工验收主持单位；竣工验收主持单位应当自收到竣工验收申请之日起20个工作日内决定是否同意进行竣工验收。

竣工验收原则上按照经批准的初步设计所确定的标准和内容进行。项目既有总体初步设计又有单项工程初步设计的，原则上按照总体初步设计的标准和内容进行，也可以先进行单项工程竣工验收，然后按照总体初步设计进行总体竣工验收。项目有总体可行性研究但没有总体初步设计而有单项工程初步设计的，原则上按照单项工程初步设计的标准和内容进行竣工验收。建设周期长或者因故无法继续实施的项目，对已完成的部分工程可以进行单项工程或者分期竣工验收。

竣工验收分为竣工技术预验收和竣工验收两个阶段。

大型水利工程在竣工技术预验收前，项目法人应当按照有关规定对工程建设情况进行竣工验收技术鉴定。中型水利工程在竣工技术预验收前，竣工验收主持单位可以根据需要决定是否进行竣工验收技术鉴定。

竣工验收技术资格由竣工验收主持单位以及有关专家组成的技术预验收专家组负责。工程参建单位的代表应当参加技术预验收，汇报并解答有关问题。

竣工验收的验收委员会由竣工验收主持单位、有关水行政主管部门和流域管理机构、有关地方人民政府和部门、该项目的质量监督机构和安全监督机构、工程运行管理单位的代表以及有关专家组成。工程投资方代表可以参加竣工验收委员会。

竣工验收主持单位可以根据竣工验收的需要，委托具有相应资质的工程质量检测机构对工程质量进行检测。

项目法人全面负责竣工验收前的各项准备工作，设计、施工、监理等工程参建单位应当做好有关验收准备和配合工作，派代表出席竣工验收会议，负责解答验收委员会提出的问题，并作为被验收单位在竣工验收鉴定书上签字。

竣工验收主持单位应当自竣工验收通过之日起30个工作日内，制作竣工验收鉴定书，并发送有关单位。竣工验收鉴定书是项目法人完成工程建设任务的凭据。

4.验收遗留问题处理与工程移交

项目法人和其他有关单位应当按照竣工验收鉴定书的要求妥善处理竣工验收的遗留问题和完成尾工。验收遗留问题处理完毕和尾工完成并通过验收后，项目法人应当将处理情况和验收成果报送竣工验收主持单位。

工程通过竣工验收，验收遗留问题处理完毕和尾工完成并通过验收的，竣工验收主持单位向项目法人颁发工程竣工证书。工程竣工证书格式由水利部统一制定。

项目法人与工程运行管理单位是不同的，工程通过竣工验收后，应当及时办理移交手续。工程移交后，项目法人以及其他参建单位应当按照法律法规的规定和合同约定，承担后续的相关质量责任。项目法人已经撤销的，由撤销该项目法人的部门承接相关的责任。

第九章

水利水电工程施工安全管理

第一节　安全与环境管理体系建立

一、安全管理机构的建立

不论工程大小，必须建立安全管理的组织机构。

①成立以项目经理为首的安全生产施工领导小组，具体负责施工期间的安全工作。

②项目经理、技术负责人、各科负责人和生产工段的负责人等作为安全小组成员，共同负责安全工作。

③必须设立专门的安全管理机构，并配备安全管理负责人和专职安全管理人员。安全管理人员须经安全培训持证上岗，专门负责施工过程中的工作安全。只要施工现场有施工作业人员，安全员就必须上岗值班。在每个工序开工前，安全员都要检查工程环境和设施情况，认定安全后方可进行工序施工。

④各技术及其他管理科室和施工段要设兼职安全员，负责本部门的安全生产预防和检查工作。各作业班组组长要兼本班组的安全检查员，具体负责本班组的安全检查。

⑤建立安全事故应急处置机构，可以由专职安全管理人员和项目经理等组成，实行施工总承包的，由总承包单位统一组织编制水利工程建设生产安全事故应急救援预案。工程总承包单位和分包单位按照应急救援预案，各自建立应急救援组织或者配备应急救援人员，配备救援器材、设备，并定期组织演练。

二、安全生产制度的落实

（一）安全教育培训制度

树立全员安全意识，安全教育的要求如下：

①广泛开展安全生产的宣传教育，使全体员工真正认识到安全生产的重要性和必要性，掌握安全生产的基础知识，牢固树立“安全第一”的思想，自觉遵守安全生产的各项法规和规章制度。

②安全教育的主要内容有安全知识、安全技能、设备性能、操作规程、安全法规等。

③建立经常性的安全教育考核制度。考核结果要记入员工人事档案。

④特殊工种，如电工、电焊工、架子工、司炉工、爆破工、机操工、起重工、机械司机、机动车辆司机等，除一般安全教育外，还要进行专业技能培训，经考试合格，取得资

格后才能上岗工作。

⑤工程施工中采用新技术、新工艺、新设备，或人员调到新工作岗位时，也要进行安全教育和培训，否则不能上岗。

工程项目部应定期召开安全生产工作会议，总结前期工作，找出问题，布置落实后续工作，利用施工的空闲时间进行安全生产工作培训。在培训工作中和其他安全工作会议上，安全小组领导成员要讲解安全工作的重要意义，学习安全知识，增强员工的安全警觉意识，把安全工作落实在预防阶段。根据工程的具体特点把不安全的因素和相应措施方案装订成册，供全体员工学习和掌握。

（二）制订安全措施计划

对高空作业、地下暗挖作业等专业性强的作业，电气、起重等特殊工种的作业，应制定专项安全技术规程，并对管理人员和操作人员的安全作业资格和身体状况进行合格检查。

对结构复杂、施工难度大、专业性较强的工程项目，除制订总体安全保证计划外，还须制定单位工程和分部工程安全技术措施。

施工安全技术措施包括安全防护设施和安全预防措施，主要有防火、防毒、防爆、防洪、防尘、防雷击、防触电、防坍塌、防物体打击、防机械伤害、防起重机械滑落、防高空坠落、防交通事故、防寒、防暑、防疫、防环境污染等方面的措施。

（三）安全技术交底制度

对构件和设备吊装、爆破、高空作业、拆除、上下交叉作业、夜间作业、疲劳作业、带电作业、汛期施工、地下施工、脚手架搭设拆除等重要安全环节，必须在开工前进行技术交底、安全交底、联合检查后，确认安全，方可开工。基本要求如下：

①实行逐级安全技术交底制度，从上到下，包括全体作业人员。

②安全技术交底工作必须具体、明确、有针对性。

③交底的内容要针对分部工程施工中给作业人员带来的潜在危害。

④应优先采用新的安全技术措施。

⑤应将施工方法、施工程序、安全技术措施等优先向工段长、班级组长进行详细交底。定期向多个工种交叉施工或多个作业队同时施工的作业队进行书面交底，并保持书面安全技术交底的签字记录。

交底的主要内容有工程施工项目作业特点和危险点、针对各危险点的具体措施应注意的安全事项、对应的安全操作规程和标准，以及发生事故应及时采取的应急措施。

（四）安全警示标志设置

施工单位在施工现场大门口应设置“五牌一图”，即工程概况牌、管理人员名单及监督电话牌、消防保卫牌、安全生产牌、文明施工牌和施工现场平面图。还应设置安全警示标志，在不安全因素的部位设立警示牌，严格检查进场人员佩戴安全帽、高空作业佩戴安全带的情况，严格持证上岗工作，风雨天禁止高空作业，遵守施工设备专人使用制度，严禁在场内乱拉用电线路，严禁非电工人员从事电工工作。

根据工程特点及施工的不同阶段，在危险部位有针对性地设置、悬挂明显的安全警示标志。危险部位主要是指施工现场入口处、施工起重机械、临时用电设施、脚手架、出入通道口、楼梯口、阳台口、电梯井口、桥梁口、隧道口、基坑边沿、爆破物及有害危险气体和液体存放处等。安全警示标志的类型、数量应当根据危险部位的性质不同分别设置。

安全警示标志设置和现场管理应结合起来，同时进行，防止因管理不善产生安全隐患。工地防风、防雨、防火、防盗、防疾病等预防措施要健全，要有专人负责，以确保各项措施及时落实到位。

（五）施工安全检查制度

施工安全检查的目的是消除安全隐患，违章操作、违反劳动纪律、违章指挥的“三违”，制止、防止安全事故发生、改善劳动条件及增强员工的安全生产意识，是施工安全控制工作的一项重要内容。通过安全检查，可以发现工程中的危险因素，以便有计划地采取相应的措施，保证安全生产的顺利进行。项目的施工生产安全检查应由项目经理组织，定期进行。

1.安全检查的类型

施工安全检查的类型分为日常性检查、专业性检查、季节性检查、节假日前后检查和不定期检查等。

（1）日常性检查

日常性检查是经常的、普遍的检查，一般每年进行1～4次。项目部、科室每月至少进行1次，施工班组每周、每班次都应进行检查，专职安全技术人员的日常性检查应有计划、有区域、有记录、有总结地周期性进行。

（2）专业性检查

专业性检查是指针对特种作业、特种设备、特殊场地进行的检查，由专业检查人员进行检查。

（3）季节性检查

季节性检查是根据季节性的特点，为保障安全生产的特殊要求所进行的检查，如春季空气干燥、风大，重点检查防火、防爆；夏季多雨、雷电、高温，重点检查防暑、降温、防汛、防雷击、防触电；冬季检查防寒、防冻等。

（4）节假日前后检查

节假日前后检查是针对节假日期间容易产生麻痹思想的特点而进行的安全检查，包括假前的综合检查和假后的遵章守纪检查等。

（5）不定期检查

不定期检查是指在工程开工前、停工前、施工中、竣工时、试运转时进行的安全检查。

2.安全生产检查的主要内容

安全生产检查的主要内容是做好以下“五查”：

①查思想。主要检查企业干部和员工对安全生产工作的认识。

②查管理。主要检查安全管理是否有效，包括安全生产责任制、安全技术措施计划、安全组织机构、安全保证措施、安全技术交底、安全教育、持证上岗、安全设施、安全标志、操作规程、违规行为及安全记录等。

③查隐患。主要检查作业现场是否符合安全生产的要求，是否存在不安全因素。

④查事故。查明安全事故的原因、明确责任、对责任人做出处理，明确落实整改措施等要求。另外，检查对伤亡事故是否及时报告、认真调查、严肃处理等。

⑤查整改。主要检查对过去提出的问题的整改情况。

（六）安全生产考核制度

实行安全问题一票否决制、安全生产互相监督制，增强自检、自查意识，开展科室、班组经验交流和安全教育活动。

三、水利工程施工安全生产管理

水利工程建设安全生产管理按施工单位、施工单位的相关人员以及施工作业人员三个方面，从保证安全生产应当具有的基本条件出发，对施工单位的资质等级、机构设置、投标报价、安全责任，施工单位有关负责人的安全责任以及施工作业人员的安全责任等进行管理。

模板工程：编制依据和说明、工程概况、施工部署、施工工艺技术、质量和安全保证措施、施工应急处置措施、模板设计计算书和设计详图等。

起重吊装工程：编制依据和说明、工程概况、施工部署、起重设备安装运输条件、安装顺序和工艺、质量和安全保证措施、施工应急处置措施、计算书和安装平面布置与立面吊装图等。

脚手架工程：编制依据和说明、工程概况、脚手架设计、脚手架质量标准和验收程序方法、脚手架安装和拆除安全措施、施工应急处置措施、脚手架设计计算书和图表等。

拆除、爆破工程：编制依据和说明、工程概况、施工计划、爆破设计与施工工艺、安全和环保施工措施、施工应急预案和监控措施、爆破设计与警戒布置图表等。

围堰工程：编制依据和说明、工程概况、施工部署、施工工艺与监测、拆除工艺、安全与文明施工措施、施工应急处置措施、计算书和平面布置图等。

施工单位在使用施工起重机械和整体提升脚手架、模板等自升式架设设施前，应当组织有关单位进行验收，也可以委托具有相应资质的检验检测机构进行验收；使用承租的机械设备和施工机具及配件的，由施工总承包单位、分包单位、出租单位和安装单位共同进行验收。验收合格的方可使用。

施工单位的主要负责人、项目负责人、专职安全生产管理人员应当经水行政主管部门安全生产考核合格后方可任职。施工单位应当对管理人员和作业人员每年至少进行一次安全生产教育培训，其教育培训情况记入个人工作档案。安全生产教育培训考核不合格的人员不得上岗。

第二节　水利水电工程项目安全生产责任

一、水利水电工程项目法人的安全生产责任

加强水利工程建设安全生产监督管理，明确安全生产责任，防止和减少生产安全事故，是保障人民群众生命和财产安全的重要途径。因此，项目法人的安全生产责任主要有以下六点：

①项目法人在对施工投标单位进行资格审查时，应当对投标单位的主要负责人、项目负责人以及专职安全生产管理人员是否经水行政主管部门安全生产考核合格进行审查。有关人员未经考核合格的，不得认定投标单位的投标资格。

②项目法人应当向施工单位提供施工现场及施工可能影响的毗邻区域内供水、排水、供电、供气、供热、通信、广播电视等地下管线资料，气象和水文观测资料，拟建工程可能影响的相邻建筑物和构筑物、地下工程的有关资料，并保证有关资料的真实、准确、完整，满足有关技术规范的要求。对可能影响施工报价的资料，应当在招标时提供。

③项目法人不得调减或挪用批准概算中所确定的水利工程建设有关安全作业环境及安全施工措施等所需费用。工程承包合同中应当明确安全作业环境及安全施工措施所需费用。

④项目法人应当组织编制保证安全生产的措施方案，并自开工报告批准之日起15d内报有管辖权的水行政主管部门、流域管理机构或者其委托的水利工程建设安全生产监督机构备案。建设过程中安全生产的情况发生变化时，应当及时对保证安全生产的措施方案进行调整，并报原备案机关备案。

保证安全生产的措施方案应当根据有关法律法规、强制性标准和技术规范的要求并结合工程的具体情况编制，应当包括：项目概况，编制依据，安全生产管理机构及相关负责人，安全生产的有关规章制度制定情况，安全生产管理人员及特种作业人员持证上岗情况等，生产安全事故的应急救援预案，工程度汛方案、措施，其他有关事项。

⑤项目法人在水利工程开工前，应当就落实保证安全生产的措施进行全面系统的布置，明确施工单位的安全生产责任。

⑥项目法人应当将水利工程中的拆除工程和爆破工程发包给具有相应水利水电工程施工资质等级的施工单位。项目法人应当在拆除工程或者爆破工程施工15d前，将下列资料报送水行政主管部门、流域管理机构或者其委托的安全生产监督机构备案：

施工单位资质等级证明，拟拆除或拟爆破的工程及可能危及毗邻建筑物的说明，施工组织方案，堆放、清除废弃物的措施，生产安全事故的应急救援预案。

为进一步加强水利安全生产工作，推进水利科学发展、安全发展，结合水利实际，提出以下要求：

坚持“安全第一、预防为主、综合治理”方针，以强化落实水利生产经营单位安全生产主体责任和水行政主管部门监管职责为重点，以事故预防为主攻方向，以规范生产为保障，以科技进步为支撑，正确处理速度、质量、效益与安全的关系，坚决杜绝重特大生产安全事故，最大限度地减少较大和一般生产安全事故。

全面落实水利安全生产执法、治理、宣传教育“三项行动”和法治体制机制、保障能力、监管队伍“三项建设”工作措施，构建安全生产长效机制，为水利又好又快发展提供坚实的安全生产保障。

加大水利工程项目违规建设和违章行为的检查与处罚力度，依法严厉打击和整治水利工程建设中违背安全生产市场准入条件、违反安全设施“三同时”规定和水利技术标准强制性条文等非法违法生产经营建设行为，依法强化停产整顿、关闭取缔、从重处罚和严厉问责的“四个一律”打非措施，即对非法生产经营建设和经停产整顿仍未达到要求的，一律关闭取缔；对非法生产经营建设的有关单位和责任人，一律按规定上限予以处罚；对存在非法生产经营建设的单位，一律责令停产整顿，并严格落实监管措施；对触犯法律的有关单位和人员，一律依法严厉追究法律责任。

强化水利生产经营单位安全生产的主体责任，落实主要负责人安全生产第一责任人的责任，做到“一岗双责”，即对分管的业务工作负责；对分管业务范围内的安全生产负责。强化岗位、职工安全责任，逐级、逐岗、逐人签订安全生产责任状，把安全生产责任落实到各个环节、岗位和人员。确保安全生产的四项措施落实到位，即安全投入、安全管理、安全装备、教育培训等措施。

落实水利工程安全设施“三同时”制度。新建大中型水利水电建设项目要对安全生产条件及安全设施进行综合分析，编制安全专篇，并组织开展大中型水利枢纽建设项目安全评价工作。

推进水利安全生产标准化建设。在水利生产经营单位推行安全生产标准化管理，实现岗位达标、专业达标和单位达标。水利工程项目法人、水利系统施工企业、大中型水利工程管理单位要在规定年限前实现达标；小型水利工程管理单位、农村水电企业也要在规定年限前实现达标。

加大水利安全生产投入。水利施工企业按照国家有关规定足额提取安全生产费用，落实各项施工安全措施，改善作业环境和施工条件，确保施工安全。

健全完善水利安全生产工作格局。充分发挥各单位安全生产领导小组的指导协调作用，全面落实各成员单位安全生产工作责任，建立安全生产领导小组统一领导、安全监督部门综合监督、业务部门专业管理的水利安全生产工作机制，完善相关职能部门信息交流机制，形成安全监管强大合力。

二、水利水电工程项目施工单位的安全生产责任

按施工单位、施工单位的相关人员以及施工作业人员三个方面，从保证安全生产应当具有的基本条件出发，对施工单位的资质等级、机构设置、投标报价、安全责任，以及对施工单位有关负责人的安全责任和施工作业人员的安全责任等作出了具体规定，主要有以下内容：

①施工单位从事水利工程的新建、扩建、改建、加固和拆除等活动，应当具备国家规定的注册资本、专业技术人员、技术装备和安全生产等条件，依法取得相应等级的资质证书，并在其资质等级许可的范围内承揽工程。

②施工单位应当依法取得安全生产许可证后，方可从事水利工程施工活动。

③施工单位主要负责人依法对本单位的安全生产工作全面负责。施工单位应当建立健全安全生产责任制度和安全生产教育培训制度，制定安全生产规章制度和操作规程，保证本单位建立和完善安全生产条件所需资金的投入，对所承担的水利工程进行定期和专项安全检查，并做好安全检查记录。

④施工单位在工程报价中应当包含工程施工的安全作业环境及安全施工措施所需费用。对列入建设工程概算的上述费用，应当用于施工安全防护用具及设施的采购和更新、安全施工措施的落实、安全生产条件的改善，不得挪作他用。

三、水利水电工程项目勘测设计与监理单位的安全生产责任

建设工程勘察、设计、监理单位分别是工程建设的活动主体之一，也是工程建设安全生产的责任主体。对上述责任主体安全生产的责任主要要求如下：

①勘察单位应当按照法律、法规和工程建设强制性标准进行勘察，提供的勘察文件必须真实、准确，满足水利工程建设安全生产的需要。勘察单位在勘察作业时，应当严格执行操作规程，采取措施保证各类管线、设施和周边建筑物、构筑物的安全。勘察单位和有关勘察人员应当对其勘察成果负责。

②设计单位应当按照法律、法规和工程建设强制性标准进行设计，并考虑项目周边环境对施工安全的影响，防止因设计不合理导致生产安全事故的发生。设计单位应当考虑施工安全操作和防护的需要，对涉及施工安全的重点部位和环节在设计文件中注明，并对防范生产安全事故提出指导意见。采用新结构、新材料、新工艺以及特殊结构的水利工程，设计单位应当在设计中提出保障施工作业人员安全和预防生产安全事故的措施建议。设计单位和有关设计人员应当对其设计成果负责。设计单位应当参与设计有关的生产安全事故分析，并承担相应的责任。

③建设监理单位和监理人员应当按照法律、法规和工程建设强制性标准实施监理，并对水利工程建设安全生产承担监理责任。建设监理单位应当审查施工组织设计中的安全技术措施或者专项施工方案是否符合工程建设强制性标准。建设监理单位在实施监理过程中，发现存在生产安全事故隐患的，应当要求施工单位整改；对情况严重的，应当要求施工单位暂时停止施工，并及时向水行政主管部门、流域管理机构或者其委托的安全生产监督机构以及项目法人报告。

在落实上述单位的安全生产责任时，须注意：对建设工程勘察单位安全责任的规定中包括勘察标准、勘察文件和勘察操作规程三个方面。

第一个方面是勘察标准。我国目前工程建设标准分为四级、两类。四级分别为国家标准、行业标准、地方标准、企业标准。层次最高的是国家标准，上层次标准对下层次标准有指导和制约作用，但从严格程度来说最严格的通常是最下层次的标准，下层标准可以对上层标准进行补充，但不得矛盾，也不得降低上层标准的相关规定。两类即标准分为强制性标准和推荐性标准。在我国现行标准体系建设状况下，强制性标准是指直接涉及质量、安全、卫生及环保等方面的标准强制性条文。勘察单位在从事勘察工作时，应当满足相应的资质标准，即勘察单位必须具有相应的勘察资质，并且能在其资质等级许可的范围内承揽勘察业务。

第二个方面是勘察文件。勘察文件在符合国家有关法律法规和技术标准的基础上，应当满足设计以及施工等勘察深度要求，必须真实、准确。

第三个方面是勘察单位在勘察作业时应严格执行有关操作规程。防止因钻探、取土、

取水、测量等活动，对各类管线、设施和周边建筑物、构筑物造成危害。勘察单位有权拒绝建设单位提出的违反国家有关规定的不合理要求，并提出保证工程勘察质量所必需的现场工作条件和合理工期。

对设计单位安全责任的规定中包括设计标准、设计文件和设计人员三个方面。

第一个方面是设计标准。因为强制性标准是对所有设计的普遍性要求，每个工程项目均有其特殊性，所以提醒设计单位应注意周边环境因素可能对工程的施工安全的影响，周边环境因素包括施工现场及施工可能影响的毗邻区域内供水、排水、供电、供气、供热、通信、广播电视等地下管线，气象和水文条件，拟建工程可能对相邻建筑物和构筑物、地下工程的影响等。同时，提醒设计单位还应注意由于设计本身的不合理也可能导致生产安全事故的发生。

第二个方面是设计文件。规定了设计单位有义务在设计文件中提醒施工单位等应当注意的主要安全事项。“注明”和“提出指导意见”两项义务，在普通民事合同中，这种义务只能看作一种附随义务，一般也不会因违反而承担严重的法律后果。但水利建设施工安全事关公众重大利益，并且一般情况下只有工程设计单位和设计人员对工程项目的结构、材料、强度、可能的危险源等有全面、准确的理解和把握，如果设计单位或设计人员不履行提醒义务，可能造成十分严重的社会后果。因此，在此将之规定为工程设计单位的一种强制性义务，体现出了国家权力对司法领域的适当干预。

第三个方面是设计人员。设计人员应当具备国家规定的执业资格条件，从事水利水电工程除单位应具备资质外，设计人员也将实行执业资格等管理制度。

对工程建设监理单位安全责任的规定中主要包括技术标准、施工前审查和施工过程中监督检查三个方面。

第一个方面是监理人员应当严格按照国家的法律法规和技术标准进行工程的监理。

第二个方面是监理单位施工前应当履行有关文件的审查义务。监理单位对施工组织设计和专项施工方案的安全审查责任，从履行形式上看，它是一种书面审查，其对象是施工组织的设计文件或专项施工方案。从内容上看，它是监理单位和监理人员运用自己的专业知识，以法律、法规和监理合同以及施工合同中约定的强制性标准为依据，对施工组织设计中的安全技术措施和专项施工方案进行安全性审查。

第三个方面是监理单位应当履行代表项目法人对施工过程中的安全生产情况进行监督检查义务。有关义务可以分为两个层次：一是在发现施工过程中存在安全事故隐患时，应当要求施工单位整改。“安全事故隐患”是指施工单位的劳动安全设施和劳动卫生条件不符合国家规定，对劳动者和其他人群的健康安全及公私财产构成威胁的状态。这里的“发现”既包括事实上的“发现”，也包括根据监理合同规定的监理单位职责以及监理人员应当具备的基本技能“应当发现”生产安全事故隐患等，只有这样才能杜绝监理单位因玩忽职守而逃脱安全责任。“情况严重”是指事故隐患事态紧急，可能造成人身或财产的重大损失的情况，如建筑物倾斜、滑坡等。二是在施工单位拒不整改或者不停止施工等情况下的救急责任，监理单位应当履行及时报告的义务。

第三节 水利水电工程项目施工安全技术

一、水利水电工程项目施工用电要求

（一）基本规定

①施工单位应编制施工用电方案及安全技术措施。

②从事电气作业的人员，应持证上岗；非电工及无证人员禁止从事电气作业。

③从事电气安装、维修作业的人员应掌握安全用电基本知识和所用设备的性能，按规定穿戴和配备好相应的劳动防护用品，定期进行体检。

④在建工程的外侧边缘与外电架空线路的边线之间应保持安全操作距离。

⑤施工现场的机动车道与外电架空线路交叉时，架空线路的最低点与路面的垂直距离应不小于相关规定。

⑥机械如在高压线下进行工作或通过时，其最高点与高压线之间的最小垂直距离不得小于相关规定。

⑦旋转臂架式起重机的任何部位或被吊物边缘与10kV以下的架空线路边线的最小水平距离不得小于2m。

⑧施工现场开挖非热管道沟槽的边缘与埋地外电缆沟槽边缘之间的距离不得小于0.5m。

⑨对达不到规定的最小距离的部位，应采取停电作业或增设屏障、遮栏、围栏、保护网等安全防护措施，并悬挂醒目的警示标志牌。

⑩用电场所电气灭火应选择适用于电气的灭火器材，不得使用泡沫灭火器。

（二）现场临时变压器的安装及维护

①当施工用的10kV及以下变压器装于地面时，一般应有0.5m的高台，高台周围应装设栅栏，其高度不低于1.7m，栅栏与变压器外廓的距离不得小于1m，杆上变压器安装的高度应不低于2.5m，并悬挂“止步、高压危险”的标示牌。

②变压器的引线应该采用绝缘导线。

③定期检查变压器的响声是否正常，套管是否清洁，有无裂纹和放电痕迹。

④严查变压器外壳接地情况，接地线有无中断、断股或锈烂等情况。

（三）防雷与接地

①独立避雷针应装设独立的接地装置，安装位置不应设在经常通行的地方，避雷针及其接地装置应与道路出入口等的距离不小于3m。当小于3m时，应采取接地体局部深埋或铺设沥青绝缘层、敷设地下均压条等安全措施。

②接地线及接零线应采用焊接、压接或螺栓连接方法，若用缠绕法，应按照电线对接或搭接的工艺要求进行，严禁简单缠绕或钩挂。

（四）电气灭火

①电气灭火应选择适当的灭火器，用于带电灭火的灭火剂必须是不导电的，不得使用泡沫灭火器的灭火剂。

②人体与带电体之间必须保持一定的安全距离，当用水灭火时，电压在220kV及以上者不应小于5m；当用二氧化碳等不导电灭火剂的灭火器时，机体、喷嘴至带电体的最小距离为10kV者不应小于0.4m，35kV者不应小于0.6m。

（五）施工照明

现场照明宜采用高光效、长寿命的照明光源。对需要大面积照明的场所，宜采用高压汞灯、高压钠灯或混光用的卤钨灯。照明器具的选择应遵守下列规定：

①正常湿度时，选用开启式照明器。

②潮湿或特别潮湿的场所，应选用密闭型防水防尘照明器或配有防水灯头的开启式照明器。

③含有大量尘埃但无爆炸和火灾危险的场所，应采用防尘型照明器。

④对有爆炸和火灾危险的场所，应按危险场所等级选择相应的防爆型照明器。

⑤在振动较大的场所，应选用防振型照明器。

⑥对有酸碱等强腐蚀的场所，应采用耐酸碱型照明器。

⑦照明器具和器材的质量均应符合有关标准、规范的规定，不得使用绝缘老化或破损的器具和器材。

一般场所宜选用额定电压为220V的照明器，对下列特殊场所应使用安全电压照明器。

①地下工程，有高温、导电灰尘，且灯具距地面高度低于2.5m等场所的照明，电源电压应不大于36V。

②在潮湿和易触及带电体场所的照明电源电压不得大于24V。

③在特别潮湿的场所、导电良好的地面、锅炉或金属容器内工作的照明电源电压不得大于12V。

使用行灯应遵守下列规定：

①电源电压不超过36V。

②灯体与手柄连接坚固、绝缘良好且耐热、耐潮湿。

③灯头与灯体结合牢固，灯头无开关。

④灯泡外部有金属保护网。

⑤金属网、反光罩、悬吊挂钩固定在灯具的绝缘部位上。

照明变压器应使用双绕组型，严禁使用自耦变压器。

地下工程作业、夜间施工或自然采光差的场所，应设一般照明、局部照明或混合照明，并应装设自备电源的应急照明。

二、水利水电工程项目高空作业要求

（一）高处作业的标准

①凡在坠落高度基准面2m及2m以上有可能坠落的高处进行作业，均称为高处作业。高处作业的级别：高度在2 ~ 5m时，称为一级高处作业；高度在5 ~ 15m时，称为二级高处作业；高度在15 ~ 30m时，称为三级高处作业；高度在30m以上时，称为特级高处作业。

②高处作业的种类分为一般高处作业和特殊高处作业两种。一般高处作业系指特殊高处作业以外的高处作业。特殊高处作业又分为以下几个类别：

强风高处作业、异温高处作业、雪天高处作业、雨天高处作业、夜间高处作业、带电高处作业、悬空高处作业、抢救高处作业。

（二）安全防护措施

①高处作业下方或附近有煤气、烟尘及其他有害气体，应采取排除或隔离等措施；否则不得施工。

②高处作业前，应检查排架、脚手板、通道、马道、梯子和防护设施，符合安全要求方可作业。高处作业使用的脚手架平台，应铺设固定脚手板，临空边缘应设高度不低于1.2m的防护栏杆。

③在坝顶、陡坡、屋顶、悬崖、杆塔、吊桥、脚手架以及其他危险边沿进行悬空高处作业时，临空面应搭设安全网或防护栏杆。

④安全网应随着建筑物升高而提高，安全网距离工作面的最大高度不超过3m。安全网搭设外侧比内侧高0.5m，长面拉直拴牢在固定的架子或固定环上。

⑤在带电体附近进行高处作业时，距带电体的最小安全距离应满足相关的规定，如遇特殊情况，应采取可靠的安全措施。

⑥在2m以下高度进行工作时，可使用牢固的梯子、高凳或设置临时小平台，禁止站在不牢固的物件上进行工作。

⑦从事高处作业时，作业人员应系安全带。在高处作业的下方，应设置警戒线或隔离防护棚等安全措施。

⑧上下脚手架、攀登高层构筑物，应走斜马道或梯子，不得沿绳、立杆或栏杆攀爬。

⑨高处作业时，不得坐在平台、孔洞、井口边缘，不得骑坐在脚手架栏杆、躺在脚手板上或安全网内休息，不得站在栏杆外的探头板上工作和凭借栏杆起吊物件。

⑩特殊高处作业，应有专人监护，并有与地面联系信号或可靠的通信装置。

⑪在石棉瓦、木板条等轻型或简易结构上施工及进行修补、拆装作业时，应采取可靠的防止滑倒、踩空或因材料折断而坠落的防护措施。

⑫高处作业周围的沟道、孔洞井口等，应用固定盖板盖牢或设围栏。

⑬遇有六级及以上的大风，禁止从事高处作业。

⑭进行三级、特级、悬空高处作业时，应事先制定专项安全技术措施。施工前，应向所有施工人员进行技术交底。

三、水利水电工程项目爆破作业要求

（一）爆破器材的运输

①气温低于10℃运输易冻的硝化甘油炸药时，应采取防冻措施；气温低于-15℃运输难冻硝化甘油炸药时，也应采取防冻措施。

②禁止用翻斗车、自卸汽车、拖车、机动三轮车、人力三轮车、摩托车和自行车等运输爆破器材。

③运输炸药雷管时，装车高度要低于车厢10cm。车厢、船底应加软垫。雷管箱不许倒放或立放，层间也应垫软垫。

④水路运输爆破器材时，停泊地点距岸上建筑物不得小于250m。

⑤汽车运输爆破器材时，汽车的排气管宜设在车前下侧，并应设置防火罩装置；汽车在视线良好的情况下行驶时，时速不得超过20km；在弯多坡陡、路面狭窄的山区行驶，时速应保持在5km以内。行车间距：平坦道路应大于50m；上下坡应大于300m。

（二）爆破

明挖爆破音响信号规定如下：

①预告信号。间断鸣3次长声，即鸣30s、停、鸣30s、停、鸣30s；此时现场停止作业，人员迅速撤离。

②准备信号。在预告信号20min后发布，间断鸣一长、一短3次，即鸣20s、鸣10s、停、鸣20s、鸣10s、停、鸣20s、鸣10s。

③起爆信号。准备信号10mm后发出，连续三段声，即鸣10s、停、鸣10s、停、鸣10s。

④解除信号。应根据爆破器材的性质及爆破方式，确定炮响后到检查人员进入现场所需等待的时间。检查人员确认安全后，由爆破作业负责人通知警报房发出解除信号：一次长声，鸣60s；在特殊情况下，如准备工作尚未结束，应由爆破负责人通知警报房拖后发布起爆信号，并用广播器通知现场全体人员。

装药和堵塞应使用木、竹制作的炮棍，严禁使用金属棍棒装填。

地下相向开挖的两端在相距30m以内时，装炮前应通知另一端暂停工作，退到安全地点。当相向开挖的两端相距15m时，一端应停止掘进，单头贯通。斜井相向开挖，除遵守上述规定外，还应对距贯通尚有5m长地段自上端向下端打通。

火花起爆，应遵守下列规定：

①深孔、竖井、倾角大于30°的斜井，有瓦斯和粉尘爆炸危险等工作面的爆破，禁止采用火花起爆。

②炮孔的排距较密时，导火索的外露部分不得超过1.0m，以防止导火索互相交错而起火。

③一人连续单个点火的火炮，暗挖不得超过5个，明挖不得超过10个，并应在爆破负责人的指挥下，做好分工及撤离工作。

④当信号炮响后，全部人员应立即撤出炮区，迅速到安全地点掩蔽。

⑤点燃导火索应使用香或专用点火工具，禁止使用火柴、香烟和打火机。

电力起爆，应遵守下列规定：

①用于同一爆破网络内的电雷管，电阻值应相同。

②网络中的支线、区域线和母线彼此连接之前各自的两端应短路、绝缘。

③装炮前工作面一切电源应切除，照明至少设于距工作面30m以外，只有确认炮区无漏电、感应电后才可装炮。

④雷雨天严禁采用电爆网络。

⑤供给每个电雷管的实际电流应大于准爆电流，具体要求如下。

直流电源：一般爆破不小于2.5A；对于洞室爆破或大规模爆破不小于3A；

交流电源：一般爆破不小于3A；对于洞室爆破或大规模爆破不小于4A。

⑥网络中的所有导线应绝缘。有水时导线应架空。各接头应用绝缘胶布包好，两条线

的搭接口禁止重叠，至少应错开0.1m。

⑦测量电阻只许使用经过检查的专用爆破测试仪表或线路电桥，严禁使用其他电气仪表进行量测。

⑧通电后若发生拒爆，应立即切断母线电源，将母线两端拧在一起，锁上电源开关箱进行检查。进行检查的时间：对于即发电雷管，至少在10min以后；对于延发电雷管，至少在15min以后。

导爆索起爆，应遵守下列规定：

①导爆索只准用快刀切割，不得用剪刀剪断导爆索。

②支线要顺主线传爆方向连接，搭接长度不应少于15cm，支线与主线传爆方向的夹角应不大于90°。

③起爆导爆索的雷管，其聚能穴应朝向导爆索的传爆方向。

④导爆索交叉敷设时，应在两根交叉导爆索之间设置厚度不小于10cm的木质垫板。

⑤连接导爆索中间不应出现断裂破皮、打结或打圈现象。

导爆管起爆，应遵守下列规定：

①用导爆管起爆时，应有设计起爆网络，并进行传爆试验。网络中所使用的连接元件应经过检验合格。

②禁止导爆管打结，禁止在药包上缠绕。网络的连接处应牢固，两个元件应相距2m。敷设后应严加保护，防止冲击或损坏。

③一个8号雷管起爆导爆管的数量不宜超过40根，层数不宜超过3层。

④只有确认网络连接正确，与爆破无关人员已经撤离，才准许接入引爆装置。

四、水利水电工程项目防汛作业要求

汛期是指江河中由于流域内季节性降水、融冰、化雪，引起定时性水位上涨的时期。我国汛期主要是由于夏季暴雨和秋季连绵阴雨造成的，时间大致在每年5—9月，一般在6月进入汛期。水利水电工程度汛是指从工程开工到竣工期间由围堰及未完成的大坝坝体拦洪或围堰过水及未完成的坝体过水，使永久建筑不受洪水威胁。施工度汛是保护跨年度施工的水利水电工程在施工期间安全度过汛期，而不遭受洪水损害的措施。此项工作由建设单位负责计划、组织、安排和统一领导。

施工建设单位应组织成立有施工、设计、监理等单位参加的工程防汛机构，负责工程安全度汛工作。应组织制订度汛方案及超标准洪水的度汛预案。

建设单位应做好汛期水情预报工作，准确提供水文气象信息，预测洪峰流量及到来时间和过程，及时通告各单位。

设计单位应于汛前提出工程度汛标准、工程形象面貌及度汛要求。

施工单位应按设计要求和现场施工情况制定度汛措施，报建设单位审批后成立防汛抢险队伍，要配置足够的防汛抢险物资，随时做好防汛抢险的准备工作。

五、水利水电工程项目施工道路及交通作业要求

施工生产区内机动车辆临时道路应符合道路纵坡不宜大于8°，进入基坑等特殊部位的个别短距离地段最大纵坡不得超过15°；道路最小转弯半径不得小于15m；路面宽度不得小于施工车辆宽度的1.5倍，且双车道路面宽度不宜窄于7.0m，单车道不宜窄于4.0m。单车道应在可视范围内设有会车位置等要求。

施工现场临时性桥梁，应根据桥梁的用途、承重载荷和相应技术规范进行设计修建，宽度应不小于施工车辆最大宽度的1.5倍；人行道宽度应不小于1.0m，并应设置防护栏杆等要求。

施工现场架设临时性跨越沟槽的便桥和边坡栈桥，应符合以下要求：

基础稳固、平坦畅通；人行便桥、栈桥宽度不得小于1.2m；手推车便桥、栈桥宽度不得小于1.5m；机动翻斗车便桥、栈桥，应根据荷载进行设计施工，其最小宽度不得小于2.5m；设有防护栏杆。

施工现场工作面、固定生产设备及设施处所等应设置人行通道，并符合宽度不小于0.6m等要求。

六、水利水电工程项目消防作业要求

根据施工生产防火安全的需要，合理布置消防通道和各种防火标志，消防通道应保持通畅，宽度不得小于3.5m。

闪点在45℃以下的桶装、罐装易燃液体不得露天存放，存放处应有防护栅栏，通风良好。

施工生产作业区与建筑物之间的防火安全距离，应遵守下列规定：

用火作业区距所建的建筑物和其他区域不得小于25m。仓库区、易燃、可燃材料堆集场距所建的建筑物和其他区域不小于20m。易燃品集中站距所建的建筑物和其他区域不小于30m。

加油站、油库，应遵守下列规定：

独立建筑，与其他设施、建筑之间的防火安全距离应不小于50m；周围应设有高度不低于2.0m的围墙、栅栏；库区内道路应为环形车道，路宽应不小于3.5m，并设有专门消防通道，保持畅通；罐体应装有呼吸阀、阻火器等防火安全装置；应安装覆盖库区的避雷装置，且应定期检测，其接地电阻不大于10Ω。

罐体、管道应设防静电接地装置，接地网、线用40mm×4mm扁钢或ϕ10mm圆钢埋设，且应定期检测，其接地电阻不大于30Ω。

主要位置应设置醒目的禁火警示标志及安全防火规定标识；应配备相应数量的泡沫、干粉灭火器和砂土等灭火器材；应使用防爆型动力和照明电气设备；库区内严禁一切火源、吸烟及使用手机；工作人员应熟练使用灭火器材及熟悉消防常识；运输使用的油罐车应密封，并有防静电设施。

木材加工厂（场、车间），应遵守下列规定：

独立建筑，与周围其他设施、建筑之间的安全防火距离不小于20m；安全消防通道保持畅通；原材料、半成品、成品堆放整齐有序，并留有足够的通道，保持畅通；木屑、刨花、边角料等弃物及时清除，严禁滞留在场内，保持场内整洁；设有10m^3以上的消防水池、消火栓及相应数量的灭火器材；作业场所内禁止使用明火和吸烟；明显位置应设置醒目的禁火警示标志及安全防火规定标识。

七、水利水电工程项目季节施工作业要求

昼夜平均气温低于5℃或最低气温低于-3℃时，应编制冬季施工作业计划，并应制定防寒、防毒、防滑、防冻、防火、防爆等安全措施。

八、水利水电工程项目施工排水作业要求

土方开挖应注重边坡和坑槽开挖的施工排水。坡面开挖时，应根据土质情况，间隔一定高度设置戗台，台面横向应为反向排水坡，并在坡脚设置护脚和排水沟。

石方开挖工区施工排水应合理布置，选择适当的排水方法，并应符合以下要求：

一般建筑物基坑的排水，采用明沟或明沟与集水井排水时，应在基坑周围或者基坑的中心位置设排水沟，每隔30～40m设一个集水井，集水井应低于排水沟至少1m左右，井壁应做临时加固措施。厂坝基坑深度较大，地下水位较高时，应在基坑边坡上设置2～3层明沟，进行分层抽排水。大面积施工场区排水时，应在场区的适当位置布置纵向深沟作为干沟，干沟沟底应低于基坑1～2m，使四周边沟、支沟与干沟连通将水排出。岸坡或基坑开挖应设置截水沟，截水沟距离坡顶的安全距离不小于5m；明沟距道路边坡的距离应不小于1m。工作面积水、渗水的排水，应设置临时集水坑，集水坑面积宜为2～3m^2，深1～2m，并安装移动式水泵排水。

边坡工程排水设施，应遵守下列规定：

周边截水沟，一般应在开挖前完成，截水沟的深度及底宽不宜小于0.5m，沟底纵坡不宜小于0.5%；长度超过500m时，宜设置纵排水沟、跌水或急流槽。急流槽的纵坡不宜超过1∶1.5，急流槽过长时宜分段，每段不宜超过10m；土质急流槽纵度较大时，应设多级跌水。边坡排水孔宜在边坡喷护之后施工，坡面上的排水孔宜上倾10%左右，孔深3～10m，排水管宜采用塑料花管。挡土墙宜设有排水设施，防止墙后积水形成静水压

力，导致墙体坍塌。采用渗沟排除地下水措施时，渗沟顶部宜设封闭层，寒冷地区沟顶回填土层小于冻层厚度时，宜设保温层；渗沟施工应边开挖、边支撑、边回填，开挖深度超过6m时，应采用框架支撑；渗沟每隔30～50m或平面转折和坡度由陡变缓处宜设检查井。

土质料场的排水宜采取截、排结合，以截为主的排水措施。对地表水宜在采料高程以上修截水沟加以拦截，对开采范围的地表水应挖纵横排水沟排出。

基坑排水，应满足以下要求：

采用深井（管井）排水方法时，管井水泵的选用应根据降水设计对管井的降深要求和排水量来选择，所选水泵的出水量与扬程应大于设计值的20%～30%。管井宜沿基坑或沟槽一侧或两侧布置，井位距基坑边缘的距离应不小于1.5m，管埋置的间距，应为15～20m。

采用井点排水方法时，井点布置应选择合适的方式及地点。井点管距坑壁不得小于1.0～1.5m，间距应为1.0～2.5m。滤管应埋在含水层内并较所挖基坑底低0.9～1.2m。集水总管标高宜接近地下水位线，且沿抽水水流方向有2‰～5‰的坡度。

九、水利水电工程项目常用工具作业要求

安全帽、安全带、安全网等施工生产使用的安全防护用具，应符合国家规定的质量标准，具有厂家安全生产许可证、产品合格证和安全鉴定合格证书；否则不得采购、发放和使用。常用安全防护用具应经常检查和定期试验。

塑料安全帽：外表完整、光洁；帽内缓冲带、帽带齐全无损；耐40～120℃高温不变形；耐水、油、化学腐蚀性良好；可抗3kg的钢球从5m高处垂直坠落的冲击力一年一次。

安全帽检查：绳索无脆裂、断脱现象；皮带各部接口完整、牢固，无霉朽和虫蛀现象；销口性能良好。

安全帽试验有以下两点。

静荷：使用255kg重物悬吊5min无损伤。

动荷：将重量为120kg的重物从2～2.8m的高架上冲出安全带，各部件无损伤。

每次使用前均应检查，新带使用一年后抽样试验，旧带每隔6个月抽查试验一次。

安全网：绳芯结构和网筋边绳结构应符合要求。两件各120kg的重物同时由4.5m高处坠落冲击完好无损每年一次，每次使用前进行外表检查。高处临空作业应按规定架设安全网，作业人员使用的安全带，应挂在牢固的物体上或可靠的安全绳上，安全带严禁低挂高用。拴安全带用的安全绳不宜超过3m。在有毒有害气体可能泄漏的作业场所，应配置必要的防毒护具，以备急用，并及时检查维修更换，保证其处在良好待用状态。电气操作人员应根据工作条件选用适当的安全电工用具和防护用品，电工用具应符合安全技术标准并

定期检查，凡不符合技术标准要求的绝缘安全用具、登高作业安全工具、携带式电压和电流指示器，以及检修中的临时接地线等，均不得使用。

第四节 水利水电工程项目安全事故应急处理

一、水利水电工程项目安全事故应急救援的要求

关于生产安全事故的应急救援，生产经营单位的主要负责人应组织制定并实施本单位的生产安全事故应急救援预案；生产经营单位的安全生产管理机构以及安全生产管理人员应组织或者参与拟定本单位安全生产规章制度、操作规程和生产安全事故应急救援预案；县级以上地方各级人民政府应当组织有关部门制定本行政区域内生产安全事故应急救援预案，建立应急救援体系；生产经营单位应当制定本单位生产安全事故应急救援预案，与所在地县级以上地方人民政府组织制定的生产安全事故应急救援预案相衔接，并定期组织演练；建筑施工单位应当建立应急救援组织；建筑施工单位应当配备必要的应急救援器材、设备和物资，并进行经常性维护、保养，保证正常运转。

县级以上地方人民政府建设行政主管部门应当根据本级人民政府的要求，制定本行政区域内建设工程特大生产安全事故应急救援预案。施工单位应当制定本单位生产安全事故应急救援预案，建立应急救援组织或者配备应急救援人员，配备必要的应急救援器材、设备，并定期组织演练。水电工程项目安全事故应急救援的要求如下：

各级地方人民政府水行政主管部门应当根据本级人民政府的要求，制定本行政区域内水利工程建设特大生产安全事故应急救援预案，并报上一级人民政府水行政主管部门备案。流域管理机构应当制定所管辖的水利工程建设特大生产安全事故应急救援预案，并报水利部备案。

项目法人应当组织制定本建设项目的生产安全事故应急救援预案，并定期组织演练。应急救援预案应当包括紧急救援的组织机构、人员配备、物资准备、人员财产救援措施、事故分析与报告等方面的方案。

施工单位应当根据水利工程施工的特点和范围，对施工现场易发生重大事故的部位、环节进行监控，制定施工现场生产安全事故应急救援预案。实行施工总承包的，由总承包单位统一组织编制水利工程建设生产安全事故应急救援预案，工程总承包单位和分包单位按照应急救援预案，各自建立应急救援组织或者配备应急救援人员，配备救援器材、设备，并定期组织演练。

二、水利水电工程项目安全事故调查处理

结合水利工程建设的特点，提出以下主要要求：

施工单位发生生产安全事故，应当按照国家有关伤亡事故报告和调查处理的规定，及时、如实地向负责安全生产监督管理的部门以及水行政主管部门或者流域管理机构报告；特种设备发生事故的，还应当同时向特种设备安全监督管理部门报告。接到报告的部门还应当按照国家有关规定，如实上报。

实行施工总承包的建设工程，由总承包单位负责上报事故。发生生产安全事故，项目法人及其他有关单位应当及时、如实地向负责安全生产监督管理的部门以及水行政主管部门或者流域管理机构报告。

发生生产安全事故后，有关单位应当采取措施防止事故扩大，保护事故现场。需要移动现场物品时，应当作出标记和书面记录，妥善保管有关证物。

水利工程建设生产安全事故的调查、对事故责任单位和责任人的处罚与处理，应按照有关法律、法规的规定执行。

三、水利水电工程项目安全事故应急预案

（一）安全事故应急预案体系

重大安全事故的应急处理，在项目经理或总工程师的领导下，实行项目部领导统一指挥，分级分部门负责。重大安全事故发生后，发生地的工区、单位有关部门负责人首先要担负起应急处理第一责任人的职责。

重大安全事故发生时，任何组织和个人都有参加应急救援的义务，必须服从重大安全事故应急处理指挥部的统一调度指挥。必要时，逐级请求水电站应急救援分队、派出所、政府部门、公安部门、安监部门、应急救援中队、消防中队参加事故的抢救或者给予必要的支援。

水利部应设立水利工程建设重大安全事故应急指挥部。

设立工程项目建设质量与安全事故应急处置指挥部。

设立应急救援组织或配备应急救援人员并明确职责。

事故单位负责人接到事故报告后，应在1h内向上级主管单位及事故发生地县级以上水行政主管部门报告，每级上报的时间不得超过2h。

各级水行政主管部门在接到水利工程建设重大安全事故报告后，应当遵循“迅速、准确”的原则，立即逐级报告同级人民政府和上级水行政主管部门。各级应急指挥机构和主要人员应当保持通信设备24h正常通畅。

（二）重大安全事故应急处理应遵循的原则

迅速报告原则。事故发生单位当事人或者事故发生地的目击者有责任和义务在重大安全事故发生后，立即向工区安全员、工区主任或工区第一责任人报告，工区安全员、工区主任或工区第一责任人要迅速向项目部领导、安全环保职能部门、保卫部门报告。

主动抢险原则。在重大安全事故发生后，各工区、单位和有关单位员工、民工，都有尽最大可能抢救受伤人员及公私财产的责任和义务。对有能力、有条件实施救助而坐视不管，或事故单位负责人、当事人见死不救，甚至逃逸的，要依据有关法律法规予以惩处。

生命第一的原则。在重大安全事故发生后，水电站有关部门及单位负责人，要把抢救受伤人员、确保群众安全作为首要任务，最大限度地实施救护，及时疏散处于危险之中的群众。

科学施救，控制危险源，防止事故扩大的原则。事故抢救过程中，要迅速判明事故现场的状况，采取有效措施及时控制危险源，严防发生次生事故，避免抢险过程中的人员伤亡，控制事故蔓延。

保护和抢救公私财产，确保重要设施安全的原则。在重大事故发生后，要积极抢救所有能抢救出的公私财产，要尽一切可能确保仓库、电力设施、通信设施、交通设施及其他重要场所的安全，把事故损失降到最低。

保护现场，收集证据的原则。在对重大安全事故实施抢救救护过程中，要尽可能对事故现场进行有效保护，搜集有关证据，为日后查找事故原因、正确处理事故提供依据。

（三）项目安全事故应急预案

1.物体打击事故应急预案

物体打击事故发生的部位及可能性。工程施工由于受到工期的约束，在施工中必然安排部分的或全面的交叉作业，若安全防护不周，操作人员不注意安全防护，就很有可能发生物体打击事故。对内事故报告及对外通信联系。发生物体打击事故后，要立即报告，并根据伤员的情况，及时与外界联系，以保证伤害能够得到及时、有效的救治。

急救电话：120。拨通“120”后，要讲清事故的地点及所用的电话号码，简要说明伤员受伤情况，并派人到路口接应救护车。

应急方案：发生物体打击事故后，要立即停止施工，并及时报告，迅速抢救伤员。要及时帮助伤员脱离危险区域，防止事故的扩大，同时在现场采取必要的紧急救护措施，若受外伤，可先用温水洗伤口，再用干净绷带或布类包扎。若伤口出血，则应立即设法止血。要迅速备车或救援救护车将伤员送医院或急救中心，抢救时根据伤员受伤情况及部位，尽可能送往专科医院。发生事故后，要迅速保护现场，事故现场范围内设警戒线，派专人看守，用绳索或白灰将事故地围起来，抢救伤员而需要移动相关物件时要记录、拍照或录像。在事故原因未明、未经事故调查组审查批准，严禁恢复施工生产。

2.触电事故应急措施

应急准备：组织机构及职责。项目部触电事故应急准备和响应领导小组。

组长：项目经理。

组员：技术负责人、安全员、工程队长、技术员、值班人员。

触电事故应急处置领导小组负责对项目突发触电事故的应急处理。

应急响应：脱离电源，对症抢救。当发生人身触电事故时，首先使触电者脱离电源。迅速急救，关键是快。对于低压触电事故，可采用下列方法使触电者脱离电源。如果触电地点附近有电源开关或插销，可立即断开电源开关或拔下电源插头，以切断电源。对于高压触电事故，可采用下列方法使触电者脱离电源，并立即通知有关部门断电。触电者如果在高空作业时触电，断开电源时，要防止触电者摔下来造成二次伤害。人工呼吸是在触电者停止呼吸后应用的急救方法。各种人工呼吸方法中以口对口呼吸法效果最好。胸外心脏按压法是触电者心脏停止跳动后的急救方法。

3.机械伤害事故应急预案

机械伤害事故发生的部位及可能性：机械伤害事故形式惨重，轻者造成人身外伤或伤残。检修、检查或操作过程中忽视安全措施。缺乏安全装置。电源开关布置不合理。自制或任意改造机械设备。任意进入机械运行作业区。没有资格证的人员上岗操作。对内事故报告及对外通信联系。发生机械伤害事故后，要立即报告，并根据伤员的情况及时与外界联系、求援，以保证伤员能够得到及时、有效的救治。

急救电话：120。拨通“120”后，要讲清事故的地点及求援所用的电话号码，简要说明伤员的受伤情况，并派专人到路口接应救护车。

应急方案：发生断手、断指等严重情况时，对伤者伤口要进行包扎止血、止痛、进行半握拳状的功能固定。发生头皮撕裂的必须及时对伤者进行抢救，采取止痛及其他对症措施；用生理盐水冲洗有伤部位，涂红汞后用消毒大纱布、消毒棉紧紧包扎，压迫止血；使用抗菌素，注射抗破伤风血清，预防感染；送往医院进行治疗。

预防措施：检修机械必须严格执行断电、挂禁止合闸警示牌和专人监护或隔离。严禁无关人员进入危险区域。操作人员要接受相应培训并定期考核。

4.火灾事故应急预案

发生潜在事件物质：吸烟、火种、明火作业。

发生潜在事件场所：办公区、生产作业区、休息区域、油料存放区。

发生潜在事件场所配备器材："五五制"、灭火器材、消防水源。

应急准备和响应物资：简易担架、跌打损伤药品、灭火器材。

应急准备：组织机构及职责。项目部火灾事故应急准备和响应领导小组。

组长：项目经理。

组员：技术负责人、安全员、工程队队长、质检员、值班人员。

应急响应：为了防止各种火灾事故的发生，各项目部的施工现场，应在安全出入口设置明显的标志牌，按总人员组建义务防火小组。组长由项目经理承担。组员由生产负责人、安全员、各专业工长、技术员、质检员、值勤人员组成，项目经理为现场总负责人，生产负责人负责现场扑救工作。各专业各负其责。

项目部火灾处理程序：发生火情，第一发现人应高声呼喊，使附近人员能够听到或协助扑救，同时通知施工管理部或其他相关部门，安全员负责拨打火警电话"119"。

电话描述内容：单位名称、所在区域、周边显著标志性建筑物、主要路线、候车人姓名及主要特征、等候地址、火源、着火部位、火势情况及程度。随后到路口引导消防车辆。

发生火情后，电工负责断电，施工员负责水源，安全员组织各部门人员用灭火器材等进行灭火。如果是由于电路失火，必须先切断电源，严禁使用水或液体灭火器灭火，以防触电事故发生。

火灾发生时，为防止有人被困，发生窒息伤害，由施工员准备部分毛巾，湿润后蒙在口、鼻上，抢救被困人员时，为其准备淋湿的毛巾，以备应急时使用，防止有毒有害气体吸入肺中，造成窒息伤害。被烧人员救出后应采取简单的救护方法急救，如用纯净水冲洗一下被烧部位，将污物冲净。再用干净纱布简单包扎，同时联系急救车抢救。火灾事故后，保护现场，组织抢救人员和财产，防止事故扩大，必须以最快的方式逐级上报，如实汇报，不得隐瞒。

环境影响：一旦发生火灾，燃烧大量物资，并有大量烟尘、有毒气体排放到大气中，将造成能源的消耗和环境污染。应根据燃烧物的情况或所涉及的范围，应急领导小组应建立警戒区，采取相应措施，减少能源的消耗和环境污染。

5.车辆事故应急预案

发生车辆事故后，应立即拨打"110"进行车辆事故处理。拨通"110"后，要讲清楚事故的地点及求援所用的电话号码，简要说明有无伤员受伤。

第五节 水利水电工程项目安全生产监督

一、水利水电工程项目安全生产监督管理体系和职责

结合水利工程建设的特点以及建设管理体系的具体情况，对水利工程建设安全生产监督管理体系和职责要求有以下八点：

①水行政主管部门和流域管理机构按照分级管理权限，负责水利工程建设安全生产的监督管理。水行政主管部门或者流域管理机构委托的安全生产监督机构，负责水利工程施工现场的具体监督检查工作。

②水利部负责全国水利工程建设安全生产的监督管理工作，其主要职责如下：

贯彻、执行国家有关安全生产的法律、法规和政策，制定有关水利工程建设安全生产的规章、规范性文件和技术标准。监督、指导全国水利工程建设安全生产工作，组织开展对全国水利工程建设安全生产情况的监督检查。组织、指导全国水利工程建设安全生产监督机构的建设、考核和安全生产监督人员的考核工作，以及水利水电工程施工单位的主要负责人、项目负责人和专职安全生产管理人员的安全生产考核工作。

③流域管理机构负责所管辖的水利工程建设项目的安全生产监督工作。

④省、自治区、直辖市人民政府水行政主管部门负责本行政区域内所管辖的水利工程建设安全生产的监督管理工作。

⑤水行政主管部门或者流域管理机构委托的安全生产监督机构，应当严格按照有关安全生产的法律、法规、规章和技术标准，对水利工程施工现场实施监督检查。安全生产监督机构应当配备一定数量的专职安全生产监督人员。安全生产监督机构以及安全生产监督人员应当经水利部考核合格。

⑥水行政主管部门或者其委托的安全生产监督机构应当自收到有关备案资料后20d内，将有关备案资料抄送同级安全生产监督管理部门。流域管理机构抄送项目所在地省级安全生产监督管理部门，并报水利部备案。

⑦水行政主管部门、流域管理机构或者其委托的安全生产监督机构依法履行安全生产监督检查职责时，有权采取下列措施：

要求被检查单位提供有关安全生产的文件和资料。进入被检查单位施工现场进行检查。纠正施工中违反安全生产要求的行为。对检查中发现的安全事故隐患，责令立即排除；重大安全事故隐患排除前或者排除过程中无法保证安全的，责令从危险区域内撤出作业人员或者暂时停止施工。

⑧各级水行政主管部门和流域管理机构应当建立举报制度，及时受理对水利工程建设生产安全事故及安全事故隐患的检举、控告和投诉；对超出管理权限的，应当及时转送予

管理权限的部门。举报制度应当包括以下内容：

公布举报电话、信箱或者电子邮件地址，受理对水利工程建设安全生产的举报；对举报事项进行调查核实，并形成书面材料；督促落实整顿措施，依法作出处理。

二、水利水电工程项目安全生产监督检查主要内容

各级水行政主管部门安全生产监督检查的主要内容如下。

（一）对项目法人安全生产监督检查内容

①安全生产管理制度建立健全情况。

②安全生产管理机构设立情况。

③安全生产责任制建立及落实情况。

④安全生产例会制度执行情况。

⑤保证安全生产措施方案的制订、备案与执行情况。

⑥安全生产教育培训情况。

⑦施工单位安全生产许可证、“三类人员”（即施工企业主要负责人、项目负责人及专职安全生产管理人员）安全生产考核合格证及特种作业人员持证上岗等核查情况。

⑧安全施工措施费用管理。

⑨生产安全事故应急预案管理。

⑩安全生产隐患排查和治理。

⑪生产安全事故报告、调查和处理等。

（二）对勘察设计单位安全生产监督检查内容

①工程建设强制性标准执行情况。

②对工程重点部位和环节防范生产安全事故的指导意见或建议。

③新结构、新材料、新工艺及特殊结构防范生产安全事故措施建议。

④勘察设计单位资质、人员资格管理和设计文件管理等。

（三）建设监理单位安全生产监督检查内容

①工程建设强制性标准执行情况。

②施工组织设计中的安全技术措施及专项施工方案的审查和监督落实情况。

③安全生产责任制的建立及落实情况。

④监理例会制度、生产安全事故报告制度等执行情况。

⑤监理大纲、监理规划、监理细则中有关安全生产措施的执行情况等。

（四）施工单位安全生产监督检查内容

①安全生产管理制度建立健全情况。

②资质等级、安全生产许可证的有效性。

③安全生产管理机构的设立及人员配置。

④安全生产责任制的建立及落实情况。

⑤安全生产例会制度、隐患排查制度、事故报告制度和培训制度等执行情况。

⑥安全生产操作规程的制定及执行情况。

⑦“三类人员”安全生产考核合格证及特种作业人员持证上岗情况。

⑧劳动防护用品的管理制度及执行情况。

⑨安全费用的提取及使用情况。

⑩生产安全事故应急预案的制定及演练情况。

⑪生产安全事故处理情况。

⑫危险源分类、识别管理及应对措施等。

（五）对施工现场安全生产监督检查内容

①施工支护、脚手架、爆破、吊装、临时用电、安全防护设施和文明施工等情况。

②安全生产操作规程执行与特种作业人员持证上岗情况。

③个体防护与劳动防护用品使用情况。

④应急预案中有关救援设备、物资落实情况。

⑤特种设备检验与维护状况。

⑥消防设施等落实情况。

三、水利水电工程项目安全生产监督检查的组织形式

各级水行政主管部门安全生产监督检查的组织与实施形式如下：

①安全生产监督检查由监督检查组织单位成立的安全生产监督检查组实施。监督检查组成员一般由监管部门的领导和人员、相关部门的代表和专家组成。

②监督检查组应根据工程项目的具体情况，制订检查方案，明确检查项目、内容和要求等。

③监督检查组应在被监督检查单位或施工工地主持召开工作会议，介绍监督检查的内容、方法和要求，听取有关单位安全生产工作情况的介绍。

④监督检查人员应查阅有关资料，针对检查对象的具体情况，对重点场所、关键部位实施现场检查，并记录检查结果。

⑤监督检查组应现场反馈检查情况，并针对现场检查发现的安全生产问题、薄弱环节

和安全生产事故隐患，提出整改要求。

⑥监督检查组应编制监督检查报告，经监督检查组负责人签字后报监督检查组织单位。

⑦监督检查组织单位应根据检查情况，向被检查单位下发整改意见；有关部门和工程各参建单位应认真研究制订整改方案，落实整改措施，尽快完成整改并及时向监督检查组织单位反馈整改意见落实情况。

⑧安全生产监督检查活动组织单位应注意保存影像资料、重要检查记录、监督检查报告、整改意见以及整改情况反馈意见等有关文件。

四、水利工程设备平安生产运行的监督管理

正常状况下，能否有效对水利水电设备的维护进行监督，直接影响水利水电工程设备的制造生产和运行状态。为了最大限度地保证生产的牢靠性和平安性，对水处理设备要增加维护和保养，对水利水电设备进行管理可以大大降低故障的可能性。众所周知，维护工程设备是每个员工应当关注的问题，特别是设备维护人员必须以科学、合理的方法进行检测水利水电工程设备的故障。首先，设备维护人员应对参数进行精确测量，找到需要修理的设备以及修理内容。一方面，它有助于防止修理不足或修理过度状况；另一方面，它在提高设备效率方面发挥了重要作用，这对于水利水电工程设备的正常、稳定、平安运行有着重要的现实意义，同时，必须履行平安生产责任。平安生产责任制是该项目的全部运营部门和员工必须对平安生产负责，这是平安规章制度的基础。平安责任制将劳动爱惜纳入生产和管理的各个方面，可以实现专职、全面、全过程、全方位的平安生产管理。

第六节　水利水电文明施工与环境管理

一、文明施工

（一）文明工地的建设标准

质量管理：质量保证体系健全，工程质量得到有效控制，工程内外观质量优良，质量事故和缺陷处理及时，质量管理档案规范、真实、归档及时等。

综合管理：文明工地创建计划周密、组织到位、制度完善、措施落实，参建各方信守合同，严格按照基本建设程序，遵纪守法、爱岗敬业，职工文体活动丰富、学习气氛浓厚，信息管理规范，关系融洽，能正确处理周边群众关系、营造良好的施工氛围。

安全管理：安全管理制度和责任制度完善，应急预案有针对性和可操作性，实行定期

安全检查制度，无安全生产事故。

施工区环境：现场材料堆放、机械停放整齐有序，施工道路布置合理、畅通，做到完工清场，安全设施和警示标志规范，办公生活区等场所整洁、卫生，生态保护及职业健康条件符合国家有关规定标准，防止或减少粉尘、噪声、废弃物、照明、废气、废水对人和环境的危害，防止污染措施得当。

（二）文明工地的申报条件

①已完工程量一般应达全部建筑工程量的20%及以上或主体工程完工一年以内。

②创建文明建设工地半年以上。

③工程进度满足总进度要求。

（三）文明工地的申报程序

工程在项目法人党组织的统一领导下，主要领导为第一责任人，各部门齐抓共管，全员参与的文明工地创建活动，实行届期制，每两年命名一次。上一届命名“文明工地”的，如果符合条件，可继续申报下一届。

自愿申报：以建设管理单位所管辖一个项目，或其中的一个项目、一个标段、几个标段为一个文明工地由项目法人申报。

逐级推荐：县级水行政主管部门负责对申报单位的现场考核，并逐级向省、市水行政文明办会同建管单位考核，优中选优向本单位文明委推荐申报名单。流域机构所属项目由流域机构文明委会同建设与管理单位考核推荐。中央和水利部项目直接向水利部文明办申报。

考核评审：水利部文明办会同建设与管理司组织审核、评定，报水利部文明委。

公示评议：水利部文明委审议通过后，在水利部有关媒体上公示一周。

审定命名：对符合标准的文明工地项目，由水利部文明办授予“文明工地”称号。

二、施工环境管理

（一）施工现场空气污染的防治

施工大气污染防治主要包括：土石方开挖、爆破、砂石料加工、混凝土拌和、物料运输和储存及废渣运输、倾倒产生的粉尘、扬尘的防治；燃油、施工机械、车辆及生活燃煤排放废气的防治。

地下厂房、引水隧洞等土石方开挖、爆破施工应采取喷水、设置通风设施、改善地下洞室空气扩散条件等措施，减少粉尘和废气污染；砂石料加工宜采用湿法破碎的低尘工艺，降低转运落差，密闭尘源。

水泥、石灰、粉煤灰等细颗粒材料运输应采用密封罐车；采用敞篷车运输的，应用篷布遮盖。装卸、堆放中应防止物料流散，水泥临时备料场宜建在有排浆引流的混凝土搅拌场或预制场内就近使用，施工现场公路应定期养护，配备洒水车或采用人工洒水防尘；施工运输车辆宜选用安装排气净化器的机动车，使用符合标准的油料或清洁能源，以减少尾气排放。

施工现场的垃圾、渣土要及时清理出现场。上部结构清理施工垃圾时，要使用封闭式的容器或者采取其他措施处理高空废弃物，严禁临空随意抛撒。施工现场道路应指定专人定期洒水清扫，并形成制度，防止道路扬尘。对于细颗粒散体材料的运输、储存要注意遮盖、密封，防止和减少飞扬。车辆开出工地要做到不带泥沙，基本做到不洒土、不扬尘，减少对周围环境的污染。除设有符合规定的装置外，禁止在施工现场焚烧油毡、橡胶、塑料、皮革、树叶、枯草、各种包装物等废弃物品以及其他会产生有毒、有害烟尘和恶臭气体的物质。机动车要安装减少尾气排放的装置，确保符合国家标准。工地锅炉应尽量采用电热水器。若只能使用烧煤锅炉，应选用消烟除尘型锅炉，大灶应选用消烟节能回风炉灶，使烟尘降至允许排放范围内，在离村庄较近的工地应当将搅拌站封闭严密，并在进料仓的上方安装除尘装置，采用可靠措施控制工地粉尘污染。拆除旧建筑物时，应适当洒水，防止扬尘。

（二）施工现场水污染的防治

水利水电工程施工废污水的处理应包括施工生产废水和施工人员生活污水处理，其中施工生产废水主要包括砂石料加工系统废水、混凝土拌和系统废水等。

砂石料加工系统废水的处理应根据废水量、排放量、排放方式、排放水域功能要求和地形等条件确定。采用自然沉淀法进行处理时，应根据地形条件布置沉淀池，并保证有足够的沉淀时间，沉淀池应及时进行清理；采用絮凝沉淀法处理时，应符合下列技术要求：废水经沉淀，加入絮凝剂，上清液收集回用，泥浆自然干化，滤池应及时清理。

混凝土拌和系统废水处理应结合工程布置，就近设置冲洗废水沉淀池，上清液可循环使用。废水宜进行中和处理。

生活污水不应随意排放，采用化粪池处理污水时，应及时清运。

在饮用水水源一级保护区和二级保护区内，不应设置施工废水排污口。生活饮用水水源取水点上游1000m和下游100m以内的水域，不得排入施工废污水。

施工过程水污染的防治措施如下：

①施工现场搅拌站废水、现制水磨石的污水、电石的污水必须经沉淀池沉淀合格后再排放，最好将沉淀水用于工地洒水降尘或采取措施回收利用。

②现场存放油料的，必须对库房地面进行防渗处理，如采取防渗混凝土地面、铺油毡等措施。使用时，要采取防止油料跑、冒、滴、漏的措施，以免污染水体。

③施工现场100人以上的临时食堂的污水排放可设置简易有效的隔油池，定期清理，防止污染。

④工地临时厕所、化粪池应采取防渗漏措施。中心城市施工现场的临时厕所可采用水冲式厕所，并应有防蝇、灭蛆措施，防止污染水体和环境。

（三）施工现场噪声的控制

施工噪声控制应包括施工机械设备固定噪声、运输车辆流动噪声、爆破瞬时噪声控制。

固定噪声的控制：应选用符合标准的设备和工艺，加强设备的维护和保养，减少运行时的噪声。主要机械设备的布置应远离敏感点，并根据控制的目标要求和保护对象，设置减噪、减振设施。

流动噪声的控制：应加强交通道路的维护和管理，禁止使用高噪声车辆；在集中居民区、学校、医院等路段设禁止高声鸣笛标志，减缓车速，禁止夜间鸣放高音喇叭。

施工现场噪声的控制措施可以从声源、传播途径、接收者的防护等方面来考虑。

从噪声产生的声源上控制，尽量采用低噪声设备和工艺代替高噪声设备和工艺。在声源处安装消声器消声，即在通风机、压缩机、燃气机、内燃机及各类排气放空装置等进出风管的适当位置设置消声器。

从噪声传播的途径上控制：吸声，利用吸声材料或由吸声结构形成的共振结构吸收声能，降低噪声。隔声，应用隔声结构，阻碍噪声向空间传播，将接收者与噪声的声源分隔。隔声结构包括隔声室、隔声罩、隔声屏障、隔声墙等。消声，利用消声器阻止传播，通过消声器降低噪声。减振，对来自振动引起的噪声，可通过降低机械振动减小噪声。对接收者的防护可采用让处于噪声环境下的人员使用耳塞、耳罩等防护用品，减少相关人员在噪声环境中的暴露时间，以减轻噪声对人体的危害。严格控制人为噪声，进入施工现场不得高声呐喊、无故摔打模板、乱吹口哨，限制高音喇叭的使用，最大限度地减少噪声扰民。凡在居民稠密区进行强噪声作业的，应严格控制作业时间，设置高度不低于1.8m噪声围挡。控制强噪声作业的时间，施工车间和现场8h作业，噪声不得超过85dB，交通敏感点设置禁鸣标志，工程爆破应采用低噪声爆破工艺，并避免夜间爆破。

（四）固体废弃物的处理

固体废弃物的处理应包括生活垃圾、建筑垃圾、生产废料的处置。

施工营地应设置垃圾箱或集中垃圾堆放点，将生活垃圾集中收集、专人定期清运；施工营地厕所，应指定专人定期清理或农用井四周消毒灭菌，建筑垃圾应进行分类，宜回收利用的回收利用；不能回收利用的，应集中处置，危险固体废弃物必须执行国家有关危险废弃物处理的规定。临时垃圾堆放场地可利用天然洼地、沟壑、废坑等，应避开生活饮用水水源、渔业用水水域，并防止垃圾进入河流、库、塘等天然水域。

固体废弃物的处理和处置措施如下：

①回收利用。对固体废弃物进行资源化、减量化处理的重要手段之一。建筑渣土可视其情况加以利用，废钢可按需要用作金属原材料，废电池等废弃物应分散回收，集中处理。

②减量化处理。对已经产生的固体废弃物进行分选、破碎、压实浓缩、脱水等，减少其最终处置量，从而降低处理成本，减少环境污染，在减量化处理过程中，也包括与其他处理技术相关的工艺方法。

③焚烧。对于不适合再利用且不宜直接予以填埋处理的废弃物，尤其是对于已受到病菌、病毒污染的物品，可以用焚烧的方法进行无害化处理。焚烧处理应使用符合环境要求的处理装置，注意避免对大气的二次污染。

④固化。利用水泥、沥青等胶结材料，将松散的废弃物包裹起来，减少废弃物的毒性和可迁移性，减少二次污染。

⑤填埋。填埋是固体废弃物处理的最终技术，经过无害化、减量化处理的废弃物残渣集中在填埋场进行处置。填埋场利用天然或人工屏障，尽量使需要处理的废弃物与周围的生态环境隔离，并注意废弃物的稳定性和长期安全性。

（五）生态保护

生态保护应遵循预防为主、防治结合、维持生态功能的原则，其措施包括水土流失防治和动植物保护。

1.施工区水土流失防治的主要内容

施工场地应合理利用施工区内的土地，以减少对原地貌的扰动和损毁植被。料场取料应按水土流失防治要求减少植被破坏，剥离的表层熟土宜临时堆存做回填覆土。取料结束，应根据料场的性状、土壤条件和土地利用方式，及时进行土地平整，因地制宜恢复植被。弃渣应及时清运至指定渣场，不得随意倾倒，要采用先挡后弃的施工顺序，及时平整渣面、覆土。渣场应根据后期土地利用的方式，及时进行植被恢复或作其他用地。施工道路应及时排水、护坡，永久道路宜及时栽种行道树。大坝区、引水系统及电站厂区应根据工程进度要求及时绿化，并结合景观美化，合理布置乔、灌、花、草坪等。

2.动植物保护的主要内容

工程施工不得随意损毁施工区外的植被，捕杀野生动物和破坏野生动物环境。工程施工区的珍稀濒危植物，采取迁地保护措施时，应根据生态适宜性要求，迁至施工区外移栽；采取就地保护措施时，应挂牌登记，建立保护警示标识。施工人员不得伤害、捕杀珍稀、濒危陆生动物和其他受保护的野生动物。施工人员在工程区附近发现受威胁或伤害的珍稀、濒危动物等受保护的野生动物时，应及时报告管理部门，采取抢救保护措施。工程在重要经济鱼类、珍稀濒危水生生物分布水域附近施工时，不得捕杀受保护的水生生物。工程施工涉及自然保护区时，应执行国家和地方关于自然保护区管理的规定。

（六）人群健康保护

施工期人群健康保护的主要内容包括施工人员体检、施工饮用水卫生及施工区环境卫生防疫。

1.施工人员体检

施工人员应定期进行体检，预防异地病原体传入，避免发生相互交叉感染。体检应以常规项目为主，并根据施工人员的健康状况和当地疫情，增加有针对性的体检项目。体检工作应委托有资质的医疗卫生机构承担，对体检结果提出处理意见并妥善保存。施工区及附近地区发生疫情时，应对原住人群进行抽样体检。

工程建设各单位应建立职业卫生管理规章制度和施工人员职业健康档案，对从事尘、毒、噪声等职业危害的人员应每年进行一次职业体检，对确诊职业病的职工及时给予治疗，并调离原工作岗位。

2.施工饮用水卫生

生活饮用水的水源水质应满足水利工程施工强制性条文的要求，并经当地卫生部门检验合格方可使用。生活饮用水水源附近不得有污染源。施工现场应定期对生活饮用水的取水区、净水池、供水管道末端进行水质监测。

3.施工区环境卫生防疫

施工进场前，应对一般疫源地和传染性疫源地进行卫生清理。施工区的环境卫生防疫范围应包括生活区、办公区及邻近居民区。施工生活区、办公区环境卫生防疫应定期防疫、消毒，建立疫情报告和环境卫生监督制度，防止自然疫源性疾病、介水传染病、虫媒传染病等疾病暴发流行。当发生疫情时，应对邻近居民区进行卫生防疫。

根据相关规定，水利血防工程施工应根据工程所在区域的钉螺分布状况和血吸虫病的流行情况，制定有关规定，采取相应的预防措施，避免参建人员被感染。在疫区施工，应采取措施，改善工作和生活环境，同时设立醒目的防警示标志。

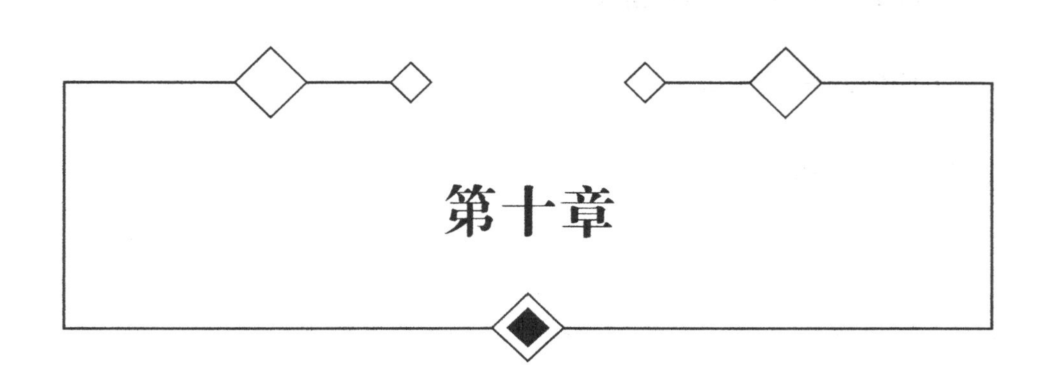

第十章

价值工程在水利水电项目管理中的应用

第一节 价值工程基本理论及方法

一、价值工程及其工作程序

（一）价值工程的基本原理

1.价值工程及其特点

价值工程是以提高产品或作业价值为目的，通过有组织的创造性工作，寻求用最低的寿命周期成本，可靠地实现使用者所需功能的一种管理技术。价值工程涉及价值、功能和寿命周期成本三个基本要素，其具有以下特点：

①价值工程的目标，是以最低的寿命周期成本，使产品具备它所必须具备的功能。产品的寿命周期成本由生产成本和使用及维护成本组成，即通过降低成本来提高价值的活动应贯穿于生产和使用的全过程。

②价值工程的核心，是对产品进行功能分析。功能是指对象能够满足某种要求的一种属性。企业生产的目的，也是通过生产获得用户所期望的功能，而结构、材质等是实现这些功能的手段。目的是主要的，手段可以广泛地选择。因此，价值工程分析产品，首先不是分析其结构，而是分析其功能，在分析功能的基础之上，再去研究结构、材质等问题。

③价值工程将产品价值、功能和成本作为一个整体同时来考虑，是在确保产品功能的基础上综合考虑生产成本和使用成本，兼顾生产者和用户的利益，从而创造出总体价值最高的产品。

④价值工程强调不断改革和创新，开拓新构思和新途径，获得新方案，创造新功能载体，从而简化产品结构，节约原材料，提高产品的技术经济效益。

⑤价值工程要求将功能定量化，即将功能转化为能够与成本直接相比的量化值。

⑥价值工程是以集体智慧开展的有计划、有组织的管理活动。价值工程研究的问题涉及产品的整个寿命周期，涉及面广，研究过程复杂。因此，企业在开展价值工程活动时，必须集中人才，包括技术人员、经济管理人员、有经验的工作人员，甚至用户，以适当的组织形式组织起来，共同研究，依靠集体的智慧和力量，发挥各方面、各环节人员的知识、经验和积极性，有计划、有领导、有组织地开展活动，才能达到既定的目标。

2.提高产品价值的途径

提高产品价值的途径具有以下五种：

①在提高产品功能的同时，降低产品成本，这是提高价值最为理想的途径。

②在产品成本不变的条件下，通过提高产品的功能达到提高产品价值的目的。

③在保持产品功能不变的前提下，通过降低成本达到提高产品价值的目的。

④产品功能有较大幅度提高，产品成本有较少提高。

⑤在产品功能略有下降、产品成本大幅度降低的情况下，也可以达到提高产品价值的目的。

（二）价值工程的基本工作程序

价值工程的工作过程，实质是针对产品的功能和成本提出问题、分析问题、解决问题的过程。针对价值工程的研究对象，整个活动是围绕以下几个基本问题的明确和解决而系统地展开的。价值工程的研究对象是什么、这是干什么用的、其成本是多少、其价值是多少、有其他的方案能实现这个功能吗、新方案的成本是多少、新方案能否满足要求。这七个问题决定了价值工程的一般工作程序。

二、对象选择及信息资料收集

价值工程的对象选择过程就是逐步收缩研究范围、寻找目标、确定主攻方向的过程，因为生产建设中的技术经济问题很多，涉及的范围也很广，为了节省资金，提高效率，只能精选其中的一部分来实施，其并非企业生产的全部产品，也不一定是构成产品的全部零部件。因此，能否正确选择对象是价值工程收效大小与成败的关键。

（一）对象选择的一般原则

价值工程的目的在于提高产品价值，研究对象的选择要从市场需要出发，结合本企业的实力，系统考虑。一般来说，对象选择的原则有以下四个方面：

①从设计方面看，对产品结构复杂、性能和技术指标差距大、体积大、重量大的产品进行价值工程活动，可使产品结构、性能、技术水平得到优化，从而提高产品价值。

②从生产方面看，对量多面广、关键部位、工艺复杂、原材料消耗高和废品率高的产品或零部件，特别是对量多、产值比重大的产品，只要成本下降，所取得的经济效果就大。

③从市场销售方面看，选择用户意见多、系统配套差、维修能力弱、竞争力差、利润率低的；选择生命周期较长的；选择市场上畅销但竞争激烈的；选择新产品、新工艺等。

④从成本方面看，选择成本高于同类产品、成本比重大的。推行价值工程就是要降低成本，以最低的寿命周期成本可靠地实现必要功能。

根据以上原则，对生产企业，有以下情况之一者，优先选择为价值工程的对象：

①结构复杂或落后的产品。

②制造工序多或制造方法落后及手工劳动较多的产品。

③原材料种类繁多和互换材料较多的产品。

④在总成本中所占比重大的产品。

对由各组成部分组成的产品，应优先选择以下部分作为价值工程的对象：

①造价高的组成部分。

②占产品成本比重大的组成部分。

③数量多的组成部分。

④体积或重量大的组成部分。

⑤加工工序多的组成部分。

⑥废品率高和关键性的组成部分。

（二）对象选择的方法

价值工程对象选择往往要兼顾定性分析和定量分析，因此对象选择的方法有多种，不同方法适宜于不同的价值工程对象。应根据具体情况选用适当的方法，以取得较好的效果。常用的方法如下：

1.因素分析法

因素分析法又称经验分析法，是指根据价值工程对象选择应考虑的各种因素，凭借分析人员经验集体研究确定选择对象的一种方法。它是一种定性分析方法，特别是在被研究对象彼此相差比较大以及时间紧迫的情况下比较适用。其缺点是缺乏定量依据，且准确性较差，对象选择得正确与否主要决定于价值工程活动人员的经验及工作态度，有时难以保证分析质量。

2.ABC分析法

ABC分析法又称重点选择法或不均匀分布定律法，是应用数理统计分析的方法来选择对象，其基本原理为“关键的少数和次要的多数”，抓住关键的少数可以解决问题的大部分。在价值工程中，这种方法的基本思路：把一个产品的各种部件按成本的大小由高到低排列起来，绘成费用累计分布图，然后将占总成本70%～80%而占零部件总数10%～20%的零部件划分为A类部件；将占总成本5%～10%而占零部件总数60%～80%的零部件划分为C类部件；其余为B类。其中，A类零部件是价值工程的主要研究对象。

ABC分析法抓住成本比重大的零部件或工序作为研究对象，有利于集中精力重点突破，取得较大效果，同时简便易行，因此广泛为人们所采用。但在实际工作中，有时由于成本分配不合理，造成成本比重不大但用户认为功能重要的对象可能被漏选或排序推后，这种情况应列为价值工程研究对象的重点。ABC分析法的这一缺点可以通过经验分析法、强制确定法等方法来补充修正。

3.强制确定法

强制确定法是以功能的重要程度作为选择价值工程对象的一种分析方法。具体做法：先求出分析对象的成本系数、功能系数，再求出价值系数，以揭示出分析对象的功能与成本之间是否相符。如果不相符，价值低的则被选为价值工程的研究对象。这种方法在功能评价和方案评价中也有应用。

强制确定法从功能与成本两个方面综合考虑，比较适用、简便，不仅能明确揭示出价值工程的研究对象所在，而且具有数量概念。但这种方法是人为打分，不能准确地反映出功能差距的大小，只适用于部件间功能差别不大且比较均匀的对象，一次分析的部件数目也不能太多，以不超过10个为宜。在零部件很多时，可以先用ABC法、经验分析法选出重点部件，再用强制确定法细选；也可以用逐层分析法，从部件选起，然后在重点部件中选出重点零件。

4.百分比分析法

这是一种通过分析某种费用或资源对企业的某个技术经济指标的影响程度的大小来选择价值工程对象的方法。

5.价值指数法

这是通过比较各个对象之间的功能水平位次和成本位次，寻找价值较低的对象，并将其作为价值工程研究对象的一种方法。

（三）信息资料收集

当价值工程活动的对象选定以后，就要进一步开展情报收集工作，这是价值工程不可缺少的重要环节。通过信息收集，可以得到价值工程活动的依据、标准和对比的对象；通过对比又可以受到启发，打开思路，可以发现问题，找到差距，以明确解决问题的方向、方针和方法。价值工程所需的信息资料，应视具体情况而定，对于产品分析来说，一般应收集以下八个方面的资料：

1.用户方面的信息资料

收集这方面的信息资料是为了充分了解用户对产品的期待、要求，包括用户的使用目的、使用环境和使用条件，以及用户对产品性能方面的要求，操作、维护和保养条件，对价格、配套零部件和服务方面的要求。

2.市场销售方面的信息资料

市场销售方面的信息资料包括产品市场销售变化情况，市场容量，同行业竞争对手的规模、经营特点、管理水平，产品的产量、质量、售价、市场占有率、技术服务、用户反应等。

3.技术方面的信息资料

技术方面的信息资料包括产品的各种功能、水平高低、实现功能的方式和方法。企业产品设计、工艺、制造等技术档案，企业内外、国内外同类产品的技术资料，包括同类产品的设计方案、设计特点、产品结构、加工工艺、设备、材料、标准、新技术、新工艺、新材料、能源及三废处理等情况。

4.经济方面的信息资料

成本是计算价值的必要依据，是功能成本分析的主要内容。应了解同类产品的价格、成本及构成。

5.本企业的基本资料

本企业的基本资料包括企业的经营方针，内部供应、生产、组织，生产能力及限制条件，销售情况以及产品成本等方面的信息资料。

6.环境保护方面的信息资料

环境保护方面的信息资料包括环境保护的现状、“三废”状况，处理方法和国家法规标准。

7.外协方面的信息资料

外协方面的信息资料包括外协单位的状况，外协件的品种、数量、质量、价格、交货期等。

8.政府和社会有关部门的法规、条例等方面的信息资料

政府和社会有关部门的法规、条例等方面的信息资料包括国家有关法规、条例、政策，以及环境保护、公害等有关影响产品的资料。收集的资料及信息一般需加以分析、整理，剔除无效资料，使用有效资料，以利于价值工程活动的分析研究。

三、功能的系统分析

功能分析是价值工程活动的核心和基本内容。它通过分析信息资料，用动词+名词组合的方式，简明、正确地表达各对象的功能，明确功能特性要求，并绘制功能系统图，从而弄清楚产品各功能之间的关系，以便于去掉不合理的功能，调整功能间的比重，使产品的功能结构更合理。通过功能分析，回答对象“是干什么用的”等提问，从而准确地掌握用户的功能要求。

（一）功能分类

①按功能的重要程度分类，可分为基本功能和辅助功能。

②按功能的性质分类，可分为使用功能和美学功能。

③按用户的需求分类，可分为必要功能和不必要功能。

④按功能的量化标准分类，可分为过剩功能和不足功能。

价值工程中的功能，一般是指必要功能。价值工程对产品的分析，首先是对其功能的分析，通过功能分析，弄清哪些功能是必要的，哪些功能是不必要的，从而在创新方案中去掉不必要的功能，补充不足的功能，使产品的功能结构更加合理，达到可靠地实现使用者所需功能的目的。

（二）功能定义

功能定义就是以简洁的语言对产品的功能加以描述。因此，功能的过程就是解剖分析的过程。

功能定义通常用一个动词和一个名词来描述，不宜太长，以简洁为好。动词是功能承担体发生的动作，而动作的对象就是作为宾语的名词。

（三）功能整理

功能整理是用系统的观点将已经定义的功能加以系统化，找出各局部功能相互之间的逻辑关系，并用图表形式表达，以明确产品的功能系统，从而为功能评价和方案构思提供依据。通过功能整理，应满足明确功能范围、检查功能之间的准确程度以及明确功能之间上下位关系和并列关系等几个要求。

功能整理的主要任务是建立功能系统图，因此，功能整理的过程也就是绘制功能系统图的过程，其工作程序如下：

①编制功能卡片。把功能定义写在卡片上，每条写一张卡片，以便于排列、调整和修改。

②选出最基本的功能。从基本功能中挑选出一个最基本的功能，也就是最上位的功能，排列在左边。其他卡片按功能的性质，以树状结构的形式向右排列，并分列出上位功

能和下位功能。

③明确各功能之间的关系。逐个功能之间的关系，也就是找出功能之间的上下位关系。

④对功能定义做必要的修改、补充和取消。

⑤把经过调整、修改和补充的功能，按上下位关系，排列成功能系统图。

（四）功能计量

功能计量是以功能系统图为基础，依据各个功能之间的逻辑关系，以对象整体功能的定量指标为出发点，从左向右地逐级测算、分析，确定出各级功能程度的数量指标，揭示出各级功能领域中有无功能不足或功能过剩，从而为保证必要功能、剔除过剩功能、补足不足功能的后续活动提供定性与定量相结合的依据，功能计量又分为对整体功能的量化和对各级子功能的量化。

四、功能评价

功能评价，即评定功能的价值，是指把找出实现功能的最低费用作为功能的目标成本，以功能目标成本为基准，通过与功能现实成本的比较，求出两者的比值和两者的差异值，然后选择功能价值低、改善期望值大的功能作为价值工程活动的重点对象。功能评价工作可以更准确地选择价值工程的研究对象，同时，通过制定目标成本，有利于提高价值工程的工作效率，增强工作人员的信心。

（一）功能现实成本

功能现实成本在成本费用的构成项目上和一般的传统成本核算上是完全相同的，但功能现实成本的计算是以对象的功能为单位的，而传统的成本核算是以产品或零部件为单位。因此，在计算功能现实成本时，就需要根据传统的成本核算资料，将产品或零部件的现实成本换算成功能的现实成本。具体来讲，当一个零部件只具有一个功能时，该零部件的成本就是它本身的功能成本；当一项功能要由多个零部件共同实现时，该功能的成本就等于这些零部件的功能成本之和；当一个零部件具有多项功能或同时与多项功能有关时，就需要将零部件成本根据具体情况分摊给各项有关功能。

（二）功能评价价值

对象的功能评价价值是指可靠地实现用户要求功能的最低成本，它可以理解为是企业有把握，或者说应该达到的实现用户要求功能的最低成本。从企业目标的角度来看，功能评价价值可以看作企业预期的、理想的成本目标值。功能评价价值一般以功能货币价值形式表达。常用的求功能评价价值的方法是功能重要系数评价法。功能重要性系数评价法是一种根据功能重要性系数确定功能评价价值的方法。这种方法是把功能划分为几个功能区，并根据各功能区的重要程度和复杂程度，确定各个功能区在总功能中所占的比重，即功能重要性系数。然后将产品的目标成本按功能重要性系数分配给各个功能区作为该功能区的目标成本，即功能评价价值。确定功能重要性系数的关键是对功能进行打分，常用的打分方法有强制打分法、多比例评分法、逻辑评分法、环比评分法等。功能评价价值的确定分以下两种情况：

①新产品评价设计。一般在产品设计之前，就已经根据市场的供需情况、价格、企业利润与成本水平初步设计了目标成本。因此，在功能重要性系数确定之后，就可将新产品设定的目标成本按已有的功能重要性系数加以分配计算，求得各个功能区的功能评价值，并将此功能评价值作为功能的目标成本。

②既有产品的改进设计。既有产品应以现实成本为基础来求功能评价价值，进而确定功能的目标成本。由于既有产品已有现实成本，就没有必要再假定目标成本。

但是，既有产品的现实成本原已分配到各功能区中去的比例不一定合理，这就需要根据改进设计中新确定的功能重要系数，重新分配既有产品的原有成本。从分配结果看，各功能区新分配成本与原分配成本之间有差异。正确处理这些差异，就能合理确定各功能区的功能评价价值。

（三）功能价值

通过计算和分析对象的价值，可以分析成本功能的合理匹配程度。功能价值的计算方法可分为两大类：功能成本法和功能指数法。

五、方案创造及评价

（一）方案创造

方案创造是从提高对象的功能价值出发，在正确的功能分析和评价的基础上，针对应改进的具体目标，通过创造性的思维活动，提出能够可靠地实现必要功能的新方案。从价值工程技术实践来看，方案创造是决定价值工程成败的关键阶段。因为前面所论述的一些问题、选择对象、收集资料、功能成本分析、功能评价等虽然很重要，但都是为方案创造服务的。前面的工作做得再好，如果不能创造出高价值的创新方案，也就不会产生好的效果。

方案创造的理论依据是功能载体具有替代性。这种功能载体替代的重点应放在以功能创新的新产品替代原有产品和以功能创新的结构替代原有结构方案。而方案创造的过程是思想高度活跃、进行创造性开发的过程。为了引导和启发创造性的思考，可以采取各种方法，比较常用的方法有头脑风暴法、歌顿法、专家意见法、专家检查法等。

（二）方案评价

在方案创造阶段提出的设想和方案是多种多样的，能否付诸实施，就必须对各个方案的优缺点和可行性进行分析、比较、论证和评价，并在评价过程中进一步完善有希望的方案。方案评价包括概略评价和详细评价两个阶段。其评价内容包括技术评价、经济评价、社会评价以及综合评价。

在对方案进行评价时，无论是概略评价还是详细评价，一般可先做技术评价，再分别进行经济评价和社会评价，最后进行综合评价。

1.概略评价

概略评价方案创新阶段对提出的各个方案设想进行初步评价，目的是淘汰明显不可行的方案，筛选出少数几个价值较高的方案，以供详细评价做进一步的分析。概略评价的内容包括以下四个方面：

①技术可行性方面，应分析和研究创新方案能否满足所要求的功能及其本身在技术上能否实现。

②经济可行性方面，应分析和研究产品成本能否降低和降低的幅度，以及实现目标成本的可能性。

③社会评价方面，应分析研究创新方案对社会利害影响的大小。

④综合评价方面，应分析和研究创新方案能否使价值工程活动对象的功能和价值有所提高。

2.详细评价

详细评价是在掌握大量数据资料的基础上，对通过概略评价的少数方案，从技术、经济、社会三个方面进行详尽的评价分析，为提案的编写和审批提供依据。

详细评价的内容包括以下四个方面：

①技术可行性方面，主要以用户需要的功能为依据，对创新方案的必要功能条件实现的程度作出分析评价。特别是对产品或零部件，一般要对功能的实现程度、可靠性、维修性、操作性、安全性以及系统的协调性等进行评价。

②经济可行性方面，主要考虑成本、利润、企业经营的要求；创新方案的适用期限与数量；实施方案所需费用、节约额与投资回收期以及实现方案所需的生产条件等。

③社会评价方面，主要研究和分析创新方案给国家和社会带来的影响。

④综合评价方面，是在上述三种评价的基础上，对整个创新方案的诸因素作出全面系

统的评价。为此，首先要明确规定评价项目的范围，即确定评价所需的各种指标和因素；其次分析各个方案对每一评价项目的满足程度；最后根据方案对各评价项目的满足程度来权衡利弊，判断各方案的总体价值，从而选出总体价值最大的方案，即技术上先进、经济上合理和社会上有利的最优方案。

3.方案综合评价方法

用于方案综合评价的方法有很多，常用的定性方法有德尔菲法、优缺点列举法等；常用的定量方法有直接评分法、加权平均法、比较价值评分法、环比评分法、强制评分法、几何平均值评分法等。

①优缺点列举法。把每一个方案在技术上、经济上的优缺点详细列出，进行综合分析，并对优缺点做进一步调查，用淘汰法逐步缩小考虑范围，从范围不断缩小的过程中找出最后的结论。

②直接评分法。根据各种方案能够达到各项功能要求的程度，按10分制评分，然后算出每个方案达到功能要求的总分，比较各方案总分，作出采纳、保留、舍弃的决定，再对采纳、保留的方案进行成本比较，最后确定最优方案。

③加权平均法，又称矩阵评分法。这种方法是将功能、成本等各种因素，根据要求的不同进行加权计算，权数大小应根据其在产品中所处的地位而定，算出综合分数，最后将各方案寿命周期成本进行综合分析，选择最优方案。加权平均法主要包括确定评价项目及其权重系数、根据各方案对各评价项目的满足程度进行评分、计算各方案的评分权数和、计算各方案的价值系数，以较大的为优，方案经过评价，不能满足要求的就淘汰，有价值的就保留几个步骤。

六、方案实施的检查验收

在方案实施过程中，应该对方案的实施情况进行检查，发现问题及时解决。方案实施完成后，要进行总结评价和验收。

第二节　价值工程在施工组织设计的应用

施工组织设计的主要任务是根据工程地区的自然、经济和社会条件制定工程的合理组织，包括：合理的施工导流方案；合理的施工工期和进度计划；合理的施工场地组织和布置；适宜的内外交通运输方式；切实、先进、保证质量的施工工艺；合适的施工场地临时设施与施工工厂规模，以及合理的生产工艺与结构物形式；合理的投资计划、劳动组织和技术供应计划，为确定工程概算、确定工期、合理组织施工、进行科学管理、保证工程质量、降低工程造价、缩短建设周期提供切实可行和可靠的依据。

一、在施工组织设计中应用价值工程的意义

施工组织设计是指导施工企业进行工程投标、签订承包合同、施工准备和施工全过程的技术经济文件，它作为项目管理的规划性文件，提出了工程施工中的进度控制、质量控制、成本控制、安全控制、现场管理、各项生产要素管理的目标及技术组织措施，它既要解决施工技术问题、指导施工全过程，同时又要考虑到经济效果；它不断在施工管理中发挥作用，在经营管理和提高经济效益上也发挥着作用。每一项施工组织设计，都是保证工程顺利进行、确保工程质量、有效地控制工程造价的重要工具。

具体来说，在施工组织设计中应用价值工程的重要意义表现在以下五个方面：

①可以有效合理地降低投标报价、增加施工企业中标的概率，有利于占有市场。

②有利于节约使用人力、物力，能够更好地控制项目成本。

③有利于确定先进合理的施工方案，保证工程项目并发挥效益。

④有利于采用科技新成果，更好地实现工程项目的功能要求。

⑤有利于提高企业的技术素质，增强企业的核心竞争力。

二、在施工组织设计中应用价值工程的特点

施工组织设计的编制是实现投资费用价值形态向工程项目实物形态转化的重要过程，虽然在施工组织设计中应用价值工程与工业产品制造下应用价值工程有许多共同之处，但是由于施工组织所研究的对象——水利水电工程具有自己的特点，因此一方面增加了施工组织设计应用价值工程的难度，另一方面形成了有别于工业产品制造应用价值工程的特点。

（一）水利水电工程功能具有相对确定性和相对灵活性

功能的相对确定性是指按照水利水电工程的建设模式和我国传统的项目管理模式，每个水利水电工程的功能一般在勘测设计阶段就由勘测设计单位已基本确定，作为施工阶段进入的施工企业的主要任务是考虑怎样实现设计人员已设计出的产品，也就是说，采用什么样的施工方法和技术组织措施来保质保量地完成工程施工。

功能的相对灵活性是指为保证主体工程的顺利施工，需要大量的临建工程和辅企，临建工程和辅企是为主体工程施工服务的，它们的功能也是由主体工程分解和派生下来的，其功能是相对灵活的。在采用多方案报价法投标时，可在主体工程某些方面适当提高或降低主体工程的功能。因而施工组织设计应用价值工程提高价值的模式相对单一，常用的是

在满足主体工程的必要功能的前提下降低工程的施工成本，以使项目的利益最大化。

（二）研究对象及功能、成本、目的等内容含义不同于产品制造应用价值

一般来说，产品制造中价值工程的研究对象是产品，功能是指用户要求的产品功用，成本是指产品的生产成本和使用成本，目的在于以最低的寿命周期成本可靠地实现用户要求的功能。而在施工组织设计中，研究对象是工程项目或工程项目的某一部分，功能是指国家对项目的使用要求。同时，还有项目交付使用的时间要求。成本是指整个工程项目或项目的某个部分的建造费，目的是力图以最低的成本，实现国家和用户对工程项目的要求，实现企业的利益最大化。

（三）成本目标制定不同于产品制造应用价值

工业产品的价格，一般由国家统一规定，从既定价格出发，扣除税金、利润和某些流通费用，就可计算出某种产品的社会成本，根据上述资料和企业的具体情况，应用适当的方法制定成本目标，从而指导和控制产品的方案。而水利水电工程具有单一性、生产地点不固定和生产过程长、环节多等特点，这决定了水利水电工程的价格无法统一定价，在投标阶段，施工企业只能根据自身情况确定价格，为增大中标机会，还应综合分析当地所有的材料价格、设备价格、前期已开标标段的中标单价或业主其他工程的中标单价，以及其他类似工程的中标单价等资料来预测建设方可能接受的价格，最终确定投标价格，再扣除税金、利润和一些间接费用，作为成本目标；在中标后情况相对简单，可直接将合同价格扣除税金、利润和一些间接费用后作为成本目标，也可直接根据企业水平单独制定低于合同价格的成本目标。

（四）施工组织设计的应用价值

工程需要各专业公众统筹兼顾，力争全局协调一致。工程施工涉及多部门、多专业工种。碾压混凝土重力坝的浇筑施工方案涉及模板设计、入仓方案设计、运输设备选择、拌和系统设计，而拌和系统设计又包括土建设计、机械设计等，需要土建工程师和机械工程师全力配合，若各个专业各自独立设计，势必造成从局部看是合理优良方案，但从全局看未必是合理优良方案。施工组织设计价值工程的任务不仅要保证每个工种专业的设计符合工程要求，做到成本低、质量好，还要保证各个专业工种的设计相互配合，在满足工程要求的基础上，使整个工程项目的成本最低，质量最好。

（五）施工组织设计中的应用价值

工程需要工程建设相关方密切配合，共同完成建设方作为工程的直接用户，在施工中

对工程的优化，必然要征得建设方和设计方的同意。而当采用一项新技术或新材料时，不仅要征求建设各方的同意，还要与材料供应商、实验机构密切配合。同时，价值工程强调对工程建设应以系统的观点对待，在满足功能的前提下应以工程寿命周期费用最低为追求目标。

（六）施工组织设计一次性比重大，效益体现在单件产品上

在制造工业中，价值改革的成果可在数万件产品中反复使用。通过价值工程活动，如果一件产品节约1元钱，那么就可以节约数万元。而水利水电工程具有单件性，施工组织设计往往也是一次性的，生产活动不重复进行。虽然施工组织设计价值工程所取得的经济效益局限地反映在本次工程建设中，但由于水利水电工程建设规模大，少则几千万元，多则几十亿元，因而其价值工程效益非常可观。对于量大面广的一般项目，在某一项目上应用价值工程取得的成功，往往具有辐射全局的作用。

三、施工组织设计应用价值工程的一般要求

在工程施工中应用价值工程，同一般产品制造过程中应用价值工程有很多相似之处，但是，工程施工与制造产业又有自己的独到之处。因此，在施工组织设计中应用价值工程，还应充分注意工程施工的特点。

（一）为做好施工组织设计的价值工程活动，在编制施工组织设计前应做好以下工作

1.施工现场考察

①发包工程的性质、范围，以及与其他工程之间的关系。
②发包工程与其他承包人或分包人在施工中的关系。
③工程地貌、地质、交通、电力、水源等情况，有无障碍物等。
④工地附近的住宿条件、料场开采条件、其他加工条件、设备维修条件等。
⑤工地附近的治安情况等。

2.设计文件

①熟悉各种设计图纸、施工文件。
②熟悉与设计文件相关的规范、规程及国家强制性规定等。

3.外部环境考察

①当地气象资料。

②工地位于偏远地区时的铁路、公路运输能力，需要转运时有无转运的仓储条件。
③跨地域承包时，应了解有关的地方性法规。
④当地的风土人情、环境等。

4.市场价格调查

①劳动力资源的水平和价格。
②在当地租赁设备的型号、数量和价格。
③施工材料的供应能力和价格。
④当地的生活物价水平等。

5.其他

①同地域、同类型工程的发包价格。
②发包方其他工程的发包价格。
③其他承包商类似工程的中标价。
④同类型或相似类型工程的最新技术。

（二）注意分析工程特点，围绕项目的功用和指标要求，合理制订施工方案

在保证设计要求的前提下，应尽可能采用工期短、费用省的施工方案。要敢于对多年形成的施工程序和方法提出质疑，敢于分析现行的施工方案，并提出改进方案。充分发挥工程技术和经济管理人员的聪明才智，创造更多更好的施工方案，并从中比较评价，选择最优方案应用。

（三）注意从工程项目的功能要求出发，合理分配资源

分配资源应以满足工程项目功能要求为原则。应用功能分析的原理方法，以功能系统图的形式揭示施工内容，采取剔除、合并、简化等措施使功能系统图合理化，并结合具体施工方式，依据施工企业自身能力估算完成必要功能的工程量，相应地组织材料供应，配备设备、工具、安排人员施工。

（四）在施工组织设计应用价值工程，注意采用新的科技成果

尽量采用新材料、新技术、新结构、新标准，在满足设计文件、设计图纸要求达到的功用、参数水平的情况下，尽可能地降低成本。

（五）注意临建工程和施工辅助的功能分析

临建工程和施工辅企是为主体工程施工服务的，临建工程和辅企不仅自身需要一定

的费用，而且决定了风、水、电、砂石骨料等基础单价，对主体工程的造价影响较大。因此，临建工程和辅企也应进行价值工程活动优化，尤其要注意功能分析。临建工程的功能是由主体工程的功能所派生、分解出来的，它不仅需要满足主体工程的质量功能，还需满足其他社会功能的要求。

四、施工组织设计价值工程的对象选取

由于水利水电工程施工的技术经济问题很多，涉及的范围也很广，为了节省资金，提高效率，只能精选其中一部分来实施。因此，能否正常选择对象是价值工程收效大小和成败的关键。根据对象选择的一般原则和水利水电施工项目的特点，一般主要在以下三个方面对施工组织设计进行价值分析。

（1）施工方案：通过价值工程活动，进行技术经济分析，确定最佳施工方案。

（2）施工总体布置：通过价值工程活动，结合工程所在地的自然地理条件，确定最合理的施工布置，可以明显降低风、水、电、砂石骨料等基础单价，同时可以确定最节约的场内二次转运费用等。

（3）工期安排：通过价值工程活动，确定合理的施工程序和工期安排，尽量做到均衡施工，合理配置资源。尤其在招标文件明确规定工期提前或延后的奖罚条款时，可以明确分析增加赶工措施的经济合理性。

第三节　价值工程在施工管理中的应用

施工是一个综合应用各种资源、各种技术进行有组织有活动的过程，施工管理是施工企业项目管理系统中的一个子系统，这一系统的具体工作内容包括施工项目目标管理、项目组织机构的选择、分包方式的选择、内部分配方法选择等。

一、价值工程在施工管理中应用的意义

施工管理是项目施工日常管理，是对管理制度的管理，施工管理水平的高低往往决定着施工项目管理的成败，因此在施工管理中应用价值工程具有重要的意义。具体表现：

①可以提高项目决策的正确率，有利于提高项目决策水平。

②可以提高项目管理的效率，尽量少走弯路。

③可以充分发挥集体智慧，使项目员工更好地参考于项目管理。

④可以使项目树立“用户第一”的观念，有助于施工企业适应买方市场。

二、价值工程在施工目标管理中的应用

明确而合理的施工目标对施工项目的成功非常重要，因为它明确了项目及项目组成员共同努力的方向，可以使有关人员清楚项目是否处在通向成功的路上，使个人目标与项目整体目标相联系。

（一）施工项目目标的确定

在我国经济发展过程中，施工项目目标形成要经历以下两个阶段：

1.传统的施工项目目标

在计划经济时代，工程项目的施工过程中，管理的主要任务是通过科学地组织和安排人员、材料、机械、资金和方法这五个要素，来达到工期短、质量好、成本低的三大目标。与三大目标直接相关的是计划的进度管理、质量管理、成本管理。虽然这三项管理内容各有明确的目标，但它们并不是孤立的，而是互相密切联系的。若一味强调质量越高越好，则成本将大大提高，工期也会延长；一味地强调进度越快越好，成本会大大提高，也容易忽视工程质量。只要求降低成本，容易忽视工程质量，投入少了，工期也会延长，而过于忽视质量，可能会造成返工，反而会延长工期，增加成本。

可以看出，传统的三大目标具有相互对立而又相互统一的辩证关系。如何合理处理三者的关系，一直是困扰项目管理人员的难题。

2.战略上的施工项目目标

施工项目是施工企业进行生产和营销等活动的载体，是施工企业生存的基础，是施工企业战略的具体实施单位。项目目标与企业战略目标必然有着十分密切的联系，项目目标的实现是为实现企业战略目标而服务的，它们之间的关系可以用一个金字塔结构来说明。

根据平衡计分卡理论，施工企业战略可以从以下四个视角来识别：

①客户视角。客户关心的问题可以分为四类：时间、质量、性能和服务、成本，此处的成本是指业主的发包价格和最终结算价格。

②内部视角。管理者需要把注意力放在能够确保满足客户需要的关键内部经营活动上。内部衡量指标应当来自对客户满意度最高的业务流程。

③创新与学习视角。企业创新、提高和学习的能力直接关系企业的价值。因为只有通过推出新产品，为客户创造更多价值，并不断提高经营效率，企业才能发展壮大。

④财务视角。财务评价指标显示了企业战略及实施是否促进了利润的增加。

财务、客户、内部和创新学习四个方面的因果关系：员工的素质决定产品质量、销售

渠道等，产品、服务质量决定顾客的满意度和忠诚度，顾客的满意度和忠诚度及产品、服务质量等决定财务状况和市场份额。

项目目标也可以通过这四个视角来判别是否符合企业战略目标，同样，项目目标也可以根据项目在企业中的战略定位通过这四个视角来确定，即在不同战略定位的项目，这四个视角的指标所占比重各有不同。施工企业为了在新的地区拓展市场，在投标过程中，在项目目标制定时，一般应首先考虑客户视角，保证工期，甚至提前工期，保证质量，并降低报价，那么必然会牺牲部分利润，如为了提高在某类型工程的领先水平，就必然要求重视创新与学习视角。

传统的三大目标单纯地重视质量、进度、成本，没有与企业的持续发展联系在一起，它的目标具有片面性，甚至在某些时候与企业战略是相悖的。而通过战略上确定的施工项目目标更符合企业长远发展的需要，它的体系也更完善。

（二）施工项目目标权重的确定方法

根据平衡计分卡理论，项目目标从战略角度可以大致分为质量、进度、服务、创新、学习、成本，其中质量、进度、服务是为了满足客户需求，而创新、学习、成本是为了满足企业自身成长、持续发展需要。确定目标权重的目的是正确确立各目标之间的关系，用于指导日常施工管理。从价值工程的角度解释，各目标即项目的功能区，确定项目各目标权重即对项目进行功能分析，确定各功能区的功能指数或功能评价值。由于对项目目标分析是为了节约成本，成本目标不作分析对象，只作为评价依据。

因此，确定项目各目标权重的步骤和方法是：

①根据企业战略确定项目所处的地位，明确项目的具体任务。一般应在投标时项目策划阶段或项目初始阶段完成。

②根据项目在企业战略中的定位和具体任务，采用环比评分法、多比伊断分法、逻辑评分法、强制打分法确定各目标的功能指数。

③根据各目标的功能指数大小，确定项目各目标的权重，功能指数越大的，项目目标越重要，就越需要全力去实现。

（三）施工项目的目标价值分析

当项目各目标权重确定后，为便于指导具体管理工作，应进一步对各目标做价值分析。

对施工各目标做价值分析前，应先计算出为实现各目标的现实成本，以计算各目标的成本指数。计算现实成本应一一列举出为实现该目标而采取的措施，以及该措施所需的费用。然后，用该目标的功能指数与该目标的成本指数相比较，得出该评价对象的价值指数。再根据价值指数进行分析。

①当价值指数等于1，说明该目标的功能成本与现实成本大致相当，合理匹配，可以认为该目标的现实成本是合理的。

②当价值指数小于1，说明该目标的现实成本大于其功能成本，目前所占的成本偏高，应将该目标列为改进对象。

③当价值指数大于1，说明该目标的现实成本小于其功能成本。出现这种情况的原因可能有：由于现实成本偏低，不能满足该目标的要求，这种情况应列为改进对象，改善方向是增加成本。该目标提得过高，超过了其应该具有的水平，即存在过剩功能，也应列为改进对象，改善方向是降低目标。该目标在客观上存在功能很重要而实际其目标的成本却很少的情况，这种情况一般不应列为改进对象。

三、价值工程在组织设计中的应用

组织是施工项目管理的工具，合适的组织是施工项目高效运行的前提。这里所说的组织设计，是指当组织机构运行了一段时间后，因施工项目所承担施工任务的改变、环境改变，为适应新的需要而对组织机构进行的一种调整和重新设计。

（一）在组织设计中开展价值工程的必要性和可行性

组织是项目功能实现的首要保证，而组织设计是组织能够精简高效运行的前提。国内外大量的研究和实践证明，价值工程在提高对象价值方面效果显著，所以把价值工程的管理思想和技术引入组织改进设计中应该是非常有意义和必要的。

组织机构设立的过程，实际上是一个功能与成本转换的过程，在这个转换过程中，功能的实现与成本的支出是动态相关而又对立统一的两个方面，而功能与成本的确定是在组织设计中进行的。组织设计的基本目标是要设立一个精简高效的组织，以更低的成本实现更高或基本的功能，与价值工程的基本原理是基本一致的。组织机构设计的基本目标，从价值工程的角度来说就是设计一个价值最高的组织机构体系。这种内在的一致性，决定了在组织设计中开展价值工程活动和进行相应的研究是完全可行的。

（二）应用价值工程进行组织设计的程序

1.组织的功能与成本

应用价值工程进行组织设计，就是实现组织功能与组织成本的转换过程。施工项目是施工企业进行生产和营销等活动的载体，其目标的实现是通过向买方提供某种或几种产品和服务，这是施工项目作为一个组织的基本功能，或称为整体功能。项目的整体功能可以分为基本功能和专业功能，基本功能一般是许多项目共有的，对完成整体功能起支持作用，而专业功能是为项目提供特色产品和服务起支持作用的，根据项目所承担的施工任务及合同条件有所差别。

项目的组织成本是指项目的人力资源成本，即项目所需付给项目员工的所有报酬以及根据企业规定需缴纳的相关费用。而项目其他方面的成本与组织设计关系不大，所以在此不必考虑。另外需要注意的是，价值工程只是组织设计的一种方法和手段，不能代替组织设置的原则和部门化原则，所以在组织设计中实施价值工程时还需做一个假定：组织机构设计是按其原则进行的一种相对最优设计，故组织的制度成本在此也不予以考虑。

2.组织设计对象选择

在组织设计中实施价值工程，其对象选择，一般以整个项目组织为对象，也可以选择其中的一部分为对象。当选择组织的一部分为对象时，对象选择的一般原则是在经营上迫切需要改进的部门；功能改进和成本降低潜力比较大的部门。

3.组织功能分析

在分析信息和资料的基础上，简明准确地描述组织功能、明确功能特性要求并绘制功能系统图，通过功能分析，明确该组织的主要作用。

4.组织功能评价

水利水电工程施工项目一般时间跨度大，往往由多个不同阶段组成，每一个阶段项目施工的重点也不一样，组织设计的目的就是调整组织以满足不同阶段的施工任务要求，如果采用功能成本法对某一阶段的组织功能进行评价，需将组织的总成本按不同阶段进行分解，所需时间较长，其工作量较大，不便于项目在组织中开展价值工程活动；而采用功能指数法，只需求出本阶段功能指数阶段的成本指数比值，即价值指数，根据指数大小即可确定改进对象，功能指数是相对指数，根据本阶段施工任务确定本阶段各功能的相对权重即可，简单易操作，工作量小。因此，这里推荐在阶段性的组织设计中采用功能指数法进行功能评价。

5.选择改进对象

选择改进对象时，考虑的因素主要是价值系数大小，以价值系数判断是否要进行改进，改进的幅度以成本改善期望值为标准。

①当价值系数等于或趋近于1时，表明功能现实成本等于或趋近于功能目标成本，说明功能现实成本是合理的，价值比较合理，无须在组织中增加或减少人员。

②当价值系数小于1时，表明功能现实成本大于功能评价价值，说明该功能现实成本

偏高，应考虑再组织减少人员以降低成本、提高效率。

③当价值系数大于1时，表明功能现实成本小于功能评价成本，说明功能现实成本偏低。原因可能是组织人员不足而满足不了要求，则应增加人员，更好地实现组织要求的功能；还有一种可能是功能评价值确定不准确，而以现实成本就能够实现所要求的功能，现实成本是比较先进的，此时无须再增加或减少人员。

（三）组织的功能指数和现实成本指数的计算方法

1.组织功能现实成本的计算方法

组织的成本是以部门为对象进行计算的，功能现实成本的计算则与此不同，它是以功能为单位进行计算的。在组织中部门与功能之间一般呈现一种相互交叉的复杂情况，一个部门往往具有几种功能，一种功能也往往通过多个部门才能实现。因此，计算功能的现实成本，就是采用适当的方法将部门成本分解到功能中去，分解的方法如下：

①当一个部门只实现一项功能，且这项功能只由这个部门实现时，部门的成本就是功能的现实成本。

②当一项功能由多个部门实现，且这多个部门只为实现这项功能服务时，这多个部门的成本之和就是该功能的现实成本。

③当一个部门实现多项功能，且这多项功能只由该部门实现时，则按该部门实现各功能所起作用的比重将成本分配给各项功能，即为各功能现实成本。

④更普遍的情况是多个部门交叉实现多项功能，且这多项功能只能由这多个部门交叉地实现。计算各功能的现实成本，可通过先分解再合并的方法进行。首先将各部门成本按部门对实现各项功能所起作用的比重分解到各项功能上去，其次将各项功能从有关部门分配到的成本相加，便可得出各功能的现实成本。

⑤确定部门对实现功能所起作用的比重，可通过头脑风暴法、哥顿法、德尔菲法或采用评分法等方法确定。

⑥将各功能的现实成本计算出来，再求出各功能成本占功能总成本的比值即为该功能的现实成本指数。

2.功能指数的计算方法

功能指数即为功能重要性系数，是指所评价功能在整体功能中所占的比率。确定功能指数的关键是对功能进行打分，常用的打分方法有强制打分法、多比例评分法、逻辑评分法、环比评分法等。

第四节　价值工程在工程材料与机械设备中的应用

一、价值工程在工程材料选择中的应用

工程材料是指施工过程中耗费的构成工程实体的原材料、辅助材料、构配件、零件、半成品等，材料费是工程成本的重要组成部分，一般情况下，材料费要占工程成本的50%～70%。因此，工程材料的选择直接关系到工程质量的好坏和工程造价的高低，而部分辅助材料的选择更是关系到施工项目成本的高低。

（一）在工程材料选择中应用价值工程的意义

1.有利于在保证工程质量的情况下降低工程造价

工程材料是构成建筑物的物质基础，材料费又在工程成本中占有很大比重，同时，工程材料的质量直接影响着工程质量。因此，正确地选择工程材料是保证工程质量和降低工程造价的重要途径。但在人们的普遍观念中，往往把高质量建筑产品与高造价等价起来，以至于在工程设计和施工中主要选用质量好、价格高的材料，从而阻碍了在工程项目中进行科学合理的材料选择，同时也造成一定的浪费。价值工程认为，满足一定的工程功能要求的材料有多种替代方案。在众多方案的比较中，一定可以得到一种既可以满足功能要求又能使费用较少的方案。因此，在工程材料选择中应用价值工程分析技术，可以根据研究对象的功能要求，科学合理地选择既满足功能要求同时费用又相对低廉的材料，大幅度提高工程价值，使工程质量的保证和工程造价的降低有机地结合起来。

2.可以增强工程技术人员的经济观念，提高施工企业的经营管理水平

受过去计划经济体制的影响，仍有很多工程技术人员存在着重技术、轻经济的思想，在工程施工中往往片面强调技术的适用性、安全性，而不考虑或很少考虑企业的经济性，或者忽视用户的利益不愿意做深入细致的调查研究工作，也不愿意多提出几个工程材料选择的方案进行比较，导致工程的功能过剩，造价过高。通过在工程材料的选择中应用价值工程，能够使工程技术人员从功能和成本两个方面去分析评价工程材料，根据具体的工程功能要求，优先选用价值较高的材料。工程技术人员通过在应用价值工程的实践中，逐步增强经济观念，在客观上起到了促进施工企业经营管理水平提高的作用。

3.有利于促进工程建筑材料生产现代化，为工程材料选择创造了更加丰富的物质条件

在工程材料选择中应用价值工程，施工企业根据具体研究对象的功能分析，可以进一

步优化工程材料的技术经济结构，把这种优化结果通过市场机制反作用于建筑材料的生产过程，从而影响到建筑材料的生产结构和方向，促进建筑材料行业加快革新和科技成果转化的步伐。从这方面来说，价值工程在工程材料选择中的应用客观地为建筑材料的科技成果与工程项目相结合架设了沟通的桥梁，促进了新型材料和构件等的科研、生产与实际应用的联系机制，促进了我国建筑材料生产的现代化。建筑材料生产的现代化，又为下一轮工程选材中的应用价值工程创造了丰富的物质条件，提供了更大的选择范围，形成了建筑材料的生产发展与工程选材的良性循环。

（二）在工程材料选择中应用价值工程的一般要求

对于施工企业来说，在工程施工中应用价值工程对材料选择进行价值优化有如下要求：

①施工人员必须与建设各方进行沟通，尤其是建设方和设计单位进行沟通，充分领会工程设计中建筑结构功能对材料的功能要求，并根据材料功能的要求选用符合功能要求的材料，否则应用价值工程进行材料选择优化将无从谈起。在工程施工中，施工企业进行材料选择必须满足建设各方对材料的功能要求，同时也不能随意增强其功能。

②施工人员必须熟悉各种材料的不同性能、特点。在材料功能得到满足的前提下，应尽量考虑有无可代用材料。材料工业的高速发展，为在工程中进行材料优选提供了更广阔的空间，实现一种功能可以有多种材料，这就需要施工工程技术人员掌握信息技术，熟悉各种材料的性能和优缺点，根据工程结构要求的材料功能进行科学合理的选择。

③在进行材料选择时应注意对材料供应过程的影响。建筑材料的选择要尽量选择本地产品，选用国内产品，还要尽量选用易储存保管的产品。

④在工程材料选择中应用价值工程，施工企业还应注意材料信息的收集和积累，可根据企业的自身情况建立材料信息库，并不断进行材料信息的更新，以保证信息具有及时性、高效性、准确性、广泛性，以便于工程技术人员随时查阅。施工人员应利用各种渠道进行信息的收集和积累，具体来说进行材料信息收集的主要途径：各种报刊和专业商业情报所刊载的资料，有关学术、技术交流会提供的资料，各种供货会、展销会、交流会提供的资料，广告资料，各政府发布的计划、通报及情况报告。采购人员提供的资料及事先调查取得的信息资料，充分利用网络信息技术。网络具有大容量、高速、快捷、更新速度快、低成本等特点。有效地利用网络技术可以使我们方便、快捷地了解到国内甚至国外建筑行业最新的发展信息，为价值工程的应用创造更好的条件。

二、价值工程在施工机械设备管理中的应用

设备是企业生产的重要物质技术基础，是生产力的重要标志之一。现代化企业设备水

平日趋大型化、自动化、连续化和高效化。连续的流水生产过程生产环节多，前后工序复杂，其中任何一个环节的设备发生故障，都会打乱生产节奏，使整个企业生产发生波动。因此，企业设备运行的技术状态直接影响企业的产品产量、质量、成本和企业的综合经济效益，还危及企业的安全和环保工作。把握现代企业的发展趋势，结合具体情况探索加强企业设备管理的有效方法，对提升企业设备管理水平，增强企业竞争能力，提高企业经济效益具有重要作用。企业设备管理的基本任务是在保证企业最佳综合经济效益的前提下提供优良的技术装备，对设备进行全过程综合管理，使企业的生产活动建立在最佳的物质技术基础上。因此，合理地选择、经济地使用、及时地维修设备，以及适时进行技术改造和设备更新，成为企业设备管理中十分重要的问题。

（一）在施工机械设备管理中应用价值工程的意义

1.有利于项目合理选择施工机械设备

市场和企业所拥有的各种类型的施工机械设备具有各种不同的功能，项目需要采取切实可靠的方法进行选择。价值工程作为一种系统的功能分析方法，可分析施工机械设备的功能状况，比较施工机械设备的生产率、可靠性、安全性、耐用性、维修性、节能性等方面，是一种简单易行、科学高效的手段。同时，通过价值工程的功能分析方法，项目可以更好地系统分析本工程生产对施工机械设备的具体功能要求，寻求最适合本项目实际情况的施工机械设备，科学合理地选择施工机械。

2.有利于节约投资，提高其投资效果，大幅度提高企业技术装备的整体价值

在对具体的施工机械设备投资进行分析研究中，施工企业可以应用价值工程的功能成本分析方法，从施工机械设备的功能和成本两个方面的相互作用、相互联系中寻求最合理的投资方案，可以避免片面追求高功能施工机械设备而带来的不必要浪费，同时克服过分强调低成本，盲目减少施工机械设备投资而导致施工机械设备功能不足，从而造成一系列相关的经济损失。由于价值工程强调在可靠实现施工机械设备功能的基础上达到施工机械设备的投资最小的目标，因此通过应用价值工程，施工企业可以节约施工机械设备投资，提高施工机械设备的投资效果，使施工企业拥有的施工机械设备在功能和成本上达到较为完美的匹配，从而大幅度提高施工企业技术装备的整体价值。

3.有利于提高施工机械设备的利用效率，降低其费用在工程成本中的比重，从而降低施工企业的成本

一般在水利水电工程施工中，施工机械设备投资占施工总成本的60%～70%。通过应

用价值工程系统地分析企业对施工机械设备的功能要求，比较市场上的各种功能水平的施工机械设备，选择最适合本企业和本工程情况的施工机械设备，可大大提高施工机械设备的利用效率，降低机械设备的寿命周期成本，那么机械费在工程成本中的比重也会随之减小，即降低施工机械设备费用在单位建筑安装工程量的分摊额，从而降低施工企业的施工成本，使施工企业获得良好的经济效益。

4.有利于加强施工项目的施工机械设备的有效管理，提高管理水平，促进施工企业发展壮大

在施工机械设备管理中，应用价值工程有助于实施优良的项目内部管理、生产经营活动以及提高经济效益。机械设备是企业从事生产活动三个基本要素之一，既是生产力的重要组成部分，也是企业重要的物质财富。有效的设备管理不仅有助于产品的生产，同时与项目内部的其他各项管理活动也有着重要的联系。项目的生产经营活动首先要建立在产品的生产上，产品的生产要以优良且经济的机械设备为基础，机械设备的有效运行又要以有效的设备管理为保障。有效的设备管理能够使项目的生产经营活动建立在最佳的物质技术基础上，保证生产设备的正常运行，保证生产出符合质量要求的产品，帮助减少生产消耗、降低生产成本，能够提高资源的利用率和劳动效率，降低生产成本，提高项目的经济效益。

三、在施工机械设备管理中应用价值工程的一般方法

（一）价值工程在施工机械设备管理具有以下特点

①价值工程的目标是以最低的寿命周期成本，使设备具备所必需的功能，通过降低成本来提高价值的活动应贯穿于设备采购、维修、更新的全过程。

②价值工程的核心，是对设备进行功能分析。

③价值工程将设备价值、功能和成本作为一个整体同时考虑，不能片面、孤立地只追求设备的功能，而忽略了设备的价值和成本。

④价值工程强调不断改革和创新，企业则只有通过不断开拓新构思和新途径，才能提高设备的综合经济效益。

（二）提高施工机械设备价值的途径

从价值工程的定义，可以得到提高施工机械设备价值以下五种典型途径：

①功能不变，降低成本。

②成本不变，提高功能。

③提高功能，降低成本。

④功能略降，成本有更大幅度的下降。

⑤增加较少成本，促使功能有更大的提高。

（三）施工机械设备的功能分析

功能分析是价值工程的核心。企业对设备的采购、维修、更新是通过购买设备获得所期望的功能，应用价值工程理论分析设备功能的意义在于准确评价设备的功能和价值，为合理选购设备和维修、改造、更新设备提供科学的依据。从而提高设备的功能，降低成本，达到提高价值即企业的经济效益的目的。

①生产性。指设备的生产率，一般以设备在单位时间内的产品出产量来表示。成本相同，生产性好的设备，其产生的价值就高；反之就低。

②可靠性。从广义上讲，可靠性就是精度、准确度的保持性与零部件的耐用、安全、可靠性等。指在规定的时间内和使用条件下，确保质量并完成规定的任务，无故障地发挥机能的概率。优良的可靠性保证了设备的正常使用寿命和所生产产品的质量，因而有利于价值的较大提高。

③灵活性。指设备在不同的工作条件下，生产加工不同产品的适应性。灵活性强的设备，其价值就高。

④维修性。指设备维修的难易程度。维修性的好与差直接影响设备维护保养及修理的劳动量和费用。维修性好一般指结构较为简单，零部件组合合理，维修时容易拆卸，易于检查，通用化和标准化程度高，有互换性等。

⑤安全性。指设备对生产安全的保障性能。

⑥节能性。指设备节约能源的性能，能源消耗一般用设备在单位开动时间内的能源消耗量来表示。

⑦节料性。指设备节约原、材、辅料的性能。节料性好的设备生产成本低，价值高。

⑧配套性。指设备的配套性能。设备要有较广泛的配套性。配套大致分为和单机、机组、项目配套三类。配套性好的设备其使用价值就高。

⑨环保性。指设备对于环境保护的性能。环保性的优劣决定设备综合价值的优劣。

⑩自动性。指设备运转的自动化水平。设备运转自动化水平越高，其功能价值越高。

（四）价值工程在施工机械设备选购中的应用

设备选购是设备管理的一项重要工作。选购设备必须对设备的全寿命周期成本进行经济分析，通过全寿命周期成本的研究对所有费用单元进行分解、估算。用最小的总成本获得最合理的效能，提高设备的价值，是选购设备的原则。在选购设备时应用价值工程理论主要应把握以下三点：

1.性能好，技术先进，维修便利

对可供选择的各种设备进行全面、认真的功能分析，互相比较，尽可能选购功能好、功能多、功能高、技术先进、产品质量好、维修便利的设备。

2.适用性强，效率高

切勿贪大求洋，盲目追求设备的先进性和自动化水平。最先进的设备所具备的高功能、多功能不一定适合本企业。自动化水平特别高的，先进设备还易因受到企业投资规模、经济环境、市场、原材辅料供应、配套能力、职工素质及管理水平等因素的制约，发挥不出其先进的功能，甚至使企业背上沉重的经济包袱，严重影响企业的发展。因此，选购的设备不仅要功能好、技术先进，还要适用性强，符合本地区、本项目的客观实际，才能够充分发挥其功能，为企业创造出理想的经济效益。

3.经济上合理，成本低

选择设备时，应进行经济评价，通过几种方案的对比分析，选购价值较高的设备，以降低成本，用较小的投入获得最合理的效益。当然价值较高不一定最便宜，多数情况下，设备功能的高低与相对成本的大小成正比。

（五）价值工程在施工机械设备维修中的应用

设备管理的社会化、专业化、网络化以及设备生产的规模化、集成化，使得设备系统越来越复杂，技术含量也越来越高，而维修保养需要各类专业技术和建立高效的维护保养体系才能保证设备的有效进行。在各种可能出现情况下，如何提高设备维修工作的价值、设备维修工作的功能是使设备的技术状态适应生产活动的需要，同时尽可能缩短维修时间，提高设备利用率也是值得思考的。在设备维修工作中开展价值工程的目的，是以尽可能少的维修费用和设备使用费用来实现设备维修工作的功能。若想提高设备维修工作的价值，必须根据不同设备的使用要求和技术现状，合理确定设备的维修方式，力争以最低的寿命周期费用，使设备的技术状态符合生产活动的需要。在设备维修中开展价值工程，主要有以下三种途径：

①对原出厂时设备的性能、精度、效率等不能满足生产需要的设备，结合技术改造进行改善修理。

②对生产活动中长期不使用某些功能的设备，侧重进行项目修理，替代设备的大修，则可节约维修费用，缩短维修时间，提高设备利用率。

③对设备实行项修所需要的维修时间、维修费用都接近大修时，要对设备进行全面修理，即设备的大修。通过大修可以全面恢复设备的出厂功能，有利于在生产条件发生变化

时发挥设备的适应性。

设备是采用改善修理、维修或大修，这需要通过实践去积累经验，并通过技术进行分析、比较，逐步探索出合理划分改善修理、项修、大修界限的定量的参考数据。

（六）价值工程在施工机械设备更新中的应用

设备的磨损是设备维修、改造、更新的重要依据。设备磨损有以下两类，一是有形磨损，造成设备技术性陈旧，使得设备的运行费用和维修费用增加，效率降低，反映设备的使用价值降低。二是无形磨损，包括由于技术进步，社会劳动生产水平的提高，同类设备的再生产价值降低，致使原设备相对贬值；由于科学技术的进步，不断创新出性能更完美、效率更高的设备，使原有设备相对陈旧落后，其经济效益相对降低而发生贬值。

设备更新是对旧设备的整体更换，也就是用原型新设备或结构更合理、技术更加完善、性能和生产率更高、比较经济的新设备，更换已经陈旧的、在技术上不能继续使用，或在经济上不宜继续使用的旧设备。就实物形态而言，设备更新是用新的设备替代陈旧落后的设备；就价值形态而言，设备更新是设备在运动中消耗掉的价值的重补偿。设备更新是消除设备有形磨损和无形磨损的重要手段，目的是提高企业生产的现代化水平，尽快形成新的生产能力。

当设备因磨损价值降低到一定水平时，就应考虑及时更新。特别是对那些效率极低、消耗极大、确无修复价值的陈旧设备，应予以淘汰，确保企业设备的优化组合，进行设备更新时应考虑以下三点：

①不考虑沉没成本，即已经发生的成本。不管企业对该设备投入多少，产出多少，这项成本都不可避免地发生了，因而决策对它不起作用。

②不能简单地按照新、旧设备方案的直接现金流量进行比较，而应立于一个客观的立场时，同时对原设备目前的价值应考虑双方及机会成本并使之实现均衡。

③逐年滚动比较。是指确定最佳更新时机时，应首先计算比较现有设备的剩余经济寿命和新设备的经济寿命，然后利用逐年滚动计算方法进行比较。

参考文献

[1] 张长忠，邓会杰，李强.水利工程建设与水利工程管理研究[M].长春：吉林科学技术出版社，2021.06.

[2] 宋秋英，李永敏，胡玉海.水文与水利工程规划建设及运行管理研究[M].长春：吉林科学技术出版社，2021.06.

[3] 孙祥鹏，廖华春.大型水利工程建设项目管理系统研究与实践[M].郑州：黄河水利出版社，2019.12.

[4] 张全胜，张国好，宋亚威.水利工程规划建设与管理研究[M].长春：吉林科学技术出版社，2022.09.

[5] 崔永，于峰，张韶辉.水利水电工程建设施工安全生产管理研究[M].长春：吉林科学技术出版社，2022.04.

[6] 刘永强.水利水电工程建设安全管理系统研究[M].南京：河海大学出版社，2014.11.

[7] 袁俊周，郭磊，王春艳.水利水电工程与管理研究[M].郑州：黄河水利出版社，2019.06.

[8] 张晓涛，高国芳，陈道宇.水利工程与施工管理应用实践[M].长春：吉林科学技术出版社，2022.08.

[9] 姬志军，邓世顺.水利工程与施工管理[M].哈尔滨：哈尔滨地图出版社，2019.08.

[10] 袁云.水利建设与项目管理研究[M].沈阳：辽宁大学出版社，2019.11.

[11] 侯超普.水利工程建设投资控制及合同管理实务[M].郑州：黄河水利出版社，2018.12.

[12] 高占祥.水利水电工程施工项目管理[M].南昌：江西科学技术出版社，2018.07.

[13] 赵永前.水利工程施工质量控制与安全管理[M].郑州：黄河水利出版社，2020.09.

[14] 赵静，盖海英，杨琳.水利工程施工与生态环境[M].长春：吉林科学技术出版社，2021.07.

[15] 王玉生，黄百顺.高职高专水利水电类（第2版）全国水利行业规划教材生产建设项目水土保持[M].郑州：黄河水利出版社，2021.01.

[16] 丹建军.水利工程水库治理料场优选研究与工程实践[M].郑州：黄河水利出版社，2021.06.

[17] 林雪松，孙志强，付彦鹏.水利工程在水土保持技术中的应用[M].郑州：黄河水利出版社，2020.04.

[18] 潘晓坤，宋辉，于鹏坤.水利工程管理与水资源建设[M].长春：吉林人民出版社，2022.05.

[19] 邵勇，杭丹，恽文荣.水利工程项目代建制度研究与实践[M].南京：河海大学出版社，2018.12.

[20] 唐金培.河南水利史[M].郑州：大象出版社，2019.09.

[21] 马乐，沈建平，冯成志.水利经济与路桥项目投资研究[M].郑州：黄河水利出版社，2019.06.

[22] 刘长军.水利工程项目管理[M].北京：中国环境科学出版社，2013.12.

[23] 李永福，吕超，边瑞明.普通高等院校水利专业“十三五”规划教材EPC工程总承包组织管理[M].北京：中国建材工业出版社，2021.04.

[24] 高玉琴，方国华.水利工程管理现代化评价研究[M].北京：中国水利水电出版社，2020.04.

[25] 杨帅东.基于GNSS及数据挖掘技术的水利工程监管技术[M].郑州：黄河水利出版社，2021.06.

[26] 曾光宇，王鸿武.水利水安全与经济建设保障[M].昆明：云南大学出版社，2017.05.

[27] 宋烜.丽水通济堰与浙江古代水利研究[M].杭州：浙江大学出版社，2018.06.

[28] 杜守建，周长勇.水利工程技术管理[M].郑州：黄河水利出版社，2013.04.

[29] 梅孝威.水利工程技术管理[M].北京：中国水利水电出版社，2000.05.

[30] 段喜明.农业水利工程技术[M].北京：中国社会出版社，2006.09.